电子信息人才能力提升工程系列教材

数据中心基础设施运维与管理

中国电子学会　组编

主　编　袁晓东

副主编　顾建青　叶明哲　陈金窗　王晓波

参　编（按姓氏笔画排序）

门美龄　王华成　王炳刚　王　烨　王海涛　王　娟

王慧君　卢泽模　汤知真　孙万锋　杜维华　李润生

吴　捷　何刘根　张　玲　林　奎　季　婧　岳仁杰

金玉科　赵勇祥　贾之杰　夏冠卿　曹　洁　曹学勤

机 械 工 业 出 版 社

本书按照工作任务顺序展开，专业知识与标准规范相结合，实践经验与实操规范相结合，职业技能与工作任务相结合，实训项目与技能鉴定相结合，循序渐进，层次清晰，图文并茂，好学易记。

本书依据中国电子学会发布的《数据中心基础设施运维与管理职业技能等级标准》和考核大纲编写。本书共12章，涵盖了数据中心概述、数据中心基础设施典型架构及基本要求、数据中心配电系统运行维护及应急、数据中心柴油发电机系统运行维护及应急、数据中心不间断电源系统运行维护及应急、数据中心水冷系统运行维护及应急、数据中心空调末端系统运行维护及应急、数据中心智能化及IT基础设施运行维护及应急、数据中心基础设施跨系统应急调度、维护作业手册编写、数据中心基础设施运维管理和数据中心常用工具及仪表等内容。

本书梳理了数据中心基础设施运维与管理人员应掌握的基本知识和职业技能，编写过程中充分结合了数据中心的实际场景和职业教育场景，提炼了新技术、新方法及前沿成果，从数据中心各个专业设备系统的组成、原理、安全运行、维护方法到应急处置和专业管理都进行了详细阐述，是运维管理人员不可或缺的工具书。

本书适合数据中心行业管理者，数据中心运行维护人员，与运营相关的技术支撑人员，承担数据中心外包运维服务、测试、搬迁的第三方服务公司人员，承接服务器托管的IDC、EDC及云基础设施的管理和运维人员阅读参考。

图书在版编目（CIP）数据

数据中心基础设施运维与管理/中国电子学会组编；袁晓东主编.
—北京：机械工业出版社，2022.12（2024.6重印）
电子信息人才能力提升工程系列教材
ISBN 978-7-111-72054-6

Ⅰ.①数…　Ⅱ.①中…　②袁…　Ⅲ.①x机房-基础设施建设-教材
Ⅳ.①TP308

中国版本图书馆CIP数据核字（2022）第214128号

机械工业出版社（北京市百万庄大街22号　邮政编码100037）
策划编辑：吉　玲　　　　　　责任编辑：吉　玲　聂文君
责任校对：郑　婕　张　征　封面设计：张　静
责任印制：张　博
北京雁林吉兆印刷有限公司印刷
2024年6月第1版第3次印刷
184mm×260mm · 21.5印张 · 534千字
标准书号：ISBN 978-7-111-72054-6
定价：79.00元

电话服务　　　　　　　　　网络服务
客服电话：010-88361066　机 工 官 网：www.cmpbook.com
　　　　　010-88379833　机 工 官 博：weibo.com/cmp1952
　　　　　010-68326294　金 书 网：www.golden-book.com
封底无防伪标均为盗版　机工教育服务网：www.cmpedu.com

前　言

当前，随着5G、云计算、人工智能等新一代信息技术快速发展，信息技术与传统产业加速融合，数字经济蓬勃发展，数据中心作为各个行业信息系统运行的物理载体，已成为经济社会运行不可或缺的关键基础设施，在数字经济发展中扮演至关重要的角色。

党中央、国务院高度重视数据中心产业发展。2020年3月，中共中央政治局常务委员会会议明确提出"加快5G网络、数据中心等新型基础设施建设进度"。国家"十四五"规划纲要从现代化、数字化、绿色化方面对新型基础设施建设提出了方针指引，党中央、国务院关于碳达峰、碳中和的战略决策又对信息通信业数字化和绿色化协同发展提出了更高要求。

数据中心运维、管理是实现安全高效、绿色低碳、高质量发展目标的关键之一，与数据中心的规划设计、建设施工同等重要，同时数据中心又是一个复杂的体系，涵盖多个专业领域，这对运维与管理人员提出了更高的要求，不再是简单的单个设备的开关机、合闸那样简单，运维人员需要对数据中心的整体架构、系统特性、设备复杂性、运维制度、运维体系、运维目标等多方面掌握后，才能做好这份工作。

《2021中国数据中心人才发展报告》显示，数据中心从业人员主要分布在华北、华东、华南地区，分别占全国数据中心从业人员的37.9%、32.4%和17.2%，西部省份人才储备明显弱于东部省份。数据中心运维与管理人才短缺已成为越来越多数据中心面临的难题。

为贯彻落实《国家职业教育改革实施方案》，中国电子学会充分发挥科技社团第三方作用，联合有关单位根据《职业技能等级标准开发指南》的有关要求，在2020年组织编制并正式发布了《数据中心基础设施运维与管理职业技能等级标准》，标准规定了数据中心基础设施运维与管理职业技能等级对应的工作领域、工作任务及技能要求。为培育数据中心基础设施运维与管理人才队伍提供基本依据。为提高职业技能培训的针对性和有效性，中国电子学会组织相关领域的专家学者依据标准和培训大纲编写了本书。

本书紧贴职业活动特点，定位于全国平均先进水平，内容涵盖数据中心运行维护管理人员应该掌握的各专业基础知识和工作内容、工作要求及操作方法等，为教学活动和培训考核提供规范和引导，将帮助有意或正在从事数据中心基础设施运维与管理工作的人员改善知识结构，掌握技术技能，提升创新能力。

本书编写过程受到了天翼云科技有限公司、雄安云网科技有限公司、中国电信股份有限公司浙江分公司、中国电信股份有限公司江苏分公司、中国电信股份有限公司苏州分公司、

IV

中国电信股份有限公司杭州分公司、中国通信建设集团有限公司、北京太极华保科技股份有限公司、广东华保数据有限公司、科华数据股份有限公司、广东华章数据技术有限公司、上海共启网络科技有限公司、中化金茂智慧能源科技（天津）有限公司、北京光环金网科技有限公司、北京金翰华科技有限公司、广州佳思电气科技有限公司、北京天映智达科技有限公司的大力支持，在此向各位参编人员深表感谢。

编　者

目　录

第1章

数据中心概述

本章首先从数据中心定义出发，简要阐述了数据中心发展历程，以及国家新基建所包含的范围，介绍了数据中心在这场大变革中所起到的举足轻重的作用。通过对数据中心基础设施的等级和分类描述，引出数据中心运维工作所涉及的目标、内容及要求，客观地分析了数据中心运维工作的专业性、全面性以及可扩展性，并对数据中心运维所涉及的岗位与职业发展路径进行了描述，最终阐明通过本书推动数据中心基础设施运维与管理职业技能人才培育的主旨。

1.1 新基建背景下的数据中心及发展趋势

1.1.1 数据中心及发展历程

数据中心是由计算机场地（机房），其他基础设施、信息系统软硬件、信息资源（数据）、人员以及相应的规章制度组成的实体。一个数据中心可以是由一个或者多个机房楼组成。

计算机机房是指放置计算机系统主要设备（服务器、网络设备、数据存储器等）的场所，也称机房。

从 20 世纪 40 年代第一台计算机诞生以来，数据中心已经从单纯的政企、科研自用计算机机房，经历了业务、数据集中化的信息系统机房（计算机场地）发展阶段，向规模化、分布式多活的云计算数据中心演进，并逐步升级为集大型运算、信息存储、数据互联、云端控管、智能应用于一体的实体。在信息时代，人们的衣食住行均离不开数据中心所提供的信息化服务。计算机及数据中心如图 1-1、图 1-2 所示。

图 1-1 第一台计算机及计算机机房

图 1-2 当代云计算服务器及数据中心机房

1.1.2　新基建背景下的数据中心

当前，国家提出新型基础设施建设（简称新基建）发展策略，主要包括5G基站建设、特高压、城际高速铁路和城市轨道交通、新能源汽车充电桩、大数据中心、人工智能、工业互联网七大领域，本质上是信息数字化的基础设施。

新型基础设施主要包括三方面内容：

一是信息基础设施，主要指基于新一代信息技术演化生成的基础设施，例如，以5G、物联网、工业互联网、卫星互联网为代表的通信网络基础设施，以人工智能、云计算、区块链等为代表的新技术基础设施，以数据中心、智能计算中心为代表的算力基础设施等。

二是融合基础设施，主要指深度应用互联网、大数据、人工智能等技术，支撑传统基础设施转型升级，进而形成的融合基础设施，例如，智能交通基础设施、智慧能源基础设施等。

三是创新基础设施，主要指支撑科学研究、技术开发、产品研制的具有公益属性的基础设施，例如，重大科技基础设施、科教基础设施、产业技术创新基础设施等。

作为新基建的重要组成部分，特别是在近几年迅速崛起的远程办公、在线教育等应用场景所展现出的巨大社会价值，以数据中心为代表的信息基础设施正大力推动各行各业的信息化与数字化。而在万物互联、融合计算、智能赋能的建设浪潮中，数据中心作为信息基础设施中的算力基础设施，承载着国家新基建所涉及的所有技术发展与产业变革，同时也将成为支撑"新基建"发展的融合基础设施、创新基础设施的重要底座。未来的数据中心，将会是海量数据的集散地，通过算力实现规模化的数据消费，同时也作为数字世界的真实载体而存在，引领我们走向智能时代。

1.1.3　数据中心发展趋势

在信息技术进一步发展及新基建快速推进的背景下，国内数据中心在以下几个方面取得了较大发展：

1. 数据中心建设规模不断扩大

当前国内数据中心行业处于高速发展期，每年都有大量数据中心建成投产，在国家新基建背景下数据中心行业的建设规模将进一步扩大。当前我国与美国在大规模数据中心数量上差距较大，但该比例近年来在不断缩小。

目前，国内数据中心正从北上广深等一线城市，陆续向周边、内陆以及中西部气候寒冷、能源充足的地区及城市扩散部署。各省市地方政府加大了引入数据中心的力度，通过优惠政策吸引数据中心项目落地，从而使全国数据中心总体布局渐趋合理。

数据中心单体规模在变大，未来大型、超大型互联网数据中心将成为行业主流，以云计算为业务形态，发挥规模化、集约化优势。目前，大型数据中心服务器规模普遍在2万台到10万台之间，而头部互联网企业数据中心单园区最大服务器规模已经突破30万台，且未来有可能建设落成多个超大型数据中心。典型数据中心园区及机房楼如图1-3所示。

2. 数据中心产业蓬勃发展

当前国内数据中心市场仍以企业数据中心（EDC）比重最大，体现了大型、超大型企业对数据计算的需求，布局以集中化和多中心为主。同比美国市场，互联网数据中心（IDC）已占据最大比例，凸显了高度信息化的市场环境下数据计算已成为各行各业的刚性需求，并且更广阔的应用场景也推动着互联网数据中心向着能效比更高、个性化定制等方向发展。

近年来，数据中心建设需求持续走高，国内越来越多企业投身数据中心的建设浪潮中，涌现出众多的数据中心工程建设、设备供应、检测评估以及第三方运维等服务商。

图1-3　典型数据中心园区及机房楼

在未来，以建设和运维为核心的数据中心上下游产业将不断发展壮大。

3. 数据中心的"云-边-端"式架构分布

伴随着5G、物联网、AI技术的发展，用户将更便捷地获得云端的数据处理能力，从而使得云数据中心的规模越发庞大。为了避免核心业务系统不堪重负，数据中心逐渐向分布式架构发展，通过本地化的运算、存储和数据分析来提升应用性能和服务响应能力。为此，具备边缘计算能力的小型、微型数据中心将大量涌现，进而形成众星拱月的数据中心布局及业务系统架构。"云-边-端"架构如图1-4所示。

图1-4　数据中心的"云-边-端"架构

在5G时代，并非所有数据都需要在云数据中心进行计算和存储，对于需要大量带宽、快速响应的应用，数据的生成和处理将发生在边缘数据中心而非架构中央的云端。边缘数据中心可将数据与业务以更接近用户的方式进行覆盖，提高业务运算与数据交互的实时性，达到降低云-端间的大带宽消耗的效果，从而进一步扩大云计算业务的使用场景。根据业务需求，大至一个中小型数据中心、一个计算机机房，小至一个微模块、一个基站，都可以作为边缘数据中心使用。随着模块化程度的提高，一个单柜箱体就可以承载边缘计算所需的配电、散热、安防、网络、IT设备等数据中心该有的全部功能。

4

4. 数据中心基础设施的模块化整合

传统数据中心建设周期较长，基础设施系统之间都有着清晰的界限，各专业分别建设部署，分部、分项进行验收交付。为了尽量缩短数据中心的建设周期，近年来新建数据中心逐渐采用模块化预制的方式进行规划建设，将数据中心的各项基础设施进行重新整合，以实现快速部署、按需购买、即付即用的目标。

（1）模块化数据中心　模块化数据中心是由模块化机房发展而来的，即由多个部署了机房微模块、具备独立运作功能的模块化机房组合形成的完整数据中心。微模块是数据中心基础设施的集合体，在一个微模块内集成了数据中心所涵盖的大部分基础设施，如不间断电源系统、IT 设备供配电、空调末端、环境和设备监控系统、安全防范系统、网络与布线系统、消防系统等，通过封闭冷通道（或热通道），达到高能效与服务器高密部署的效果。

模块化数据中心的每个微模块都具有统一标准的输入输出接口，且互不干扰。由于微模块的标准化及易扩展性，规划部署灵活性高，目前新建数据中心大部分为模块化数据中心，现存大量中小型计算机机房也有模块化改造的趋势。模块化数据中心如图 1-5 所示。

（2）集装箱式数据中心　基于模块化数据中心衍生出集装箱式数据中心，在应急指挥、紧急扩容、恶劣环境等应用场景下具有充分的适用性。相比一般模块化数据中心，集装箱式数据中心是在一个或几个集装箱内集成了数据中心所需的全部基础设施，甚至还包括备用柴油发电机组，从而形成一个完整的数据中心。这种一体化的集装箱式数据中心只需将其接入市电、水和运营商网络，即可投入使用，具有单体/分体组合、独立运行、快速部署、运抵即用的特点。集装箱式数据中心如图 1-6 所示。

图 1-5　模块化数据中心主机房鸟瞰图

（3）预制钢结构数据中心　目前，数据中心楼宇建筑方面同样取得了突破性发展，在部分行业领先企业中已有预制钢结构数据中心等成功案例。通过将数据中心整体的施工（包括构成数据中心物理主体的钢结构）转移到工厂进行预先定制，随后将各功能模块运输到现场，以"搭积木"方式配合客户投资和业务发展需求进行搭建，从而灵活实现分期建设，大大提升数据中心投产效率。预制钢结构数据中心如图 1-7 所示。

5. 数据中心的绿色发展

绿色数据中心是指，在全生存期内，在确保信息系统及其支撑设备安全、稳定、可靠运行的条件下，取得最大化的资源效率和最小化的环境影响的数据中心。

随着数据中心行业对能源需求的急剧飙升，数据中心的绿色发展已经成为社会共识。中华人民共和国工业和信息化部发布了《国家绿色数据中心试点工作方案（2015）》和《国家绿色数据中心试点监测手册（2016）》，并联合国家机关事务管理局、国家能源局发布《关于加强绿色数据中心建设的指导意见（2019）》，对绿色数据中心建设提出了明确的要求。相比传统的数据中心，绿色数据中心在安全、节能、环保方面将具有更有效的控制措施，同时数据中心电能能耗的大幅度降低也更符合数据中心运营的经济性要求。

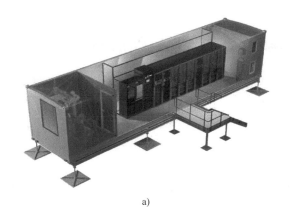

a)

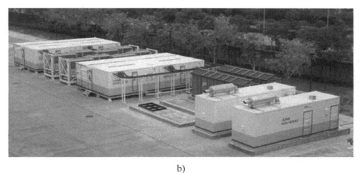

b)

图1-6　集装箱式数据中心

a）结构图　b）外观图

图1-7　预制钢结构数据中心

《关于加强绿色数据中心建设的指导意见（2019）》指出，新建大型、超大型数据中心的电能使用效率值达到1.4以下；通过改造使既有大型、超大型数据中心的电能使用效率值不高于1.8。同时，根据我国"二氧化碳排放力争于2030年前达到峰值，努力争取2060年前实现碳中和"的工作任务，数据中心作为占社会总用电量比例持续增长的行业，更应该优化能耗结构，淘汰落后产能，减少碳排放。

1.2 数据中心基础设施与 IT 基础设施

数据中心基础设施，是指数据中心内为电子信息设备提供运行保障的设施，为关键 IT 设备的运行提供所需的物理支持。数据中心基础设施的优劣直接关系到机房内信息系统是否能稳定可靠地运行，各类信息通信是否能畅通无阻。数据中心应具有功能完备、安全可靠、节能高效的基础设施。

数据中心发展至今已朝着规范化、标准化不断推进。

根据国家标准《数据中心设计规范》GB 50174—2017，数据中心划分为 A、B、C 三级：

（1）符合下列情况之一的数据中心应为 A 级：

1）电子信息系统运行中断将造成重大的经济损失。

2）电子信息系统运行中断将造成公共场所秩序严重混乱。

——A 级数据中心的基础设施宜按容错系统配置。

（2）符合下列情况之一的数据中心应为 B 级：

1）电子信息系统运行中断将造成较大的经济损失。

2）电子信息系统运行中断将造成公共场所秩序混乱。

——B 级数据中心的基础设施应按冗余要求配置。

（3）不属于 A 级或 B 级的数据中心应为 C 级——C 级数据中心的基础设施应按基本需求配置。

Uptime Institute 确立了数据中心 Tier 分级（Tier Ⅰ、Tier Ⅱ、Tier Ⅲ、Tier Ⅳ）：

Tier Ⅰ：基本机房基础设施——至少需满足基本设计容量需求（N）；

Tier Ⅱ：冗余机房基础设施——主要设备具备冗余设计；

Tier Ⅲ：可并行维护的机房基础设施——计划性维护不能影响 IT 生产；

Tier Ⅳ：容错机房基础设施——非计划性/单点故障及其后续影响均不能影响 IT 生产。

典型架构的数据中心基础设施包括电气系统、通风空调系统、智能化系统及 IT 基础设施、消防系统、基建配套设施、电梯等。数据中心基础设施架构如图 1-8 所示。

1.2.1 电气系统

数据中心电气系统由变电站系统、高压配电系统、变配电系统、柴油发电机系统、不间断电源系统以及 IT 设备供配电组成，为数据中心基础设施及 IT 设备提供高可靠的电力供应。高等级数据中心对供电有着严格的安全性、稳定性的要求，主电源至少要达到两路冗余，并行运行，并且由两个不同供电路由的上级变电站引入 110kV 或 10kV 市电。一旦双路市电供电中断，柴油发电机系统自动起动，可在数分钟内接管负载。在电源切换过程中，不间断电源设备毫秒级的备用电源转换供电能力可以保障 IT 设备不受市电中断的影响。

目前越来越多新建数据中心引入高压直流输电（High Voltage Direct Current，HVDC）系统给 IT 设备供电，相比传统的不间断电源（Uninterruptible Power Supply，UPS）系统，HVDC 系统拓扑简单，可靠性高、易于维护，而且由于减少了能源变换次数，电能效率可显著提高。

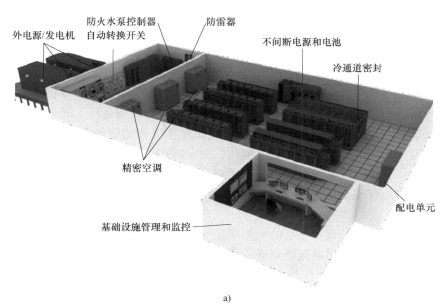

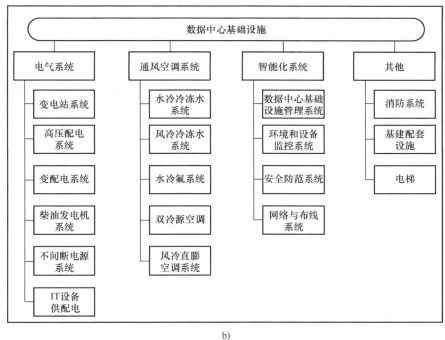

图1-8 数据中心基础设施架构示意图

a) 仿真示意图　b) 架构分解图

部分数据中心在不间断电源方面引入了锂电池作为后备电源，相比传统的铅酸电池，锂电池在能量密度、使用寿命、故障率方面具有一定优势，但锂电池事故危害程度较铅酸电池要大，所以在运维过程中需要做好安全管理与风险管理工作。详细内容见本书第3、4、5章。

1.2.2 通风空调系统

大型数据中心通风空调系统,普遍采用水冷系统与空调末端系统相配套的方式为数据中心基础设施与 IT 基础设施供冷,提供稳定可靠的工作温度、湿度和空气洁净度。高效能的数据中心,通常利用水泵节能、水蓄冷、冷热通道隔离、自然冷源利用等技术,并结合空调群控系统进行运行优化,使通风空调系统设备达到低能耗的最佳运行工况。同时,应根据当地政府节能政策以及自然环境状况,选用与当地气候环境相适应的高效能通风空调系统设备。数据中心通风空调系统应具备高效节能性、稳定性和环境适用性。

目前,位于气候寒冷地区的数据中心在逐渐采用间接蒸发冷却技术,即通过室外较低温度的空气与机房室内空气循环进行换热,以极低能耗的方式达到数据中心内 IT 设备散热冷却的效果。

随着计算密度的提高,数据中心的机柜单位面积热负荷在持续增大。经大量科研与实践证明,采用导热性能更高、用电耗能更低、安全稳定性更高的液冷系统为电子设备进行末端散热,可有效满足未来数据中心对 IT 设备高密高热部署的需求。详细内容见本书第 6、7 章。

1.2.3 智能化系统及 IT 基础设施

数据中心智能化系统包括环境和设备监控系统、安全防范系统,主要利用现代通信与信息技术、计算机网络技术、智能控制技术、大数据分析技术等,通过系统平台对终端设备进行"监"与"控",达到终端设备显示、自动运行、告警、数据记录、预警分析、能耗分析、提示等目的。系统采用集散式或分布式网络结构以及现场总线控制技术,配备多种类终端设备通信协议接口,适用各类传输网络协议,兼容国内外主流操作系统、数据库。数据中心智能化系统应具备集成性、稳定性、开放性、可扩展性、对外互联性。

IT 基础设施包括服务器、存储设备、网络设备、安全设备等。随着云计算、大数据、AI 等新技术在数据中心领域的应用,传统的数据中心智能化系统将进一步获得智能赋能,实现数据中心基础设施与 IT 业务的联动,"比特联动瓦特",达到单位算力能耗最低的节能效果。详细内容见本书第 8 章。

1.2.4 消防系统

数据中心消防系统,包括火灾探测器、火灾报警控制器(联动型)、消火栓、气体灭火系统、自动喷水灭火系统、多线控制盘、图形显示装置、消防疏散广播、消防电话、防火卷帘门等设备设施,达到监测、报警、防火、联动灭火等消防控制效果。数据中心消防系统应符合国家现行标准《建筑设计防火规范(2018 年版)》GB 50016—2014、《火灾自动报警系统设计规范》GB 50116—2013、《气体灭火系统设计规范》GB 50370—2005、《自动喷水灭火系统设计规范》GB 50084—2017 等相关规范要求,并定期做好消防安全检测工作。

1.2.5 其他基础设施

数据中心其他基础设施包括基建配套设施、电梯等。

数据中心在基建配套设施方面与一般民用、工业建筑相似,包括土建(楼宇建筑)、装修装饰、给水排水等部分内容，相应规范要求可见国家有关建筑规范标准。

数据中心所使用电梯应符合《电梯制造与安装安全规范》GB/T 7588.1—2020、GB/T 7588.2—2020、《电梯工程施工质量验收规范》GB 50310—2002 要求，在使用安全方面应选择客货分离的方式进行安装，充分保障人员安全、设备运送安全。

1.3 数据中心运维工作及职业前景

1.3.1 工作目标

数据中心运维工作的主要目标，是实现数据中心基础设施系统与设备运行维护的规范性、安全性和及时性，确保电子信息设备运行环境的稳定可靠。

1.3.2 工作内容及要求

数据中心运维工作主要包括运行、维护、应急与演练、运维管理体系建设等。

1. 运行

运行是指对数据中心基础设施系统和设备进行的日常巡检、起停控制、参数设置、状态监控和优化调节。

2. 维护

维护是指为保证数据中心基础设施系统和设备具备良好的运行工况，达到提高可靠性、排除隐患、延长寿命期目的所进行的工作，主要包括预防性维护、预测性维护和维修等。

3. 应急与演练

制定应急预案及应急操作流程，建立安全责任制及联动机制，提高应对数据中心突发事件的快速反应能力和应急处置能力，确保能够快速调度资源排除故障，最大限度地预防和减少突发事件所造成的影响，保障数据中心的正常运行。

数据中心应急演练应结合应急预案及应急操作流程每年定期开展。应急演练应尽量接近真实情况，在条件允许的情况下尽可能真实地处理基础设施故障，确保应急预案的可行性和可靠性，确保运维人员掌握应急操作流程及技术措施。详细内容见本书第9章。

4. 运维管理体系建设

数据中心运维管理体系包括组织管理、人员管理、设施管理、事件管理、故障管理、变更管理、问题管理、配置管理、容量管理、安全管理、风险管理、应急管理、资产管理、能效管理、供应商管理及文档管理等，目的是建立起完整、可持续运营的管理体系。详细内容见本书第11章。

本书所讲的数据中心基础设施运维与管理的对象主要是指电气系统、通风空调系统和智能化系统及IT基础设施。消防系统、电梯等其他基础设施应参照国家有关规范开展日常运维与管理，基建配套设施的运维可参考物业管理模式开展。

1.3.3 职业前景

近年来，随着云计算、大数据、人工智能、5G、物联网等高新技术的快速推进，新基建的浪潮越滚越大，国内数据中心保有量及建设数量呈指数性增长，对数据中心基础设施运维与管理等高技术综合性人才需求量巨大。

数据中心运维工作涉及的知识面广泛，主要包括电气、通风空调、智能化、消防、IT等不同的专业领域。与数据中心基础设施运维相关的其他岗位，包括数据中心的规划设计、建设施工、检测验证、运营管理以及设备设施的研发生产等。因此，数据中心基础设施运维实际上是一个可扩展性很强的职业，基于运维本职工作可逐渐涉足行业内其他相关岗位。

数据中心基础设施运维工作的职业前景良好，主要涉及以下几类岗位：

1）运维值班岗——负责数据中心 7×24h 运维值班，开展基础设施监控巡检和应急处置工作。

2）运维技术岗——开展各基础设施系统的维护、维修、应急处置以及技术支持工作。

3）运维管理岗——开展数据中心运维管理体系化工作，对接内、外部客户服务需求。

4）运营管理岗——带领运维团队保障数据中心稳定运行，开展各项运营、规划工作。

数据中心基础设施运维人员的职业发展主要有两条路径，一是管理路径，从运维值班员，经值班长、运维主管到运维经理，乃至于成为数据中心经理、区域运营经理；二是专业技能路径，从初级技能、中级技能到高级技能，乃至于达到专家层次的职业技能。虽然不同企业岗位、职位设置不一，但数据中心完善而丰富的业务领域具备大量岗位晋升、技能提升的机会，职业就业前景随着数据中心行业的蓬勃发展将会越来越好。

为积极推动我国数据中心行业的健康、有序发展，加强数据中心基础设施运维与管理职业技能人才队伍建设，中国电子学会按照《国家职业教育改革实施方案（2019）》的部署，制定了《数据中心基础设施运维与管理职业技能等级标准》（以下简称《职业技能等级标准》），本书是按照《职业技能等级标准》规定的工作领域、工作内容、技能要求进行编写的，以便更好推动本科院校、高职高专、中等职业学校及社会机构对数据中心基础设施运维与管理技能人才的培养。

第2章

数据中心基础设施典型架构及基本要求

本章详细描述了数据中心基础设施的典型系统架构，其中包含电气系统架构、通风空调系统架构、智能化及 IT 基础设施架构，每个系统架构中由哪些具体的组成部分，每个组成部分在数据中心中发挥什么作用、具备什么重要角色。然后介绍了典型系统架构保障 IT 设备安全可靠运行的基本要求。

2.1 数据中心电气系统典型架构及基本要求

电气系统提供安全、可靠、稳定的工作电源，是保证数据中心用电设备持续正常运行的核心。电气系统为数据中心用电设备提供相应的电源种类和保障要求，数据中心 IT 设备和基础设施供电见表 2-1。电气系统根据《数据中心设计规范》GB 50174—2017 分为 A、B、C 三个不同的等级，配置相应的供电架构。

表 2-1 数据中心 IT 设备和基础设施供电一览表

设备供电分类	核心传输	核心网络层		客户服务层		机房空调		冷水主机		冷冻水泵	冷却水泵	冷却塔	智能控制	其他设备
电源种类	直流	交流	直流	交流	直流	交流	交流	交流	交流	交流	交流	交流	交流	交流
电压等级/V	48	220	240	220	240	380	380	10000	380	380	380	380	220	220
保障等级	不间断电源	不间断电源	不间断电源	不间断电源	不间断电源	不间断电源	市电电源/柴油发电机电源	市电电源/柴油发电机电源	市电电源/柴油发电机电源	不间断电源	市电电源/柴油发电机电源	市电电源/柴油发电机电源	不间断电源	市电电源/柴油发电机电源

数据中心市电可由 10kV（或 20kV）电压或 110kV（或 220kV）电压等级引入。引入园区的电压等级主要是由数据中心园区用电负荷容量决定。本书以数据中心园区市电 110kV 电压等级引入方式描述数据中心电气典型架构。

2.1.1 电气系统典型架构

数据中心基础设施的电气系统典型架构如图 2-1 所示，外市电 110kV 电源经变电站降压变压器转换后输出 10kV 电源，10kV 电源输入数据中心机房楼高压配电系统进行逻辑控制分配输出至各楼层变压器，楼层变压器和低压成套配电组成的变配电系统输出 380V 电源，380V 电源为不间断电源设备供电，不间断电源系统输出至配电列头柜，由配电列头柜为传输核心和 IT 等设备提供不间断电源。

柴油发电机系统组网接入 10kV 高压配电系统或 380V 变配电系统，为数据中心电气系统提供应急保障电源。

10kV 和 380V 电源同时为数据中心空调系统及其他用电设备提供可靠的保障电源。

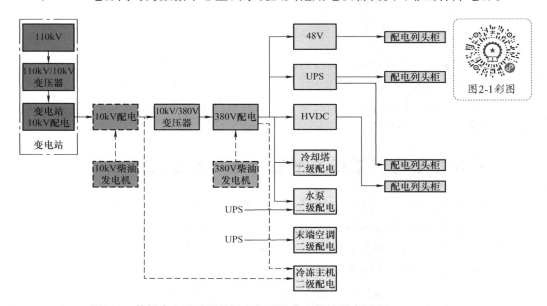

图 2-1　数据中心基础设施的电气系统典型架构示意图

2.1.2　电气系统分段及定义

数据中心电气系统由变电站系统、高压配电系统、变配电系统、柴油发电机系统、不间断电源系统以及 IT 设备供配电组成。各系统定义如下：

1. 变电站系统

主要功能是将外市电 110kV（或 220kV）降压至 10kV，10kV 电源输出至各单体数据中心机房楼高压配电系统输入端。系统界面是从园区供电公司分支站下出线至各单体数据中心机房楼高压配电系统输入端。

2. 高压配电系统

主要功能是将变电站的 10kV 电源引入进线柜后，由各馈线柜输出至变配电系统中的变压器输入端，或在使用高压冷机时，馈线柜输出至高压冷机受电端供电；在柴油发电机系统采用 10kV 高压配电系统组网接入的系统中，完成市电供电与柴油发电机供电的切换。系统界面是从市电进线柜至变配电系统中变压器或高压冷机的受电端。

3. 变配电系统

主要功能是将高压配电输出的 10kV 电源经变压器降压转换为 380V 电源，再由低压成套开关柜的出线柜完成负载分路供电；在低压柴油发电机接入的系统中，完成市电供电与柴油发电机供电的切换。系统界面是从变压器的输入端至用电设备或二级配电的输入端。

4. 柴油发电机系统

主要功能是在市电停电的情况下，柴油发电机组自动起动，并机系统自起并机，系统正常稳定后自动向配电系统中柴油发电机输入柜送电。柴油发电机系统在整个供电链路中属于外挂的应急供电系统，系统界面是配电系统中柴油发电机输入端的前级设备总和。

5. 不间断电源系统

主要功能是将变配电系统输出的380V电源经过整流或逆变为相应的电源等级，输出相应的电压。系统界面是交流输入配电的输入端至IT设备配电列头柜输入端。

6. IT设备供配电

主要功能是完成配电列头柜或机房小母线输出至IT设备的供电。界面是配电列头柜或机房小母线的输入端至IT设备受电端。

2.1.3 变电站系统典型架构

数据中心变电站系统典型架构如图2-2所示，由气体绝缘金属封闭成套开关设备、电力变压器、10kV配电组成，以及相应的操控机构和保护机构，实现外市电110kV（或220kV）引入，通过气体绝缘金属封闭成套开关设备控制及分配，由电力变压器将市电电压等级降压，每台变压器对应的10kV配电输出馈线分路对各数据中心机房楼高压配电系统供电。

10kV各段间设有相应的控制逻辑，来实现变压器的调控及应急供电联络。

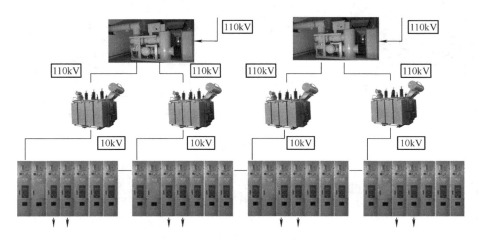

图2-2 数据中心变电站系统典型架构

2.1.4 高压配电系统典型架构

高压配电系统典型架构一如图2-3所示，电源输入侧仅为市电，每段高压由单一市电电源输入，实现对负载馈电输出控制。虚线表示此基础上增加联络柜的应用，两段市电输入和联络柜采用互锁控制，实现供电的联络与调度。

高压配电系统典型架构二如图2-4所示，是在图2-3所示的基础上，电源输入侧增加了柴油发电机电源，实现柴油发电机电源和市电电源的双路保障，完成负载馈线输出供电。其中市电输入柜、柴油发电机输入柜和联络柜有严格的互锁和逻辑控制要求，实现供电的安全调度与应急供电。

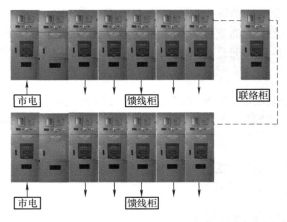

图 2-3　高压配电系统典型架构一

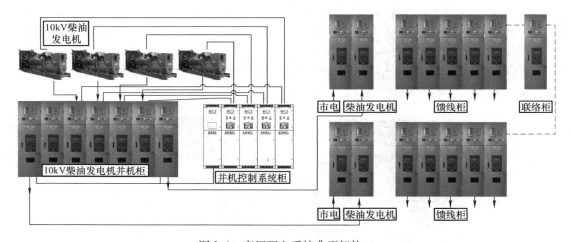

图 2-4　高压配电系统典型架构二

2.1.5　变配电系统典型架构

变配电系统典型架构一如图 2-5 所示，变压器的低压侧输入低压成套开关柜，两套变压器和低压成套开关柜组合系统为同一负载区域供电，实现负载 2N 供电方式。虚线表示此基础上增加联络柜的应用，配置联络柜的变配电系统实现两进线一母联的互锁机制及安全应急供电。

变配电系统典型架构二如图 2-6 所示，是在图 2-5 所示的基础上，低压成套开关柜增加柴油发电机电源输入。通过两路市电输入和柴油发电机电源输入以及联络柜的逻辑控制，实现多种供电组合的安全供电机制。

2.1.6　柴油发电机系统典型架构

数据中心柴油发电机系统典型架构有高压柴油发电机组与高压配电系统、低压柴油发电

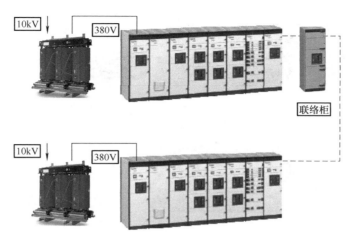

图 2-5　变配电系统典型架构一

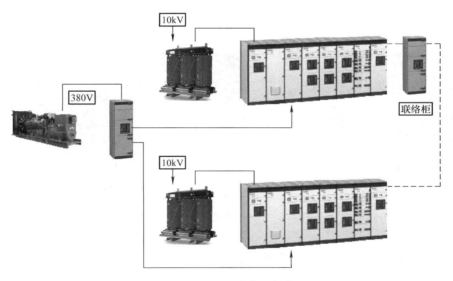

图 2-6　变配电系统典型架构二

机组与变配电系统的两种组合，如图 2-4、图 2-6 所示。柴油发电机并机系统如图 2-7 所示，多台柴油发电机组由并机控制系统控制机组起动和高压并机柜合闸并机、输出馈线柜合闸供电及系统的退出和停机。

2.1.7　不间断电源系统典型架构

数据中心不间断电源系统由交流配电屏、不间断电源、输出柜、蓄电池等组成，不间断电源包括：－48V、240V、336V 直流不间断电源系统和交流不间断电源系统。

数据中心基础设施不间断电源 2N 典型架构如图 2-8 所示，服务器机柜由两套独立的不间断电源系统输出分路进行双路供电。

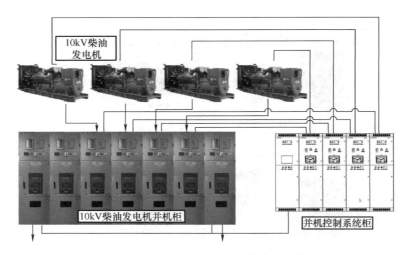

图 2-7　柴油发电机并机系统典型架构

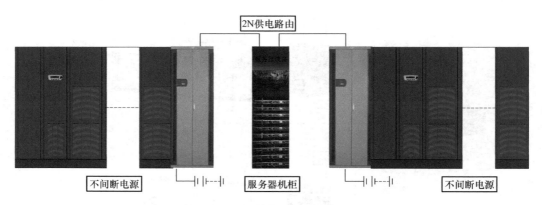

图 2-8　不间断电源 2N 典型架构

2.1.8　数据中心电气系统基本要求

数据中心电气系统输出的电源分为交流电源和直流电源。

1. 交流电源

由市电或柴油发电机组提供的交流电称为交流电源。

（1）额定电压和频率　数据中心交流电源一般的额定电压有 220kV、110kV、10kV、380V 等。额定频率为 50Hz。

（2）电压偏移范围　使用低压 380V 交流电的不间断电源设备、空调设备、通信设备及建筑用电设备，在其电源输入端的电压允许变动范围为额定电压值的 +10% ～ −15%。使用 10kV 交流电的用电设备，在其电源输入端的电压允许变动范围为额定电压值的 ±10%。

（3）频率偏移范围　交流电源频率偏移变动范围为额定值 ±4%。交流电源输入电压波形失真度不大于 5%。

（4）谐波电流要求　当变配电系统中总谐波电流大于 10% 时，应进行谐波治理。

（5）功率因数要求　市电接入处的功率因数应根据当地供电部门的要求，进行无功补偿。配电系统中出现容性无功功率时，宜采用有源无功功率补偿装置。

2. 直流电源

由直流电源设备输出的电源称为直流电源。

（1）额定电压 数据中心直流电源的额定电压有 -48V、240V、336V。

（2）电压偏移范围 -48V 系统，用电设备受电端电压偏移范围为 -40 ～ -57V；240V 系统，用电设备受电端电压偏移范围为 192 ～ 288V；336V 系统，用电设备受电端电压偏移范围为 260 ～ 400V。

（3）全程线压降 直流放电回路全程线压降符合以下规定：

-48V 系统，直流放电回路全程线压降应不大于 3.2V；240V、336V 系统，直流放电回路全程线压降应不大于 12V。

2.2 数据中心通风空调系统典型架构及基本要求

数据中心需要全年制冷，由于单位面积热负荷密度高，空调系统耗能明显，这使得提高空调系统的安全和能效成为数据中心最关键的技术之一。在保证数据中心连续运行的前提下，应充分降低空调系统能耗。按照系统架构方式分类，数据中心空调系统可分为水冷冷冻水系统、风冷冷冻水系统、水冷氟系统、双冷源系统和风冷直膨空调系统等。

2.2.1 水冷冷冻水系统

1. 水冷冷冻水系统组成

水冷冷冻水系统主要由水冷主机（水冷冷冻水机组）、板式换热器、冷冻水循环系统、末端设备、冷却水循环系统、冷却塔风机系统等组成，如图2-9 所示。

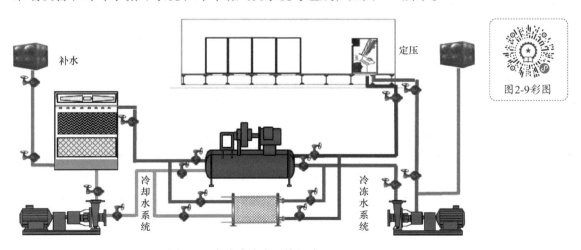

图2-9 水冷冷冻水系统组成

水冷冷冻水主机通过压缩机将制冷剂加速升压，并经冷凝器冷凝为液态后送到蒸发器蒸发，冷冻循环水系统通过冷冻水泵将冷冻水送入蒸发器盘管中与冷媒进行热交换，降温变成低温冷冻水，冷冻水被送到末端冷却盘管中吸收机房热量，从而达到降低机房温度的目的。

2. 水冷冷冻水机组特点

水冷冷冻水机组采用水冷却和离心压缩机，效率高、容量大，水冷却避免了风冷却夏季容易冷却不良的缺点，有利于系统运行安全，能效更优，适合数据中心热负荷大这种场景，水冷冷冻水机组系统如图 2-10 所示。

图2-10彩图

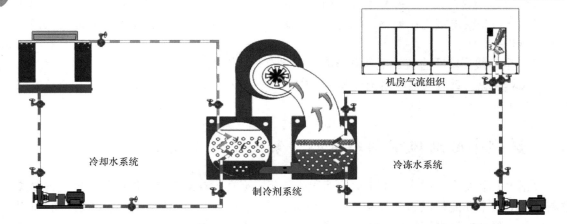

图 2-10　水冷冷冻水机组系统图

水冷冷冻水系统采用水冷却，不受室外干球温度制约，在夏季工作时，效率不受影响。冬季可以使用板式换热器获得自然冷却，全年能效比高。水冷冷冻水机组一般使用大功率离心机组，能效在 6.0 以上，明显高于风冷直膨空调的压缩机能效。缺点是水冷冷冻水机组构成复杂，所需设施较多，需要冷冻机房、冷却塔、冷却水泵、冷冻水泵、集水器、分水器、定压和补水等设施。水系统运维复杂，需要专业人员维护和值守。另外冷却水系统需要消耗大量的冷却水资源，水系统运行中，会产生污垢影响换热效果，需要进行水质管理。

3. 水泵

水泵是一种把机械能转换为液体动能、让水在水系统中循环起来的装置，冷冻水和冷却水的循环都是通过水泵来进行的。水泵的节能除采用变频装置外，应采用较大直径的管道、尽量减少管道长度和弯头、采用大半径弯头、减少换热器的压降等。

如果系统设置为一级泵（单级泵），则循环泵的流量一般根据冷冻水机组的流量来选择，在确定好冷冻水机组后，就可以选择水泵的流量；如果系统设置为二级泵，一次泵的流量为对应的冷冻水机组流量；二次泵的流量为根据分区内最大负荷计算出的流量。

设计时，冷冻水系统的冷冻水泵、冷却水泵、冷却塔及末端空调风机应采用变频调速技术。

4. 冷却塔

冷却塔是循环冷却水系统中的一个重要设备，它是利用水作为循环冷却剂，把数据中心吸收到的热量排放至大气中去的一种装置。冷却塔按照冷却水与空气是否直接接触可以分为开式塔和闭式塔，由于承重和投资原因，数据中心普遍选用开式塔。当采用开式冷却塔时，需要设置旁滤及化学加药装置。开式冷却塔按照水和空气的流动方向，可以分为横流式冷却塔、逆流式冷却塔两种，如图 2-11、图 2-12 所示，考虑检修维护性的方便，建议南方地区选用横流式冷却塔，体积大、便于检修，北方由于有防冻、防风沙要求，可以选用逆流式冷却塔。

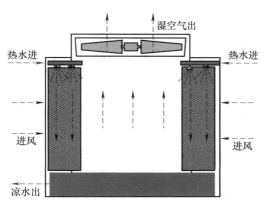

图 2-11　横流式冷却塔

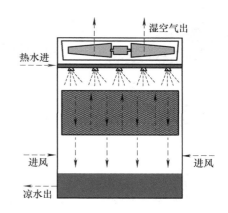

图 2-12　逆流式冷却塔

为了节约用水，可以选择节水型冷却塔；冷却塔并联时，为防止溢水，可设置平衡管，或者加大集水盘等技术手段，避免冷却塔水位不同和停起水泵时的补水浪费。冷却塔冬季运行时要做好防冻措施。

5. 板式换热器

板式换热器是具有一定波纹形状的金属片叠装而成的一种新型高效换热器，又称板换。它具有换热效率高、热损失小、结构紧凑轻巧、占地面积小、安装清洗方便、应用广泛、使用寿命长等特点。在相同压力损失情况下，其传热系数比壳管换热器高 5～7 倍，占地面积为管式换热器的三分之一，如图 2-13 所示。

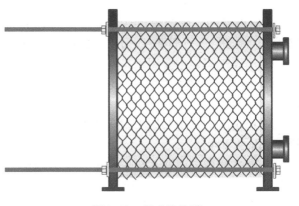

图 2-13　板式换热器

6. 蓄冷罐

在电力系统发生故障时，需要备用柴油发电机组提供后备电力，从柴油发电机组起动至稳定供电的过程中，空调系统会有一段供冷不足的时段。为了解决这一安全隐患，在空调系统中可通过设置蓄冷设施，储备一定的备用冷量来解决这一问题。

蓄冷罐分为闭式罐和开式罐，开式罐相对容量较大，一般采用立式设计，如图 2-14 所示；闭式罐相对容量较小，可以采用卧式设计，如图 2-15 所示，也可以立式设计，如图 2-16 所示。

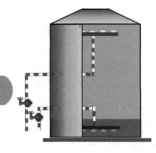
图2-14　开式罐

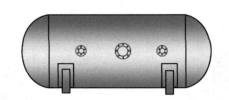
图2-15　卧式闭罐

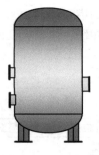
图2-16　立式闭罐

图2-14彩图

蓄冷罐利用斜温层原理，采用分层式蓄冷技术，利用蓄水温差，输出稳定温度的冷冻水供给空调。

斜温层：冷热水交界处生成一定厚度的相对稳定的温度剧变层。

蓄冷罐使用水流分布器布水，水流分布器可使水缓慢地流入和流出蓄冷罐，以尽量减少紊流和扰乱温度剧变层。当蓄冷时，随着冷冻水不断从进水管送入蓄冷罐和热水不断从蓄冷罐的出水管抽出，斜温层稳步下降。反之，当取冷时，随着冷冻水不断从蓄冷罐的进水管抽出和热水不断从蓄冷罐的出水管流入，斜温层逐渐上升。相同体积条件下，立式蓄冷罐的斜温层比卧式蓄冷罐更为稳定。

7. 阀门及水系统附属设施

（1）蝶阀　这是一种以圆盘为关闭件，围绕阀轴旋转来达到开启与关闭的一种阀。在管道上主要起切断和节流作用。它的特点是阀门口径大，而安装空间要求较小，比较适合数据中心管网使用；阀门等组件的配置需满足系统"在线维护"的要求，即任一组件可进入"离线"状态，进行周期性、预防性维护，维护时不影响系统的"在线"运行。

（2）放气阀　主要用于排空气，将水循环中的空气集中或在局部位置自动排出，也叫排气阀。它是空调系统中不可缺少的阀类，一般安装在闭式水路系统的最高点和局部最高点。

（3）止回阀　主要用于阻止管路上介质倒流。主要安装在水泵的出水段，防止水锤等异常情况的发生。

（4）过滤器　空调系统安装中，水管内会留下污物，水系统在长期运行中，也会不断产生一些污物，为了防止空调设备和系统局部发生堵塞现象，要求在冷冻水机组、水泵、末端空调等重要设备水流入口处，设置过滤装置。

（5）电动二通阀或三通阀　根据负荷控制温度，如果低于整定值时，通过电动阀调节或关断来调节水量。

（6）膨胀水箱　为收集因水加热体积膨胀而增加的水容积，防止系统损坏，需要设置膨胀水箱，另外，膨胀水箱还起定压作用，膨胀水箱接于系统内不同的位置，可以改变水系统内的压力分布。条件允许时，宜优先采用高位膨胀水箱定压。安装高位水箱有困难或条件不允许时，可采用落地式气压罐或常压罐定压。

（7）补水和蓄水　数据中心水系统在工作过程中，由于蒸发消耗和排污消耗，需要不断补充用水，为防止停水影响，需要设计10h以上的水源储备；正常情况，水系统的补水以市政给水为主，蓄水池作为第一后备水源。在南方可以考虑江河湖水源和深井水作为第二后备水源；缺水地区需要和消防、环卫签订应急供水合同，特殊情况安排送水，另外蓄冷罐的蓄水功能也可以充分发挥出来，停电时放冷，停水时放水。

注意事项：阀门故障是水系统维护中的短板和薄弱环节，为保证阀门的可靠性，需尽量使用优质的阀门，以降低阀门故障漏水等的概率，从而提高系统的安全性和可靠性。水系统的一些关键部位，如两个水系统的联络阀门等处，可以设置两个以上的阀门并使用质量较好的阀门，当系统中某个设备或某个阀门发生故障时，可以有效关闭，在系统冗余范围内及时维修，不影响整个系统的正常运行。

（8）群控系统 群控系统是根据数据中心机房空调负荷需求自动调节优化控制多台冷冻水机组及相关外围设备的运行，如顺序开启设备，保证设备安全运行，停来电情况进行充放冷管理，自动完成设备的轮换使用；或者根据机房负荷情况，自动投入或停止冷冻水机组，也可以在运行时间表内，以合理的机组运行台数、合理的供回水温度和流量去匹配机房热负荷，平衡各设备间的运行工况和运行时间，提升设备效率并延长机组寿命，实现系统节能、高效运行，群控控制的对象如图 2-17 所示。

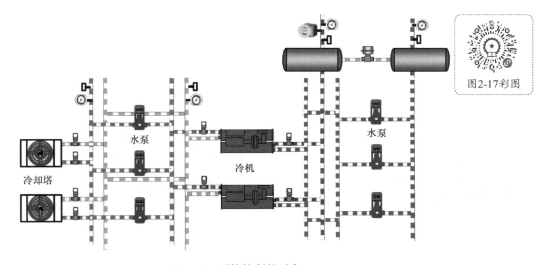

图 2-17 彩图

图 2-17　群控控制的对象

冷源群控系统通过对制冷系统内冷冻水机组、冷却塔、水泵、蓄冷罐等各设备及阀门进行集中监测和联合控制，自动调节优化各设备运行工况，使制冷系统安全、可靠、节能、高效地运行。

末端空调群控系统以机房模块为单位配置，对机房内各台空调（末端）设备进行远程监视，并根据负荷需求及变化情况，运用自适应技术进行空调设备起停、轮巡、温度设置等实时调控，以实现整个数据中心空调系统安全、高效、节能运行的目的。

2.2.2　风冷冷冻水系统

1. 风冷冷冻水系统组成

风冷冷冻水系统是采用风冷主机（风冷冷冻水机组）进行散热的空调系统。风冷主机利用壳管蒸发器使水与冷媒进行热交换，冷媒系统吸收水中的冷负荷，制取冷冻水，采用风冷翅片式冷凝器换热，热量由散热风扇向外界的大气排放；相比水冷冷冻水系统，风冷冷冻水系统省掉了冷却水系统，结构紧凑，不需要专门的冷冻机房，运维简单方便。不足之处是风冷冷冻水系统容量较小，夏季室外风冷却会换热不足导致系统高压，适合环境温度不是太高，机房热负荷适中的场景。如图 2-18 所示。

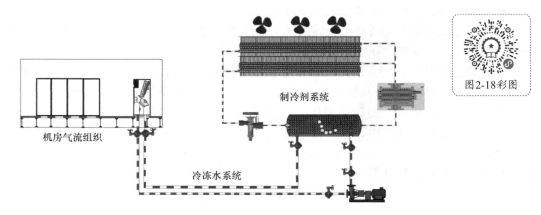

图 2-18　风冷冷冻水系统原理图

风冷冷冻水机组系统结构紧凑，运维简单，但系统容量不如水冷冷冻水机组，风冷冷冻水机组组成如图 2-19 所示；设计时风冷冷冻水机组宜选择磁悬浮压缩机，也可以选择螺杆压缩机。

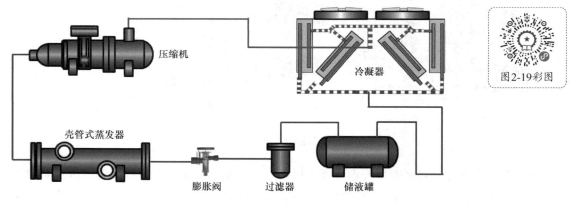

图 2-19　风冷冷冻水机组组成图

2. 风冷冷冻水系统特点

风冷冷冻水系统所需的附属设施比较简单，一般为冷冻水泵、集水器、分水器、定压罐和管网等，相比水冷冷冻水系统来说，更为简单，投资更省。

优点：

1）风冷冷冻水机组可以直接布置在室外，不需要占用专用的冷冻机房，并且无须安装冷却塔及泵房，维修简单，运行方便，维护量较小。

2）无冷却水系统，所以不存在冷却水系统的动力消耗和冷却水的蒸发损耗。

缺点：

1）风冷冷冻水机组体型较大，占地面积大，外机噪声较高，风冷却和外机集中布置，存在热岛效应，使得外界局部空间环境条件恶化。

2）风冷冷冻水机组运行容易受室外环境制约，在遇到夏季高温时，效率大大降低，而且制冷量随室外温度升高而降低，这与数据中心总热负荷需求趋势正好相反。

另外，为了解决冬季情况下管路里水冻结问题，冷冻水系统可以加乙二醇溶液进行防冻，加了乙二醇溶液的系统，冬季可以较好地解决冻结的问题，但会增加管路和设备的腐蚀。

3. 风冷冷冻水系统自然冷却

风冷冷冻水系统可以采用自然冷却，当室外温度较低时，可以利用冷空气直接冷却冷冻水，从而不开或者减少压缩机制冷工作时间，这种方法即为自然冷却方法，有此功能的机组叫自然冷却机组，也可以外配独立自然冷却模块。自然冷却模块工作方式如图 2-20 所示，冬季实现无压缩机运行制冷，节省压缩机的电耗。

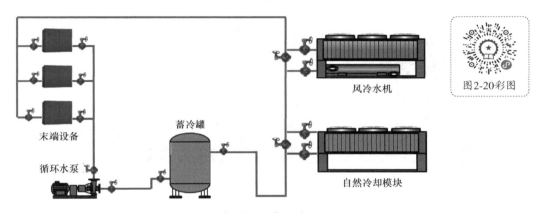

图 2-20　自然冷却模块工作方式

4. 风冷冷冻水系统典型架构

设计风冷冷冻水空调系统时，需要考虑冗余和备份，另外需要配置自然冷却模块和蓄冷罐，典型的风冷冷冻水系统架构如图 2-21 所示。由于风冷冷冻水系统组成及架构形式与水冷冷冻水系统类似，故不再赘述。

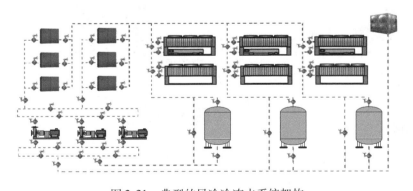

图 2-21　典型的风冷冷冻水系统架构

2.2.3 水冷氟系统（集中冷却水空调系统）

1. 集中冷却水系统组成

集中冷却水系统主要是为了解决风冷冷凝器无法布置和夏季高压的问题，运行原理如图 2-22 所示，风冷直膨空调由压缩机、冷凝器、膨胀阀、蒸发器组成，用管道连接成一封闭系统，制冷剂在系统中循环流动，经历了液体—气体—液体的两相转变，完成一个制冷循环。不同的是压缩机排出的高压高温气体是进入壳管式冷凝器和冷却水交换热量完成冷凝效果，冷却塔出来的冷却水在水泵作用下进入到壳管冷凝器后变成热水，回到冷却塔，重新冷却降温。

图2-22彩图

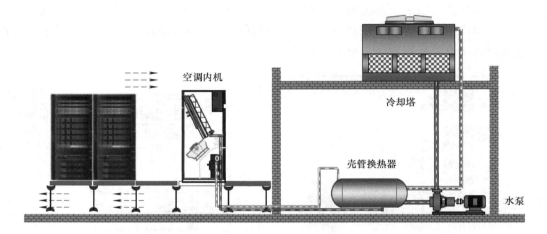

图 2-22 集中冷却水系统运行原理图

2. 集中冷却水系统架构

集中冷却水系统架构比较简单，主要由闭式冷却塔、水泵、壳管式冷凝器和定压系统组成，典型的集中冷却水系统架构如图 2-23 所示，为了系统安全，也需要考虑系统冗余和备份。

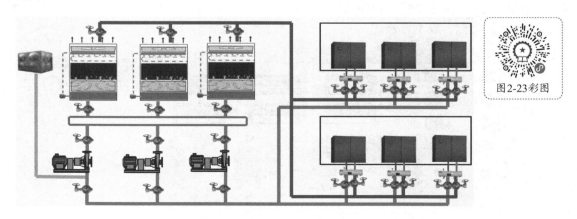

图2-23彩图

图 2-23 典型的集中冷却水系统架构图

3. 集中冷却水系统特点

优点：

1）集中冷却水系统只有冷却水系统，系统比较简单，建设投资较小。

2）采用闭式冷却塔，解决了复杂的冷却水维护问题。

3）使用壳管冷凝器，解决了水进机房的问题。

缺点：

水系统存在单点故障，需要通过系统备份解决。

2.2.4 双冷源空调

双冷源空调就是空调系统具备两种不同方式的制冷系统，由于系统存在两种不同方式的冷源，不存在单点故障，系统运行可靠性高。双冷源可以采用冷冻水/冷冻水、冷冻水/氟制冷等多种方式，氟制冷和风冷冷冻水双冷源空调系统如图 2-24 所示。由于机组既可以采用直接蒸发制冷，也可以采用冷冻水供冷，系统可靠性高，无单点故障。

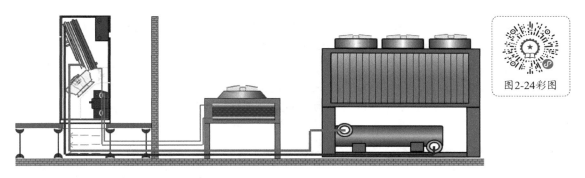

图2-24彩图

图 2-24　氟制冷和风冷冷冻水双冷源空调系统

2.2.5 水系统架构

在水系统中，冷冻水和冷却水的循环都是通过水泵和管网来进行的，冷冻水机组和末端也是依靠管网联系在一起的，水泵、冷冻水机组和管网不同的组合可以组成不同的水系统架构，管网起到承上启下的作用，把冷却塔、冷冻水机组、水泵和末端等单个设备联系起来成为一个整体，水系统架构设计的优劣好坏，直接关系到设备能耗和系统效率，可以说水系统架构是整个空调系统的核心和枢纽。

1. 冷却水侧系统架构

在冷却水侧，水泵、冷冻水机组和冷却塔对应方式有多种形式，可以多机对多泵对多塔形式，也可以是单机单泵对单塔形式，各种设计各有特点，数据中心需要根据运行的不间断性、可维护性和系统节能性出发，选择适合自己的架构和方式。

（1）单机单泵对单塔方式　单机单泵对单塔这种方式是一台水泵对应一台冷冻水机组，如图 2-25 所示，这种方式的电气控制简单，可避免频繁开关主机和冷却塔入口阀门，适应部分负荷时的运行，开启主机同时只要开启相对应的水泵就可以，维护时简单方便，简化操作又节约能源，不存在运行部分机组时出现水流旁通降低机组能效，缺点是这种设计条件下，当系统里面一个设备发生故障时，别的系统里面同类型设备无法为这个设备备用，系统的备用性很差。

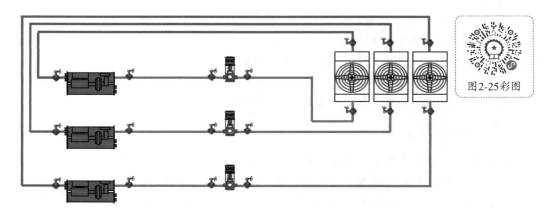

图 2-25　单机单泵对单塔方式

（2）多机多泵对多塔方式　多机多泵对多塔方式，就是多台水泵并联和多台冷冻水机组并联后跟多台冷却塔并联之后再进行串联，如图 2-26 所示，这样方式可以提升机组和冷冻水机组的冗余度，相当于提升系统组件的可用性，同时可以充分利用冷却塔的散热能力，降低冷却水温，提升冷冻水机组效率，达到节能目的；缺点是开关机必须执行相应程序，如运行中不开启的机组水路必须关闭，否则部分机组会出现水流旁通降低机组能效。

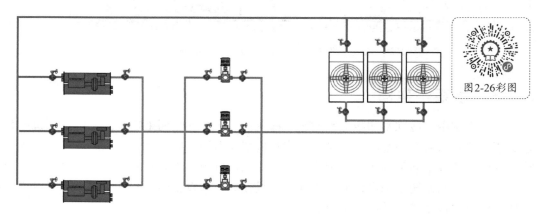

图 2-26　多机多泵对多塔方式

在多机多泵对多塔设计中，数据中心从可靠性出发，为了解决部分管路的单点故障，一般采用环网设计，系统中可以设置多个环网，环网中通过阀门隔断，让系统实现在线检修，以提升系统的可用性，如图 2-27 所示。

（3）单机单泵对多塔方式　单机单泵对多塔方式是对上述两种方式的组合应用，借鉴了单机单泵对单塔方式和多机多泵对多塔方式两者的优点，既有单机单泵灵活性，又有多塔架构的节能性能，如图 2-28 所示。

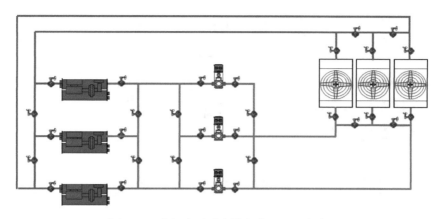

图2-27彩图

图2-27　多机多泵对多塔方式（环网方式）

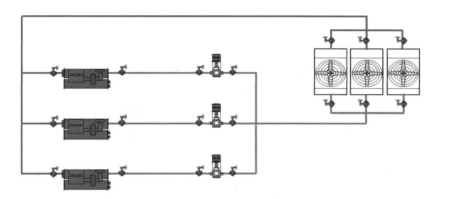

图2-28彩图

图2-28　单机单泵对多塔方式

2. 冷冻水侧系统架构

冷冻水侧构成比较复杂，水泵可以选用单级泵，也可以选用两级泵；水泵、冷冻水机组对应方式也有多种形式，可以多机对多泵，也可以是单机单泵形式，到末端管路可以单管路、双管路和环网结构，蓄冷方式可以考虑串联，也可以考虑并联。数据中心需要根据运行的可维护性和系统节能出发，选择合适的架构和方式。

（1）单级泵一对一架构　系统采用单级泵，所有设备和管路均有冗余，其中冷冻水机组、水泵采用 $N+1$ 配置，末端空调采用 $N+X$ 配置，管路采用环网，每个制冷子系统均串联一个蓄冷罐，水泵、冷冻水机组和蓄冷罐采用一对一串联关系，如图2-29所示，这种配置下，冷冻水机组和水泵一一对应，水泵的水流不会产生旁通，冷冻水机组水量受水泵影响小，冷冻水机组效率高；不利的是冷冻水机组和水泵的备用性较差，如果一个子系统水泵发生故障，而另外一个子系统发生冷冻水机组故障，会导致两个子系统无法投入使用，系统可靠性较差。单级泵一对一架构下，蓄冷罐需要采用串联设计，每套冷冻水机组系统单独设置蓄冷罐。

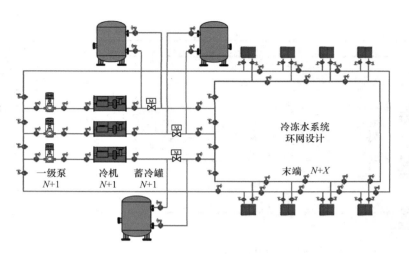

图 2-29　单级泵一对一架构

（2）单级泵多对多架构　系统采用单级泵，所有设备和管路均有冗余，其中冷冻水机组、水泵采用 $N+1$ 配置，末端空调采用 $N+X$（$X=0$、1、2）配置，管路采用环网，水泵、冷冻水机组和蓄冷罐采用多对多串联关系，如图 2-30 所示，这种配置下，设备的备用性高，系统里面任何几个不同类型的设备发生故障，均不会影响系统的正常运行；不利的是未投入使用的冷冻水机组会产生旁通现象，影响系统效率，需要设置电磁阀进行关闭。在环网多对多架构情况下，蓄冷罐可以串联设计也可以并联设计，图中为串联设计。

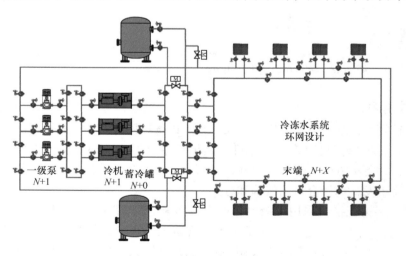

图 2-30　单级泵多对多架构

（3）两级泵环网架构　数据中心空调输配系统能耗占比较高，其中最有效的方法就是采用两级泵设计。两级泵系统是指冷源侧和负荷侧分别配置循环泵的系统，图 2-31 所示，由冷冻水机组、供回水总管、一次泵和旁通管组成一次环路，也称冷源侧环路，该环路水泵曲线选用平坦型；由二次泵、空调末端设备、供回水管路与旁通管组成二次环路，也称负荷侧环路，该环路水泵曲线可以选用陡峭型，这样的选择有利于冷冻水机组运行的平稳和保证蒸发器的安全运行，同时降低输配能耗，和一级泵相比，更为节能，特别是大型数据中心，冷冻站同时供给多个数据中心机房楼，两级泵设计是优先选择的节能方案。另外采用两级泵系统，可以利用水泵运行状况的变化，实现蓄冷罐充冷放冷的完美配合，简化控制方式。

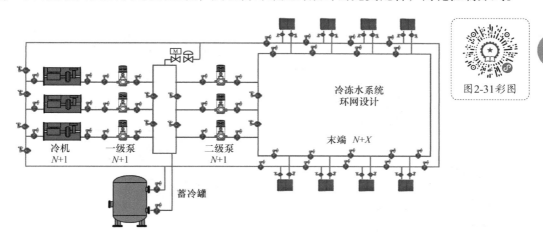

图 2-31　两级泵环网架构

（4）微模块列间空调管网架构　采用列间空调和微模块可以有效缩短气流的路径，消除局部热点，提升冷却效果，降低气流输配能量消耗，所以微模块和列间空调开始大量应用。但是微模块和列间空调管路设计有着更高的要求，一方面它需要大量的空调设备和相关的管道铺设，另一方面要求每一个隔离部位均采用双阀门设计，管网架构如图 2-32 所示。

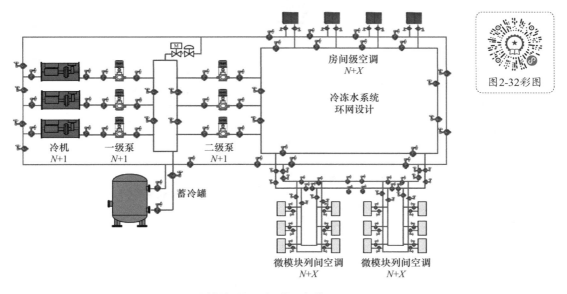

图 2-32　微模块列间空调管网架构

2.2.6　风冷直膨空调

1. 风冷直膨空调系统组成

风冷直膨空调系统一般采用涡旋压缩制冷，包括制冷系统、送风系统、加热、加湿和控制等系统；其中制冷系统由压缩机、冷凝器、膨胀阀、蒸发器组成，用管道连接成一封闭系统，制冷剂在系统中循环流动，如图2-33所示。

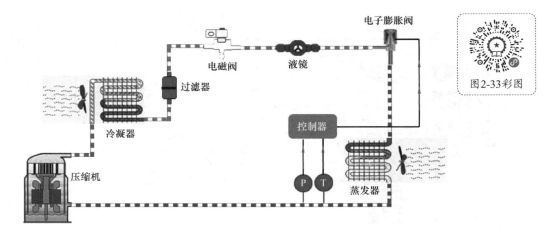

图2-33 风冷直膨空调系统组成

低压制冷剂蒸气被压缩机吸入并压缩为高压蒸气后，排至冷凝器冷凝，冷凝后的制冷剂液体经过膨胀阀节流降压，进入蒸发器蒸发制冷，机房内空气不断循环流动和蒸发器换热，达到降低机房温度的目的，风冷直膨空调系统压焓图如图2-34所示。

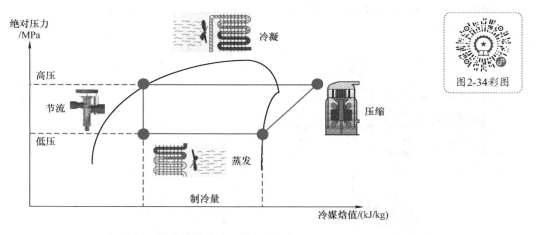

图2-34 风冷直膨空调系统压焓图

2. 风冷直膨空调系统四大件

（1）压缩机 它是风冷直膨空调制冷系统的核心，主要作用是将蒸发器中的制冷剂蒸气吸入，并将其压缩到冷凝压力，然后排至冷凝器。压缩机作用是提供制冷系统所需的高压和低压，同时使制冷剂循环流动，20世纪90年代风冷直膨空调采用活塞机，由于能效较低，后来被涡旋压缩机取代。

（2）冷凝器 它是一个换热器，作用是将来自压缩机的高压制冷剂蒸气冷却并冷凝为液体，机房常见的是风冷冷凝器，按照安装方式可以分为立装和侧装。

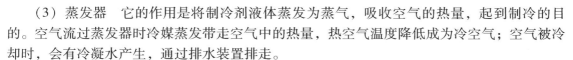

（3）蒸发器　它的作用是将制冷剂液体蒸发为蒸气，吸收空气的热量，起到制冷的目的。空气流过蒸发器时冷媒蒸发带走空气中的热量，热空气温度降低成为冷空气；空气被冷却时，会有冷凝水产生，通过排水装置排走。

（4）节流装置　它的作用是对高压液体制冷剂进行节流降压，保证冷凝器与蒸发器之间的压力差，使蒸发器中的液态制冷剂在要求的饱和温度下蒸发吸热，达到制冷降温的目的，风冷直膨空调冷量大，蒸发器采用多管路布置，所以选用外平衡膨胀阀、莲蓬头分液器和毛细管作为节流降压装置。

（5）风机　它是空调的气流输配系统，通过旋转的风机，把机械能转换为气体压力能和动能，并将气体输送到机房的每一个角落，达到冷却 IT 设备的目的；为了节能，现在普遍选用直流变频风机（Electrical Commutation，EC）。

3. 送风方式

末端设备送风方式：常见有上送风和下送风，上送风方式常见有风帽送风和风管送风，图 2-35 为风帽上送风，图 2-36 为风管上送风。

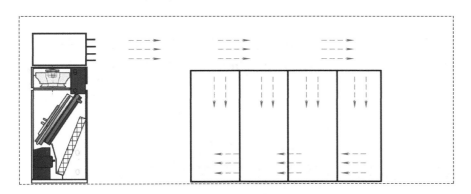

图 2-35　风帽上送风

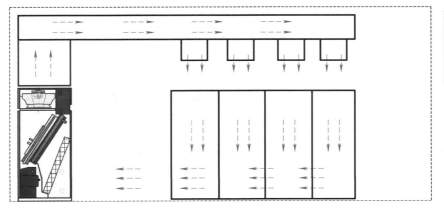

图 2-36　风管上送风

下送风方式：下送风方式的气流从空调机的底部送出，在机房地板下流动，比较容易分布到房间的各个角落，相比上送风方式，下送风将冷风直接送至 IT 设备或机柜进风口，先冷设备，再冷环境，并顺应热压上升原理，效率更高，如图 2-37 所示，这种送风方式是绝大部分机房所采用的气流组织方式。

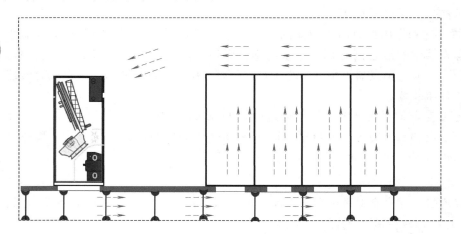

图2-37彩图

图 2-37　下送风方式

在送风方式上，要求送回分离，冷热隔绝，机房采用冷、热通道设计，机柜按"面对面、背对背"排列，送、回风严格分离，冷热通道分离如图 2-38 所示。

图2-38彩图

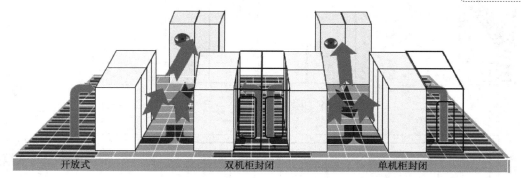

开放式　　　　　　双机柜封闭　　　　单机柜封闭

图 2-38　冷热通道分离

另外要做好地板、冷池或热池封闭、机柜盲板等密封设计，避免冷热混风，这样可以提升机房空调温度设置值，控制合理的送回风温差，提高制冷效率。

2.2.7　数据中心通风空调系统基本要求

1. 冷冻水机组冗余方式

（1）单个冷源系统冷冻水机组宜采用 $N+1$ 的冗余方式　对于空调系统来说，冷冻水机组的数量不宜过少或者过多。

机组数量过少会导致机组负荷适应性变差，台数少意味着单台制冷负荷大，当实际负荷过小时，离心式机组往往易发生喘振现象，所以选择离心式机组，要满足 20% ~40% 负荷时能适应最小冷负荷的需要；机组台数过少，机组低负荷运行的概率高，低负荷下运行的效率低，因而能耗会增高；另外机组数量过少，备用机组的投资占比就会增加，从而降低投资率。

而机组台数过多，相应的单机容量变小，部分负荷适应性能好，但小机组能效要低于大机组的能效；同时机组过多，需要配置的循环水泵也多，水泵并联越多，并联损失增大，占用面积相对较大。

综合上述观点，采用机组冗余的单个水系统目前较为推荐的机组数量在 3～5 台，机组间要考虑互为备用和切换使用的方便性；采用系统冗余的单个水系统较为推荐的机组数量在 2～3 台。

（2）数据中心分期建设时，制冷主机也需分期建设　在规模中等的数据中心，可以考虑大小机搭配，如采用两台大冷量的离心机搭配一台小冷量的螺杆机，或者采用 2～3 台大冷量离心机搭配一台小冷量离心机，通过大小机的搭配运行，可以获得比较好的综合能效。

大型数据中心规模大，机组台数较多，且数据中心投入运行后，热负荷比较稳定，故可以采用等容量机组配置，这样机房布置会比较整齐，相应的备品备件会比较少。选用多机对多泵方式，由于机组的水量相同，故机组的加减不会对相邻机组造成过大的影响；也可以采用单机单泵方式设计。

2. 水系统设计原则

1）水管路设计：水管路系统核心管网应为独立双回路互为备份或者环网设计，满足数据中心在线检修的需要。

2）冷冻水、冷却水循环泵设计：应选择变频水泵，水循环泵应根据系统水流量要求设计，应采用 $N+1$ 冗余。

3）冷冻水管、分水器、集水器、阀门均应设置保温，保温材料应满足相关规范要求。

4）冷却水管、冷冻水管及排水管室外部分应采用相应的防冻措施。

5）水系统应优先采用高位水箱补水，因为它运行时无须消耗电能，工作稳定可靠。只有当建筑物无法设置高位开式膨胀水箱时，才采用气压罐方式。在寒冷地区为防止膨胀水箱内水结冻需要设置循环管。

6）系统中的焊接钢管、无缝钢管、水管法兰、管道支吊架、镀锌钢管焊缝处、镀锌钢管、镀锌铁皮及镀锌层脱落处应做好防腐处理措施。

7）阀门及管材：水系统重要位置宜采用双阀控制；水管管材应能满足施工工艺要求。

8）末端设备宜采用大风量、小焓差、高显热比的恒温恒湿空调；末端空调机组的配置应考虑发展的需要，应预留未来安装机位。

9）数据中心宜采用湿膜加湿器加湿，湿膜加湿器宜设置在独立的空调机房内。

2.3　数据中心智能化及 IT 基础设施典型架构及基本要求

本节智能化系统主要描述的内容是数据中心基础设施综合管理系统、环境与设备监控系统、安全防范系统、综合布线系统以及消防系统。数据中心智能化系统的典型架构包含各子系统的典型架构与集成系统架构。

IT 基础设施包括服务器、存储设备、网络设备、安全设备等。通常采用核心层、汇聚层和接入层的三层网络架构连接各硬件设备。

2.3.1 数据中心基础设施综合管理系统

数据中心基础设施综合管理系统（以下简称综合管理系统）是将数据中心中相互独立又关联的系统组成一个综合系统，这个综合系统把分散的设备、功能及信息有机地组合到一个相互关联、统一、协调的系统中，实现数据中心整体统一管理。管理的对象不是简单的某台设备及其环境信息，而是整个数据中心的基础设施，是各子系统的集成。综合管理系统包括动力与环境监控系统、空调群控系统、电力监控系统、电池监控系统等。其应用除实时监控、告警管理、能耗管理等功能外，还包括支撑运营的资源管理、运维分析、流程管理、财务运营分析以及客户管理等内容。综合管理系统具有模块化、标准化特点，数据中心基础设施管理系统（DataCenter Infrastructure Management，DCIM）、数据中心运营管理系统（DataCenter Operations Management，DCOM）等都属于综合管理系统的范畴。综合管理系统的整体架构可分为采集模块、监控与管理模块，如图 2-39 所示。

数据中心基础设施综合管理系统	数据可视化	设备与人员管理	智能报表	集群部署
	运行与维护	能耗管理	智能控制	云化应用
	告警与故障	资源管理	智慧运维	接口服务
监控系统	监控交互	接口规范	组团部署	园区一卡通	入侵探测
	告警	命名规范	冗余网络	视频监控	访客
	报表	协议规范OPC UA	参数配置	出入口控制	信息发布
采集控制终端装置	高压逻辑控制	末端空调自动控制	低压数据采集	视频接入交换机	客户机
	低压逻辑控制	高压数据采集	空调数据采集	门禁控制器	发布屏幕
	冷源自动控制	柴油发电机数据采集	环境数据采集	报警主机	中控主机
被控对象	柴油发电机	低压柜	列头柜	水泵	摄像头
	高压柜	UPS	房间温湿度	冷塔	读卡器
	变压器	HVDC	冷机	阀门	双鉴探测器

图 2-39 数据中心综合管理系统架构

1）采集模块分为电源模块、控制模块、输入输出模块、通信模块。

2）监控与管理模块分为前台、数据模块、配置模块、接口模块、存储模块、功能模块。

综合管理系统的软件架构分为协议服务层、数据采集层、数据处理层、数据展现与控制交互等不同层次，具有模块化、多层次特性，可实现集约、智能、高效的效果。在各模块内部、模块之间交叉的环节，需要具有完善的标准化接口与协议，例如，A 接口、B 接口、C 接口、D 接口、南向接口、北向接口、东西向接口，以及各种规范协议，过程控制的对象连接与嵌入（OLE for Process Control，OPC）、楼宇自动化与控制网络（Building Automation and Control Networks，BACnet）、Socket、简单网络管理协议（Simple Network Management Protocol，SNMP）、Modbus TCP、Zigbee、IEC 61850、Profinet 等。

集成模式是现阶段数据中心项目使用较多的模式，子系统的系统平台数量仍旧比较多，正在逐渐向"统一、融合"的方向发展。例如，环境与设备监控系统由原来的动环、群控系统融合,安全防范系统由门禁、视频、入侵报警系统等融合。这个趋势和系统、软件、硬件、标准等各方面的发展水平有很大关系,这里的融合并不妨碍系统的专业性以及相关功能。数据中心基础设施综合管理系统的集成模式如图 2-40 所示。

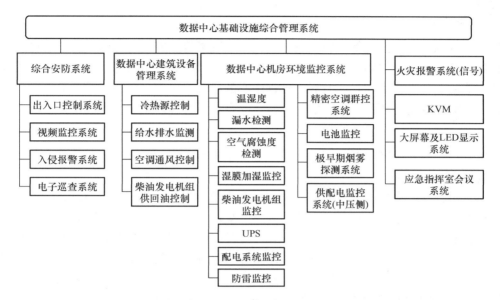

图 2-40　数据中心基础设施综合管理系统的集成模式

综合管理系统的功能模块,具体内容包括以下 11 个模块:

1. 数据可视化

数据可视化内容见表 2-2。

表 2-2　数据可视化内容表

仪表盘	展示内容包括能源效率指标(Power Usage Effectiveness,PUE)、主要能耗、设备关键状态、告警总体状态、故障状态、关键资源状态(水电资源、物料资源)
电气系统图	整体系统图、高压系统图、低压系统图、柴油发电机供油系统图
暖通系统图	冷源系统图、房间空调系统图
平面布局图	机楼整体、楼层、房间
告警可视化	按照时间的配置项展示、级别数量分布、时间周期分布、设备类型分布、处理情况分布
工单可视化	业务工单、故障工单、变更工单、巡检工单、维护工单
能耗可视化	PUE、局部电能利用效能(Partial PUE,PPUE)、能耗系统分布、能耗设备分布、能耗趋势模型
容量可视化	机架空间、电力、制冷容量、专业设备容量
资产可视化	资产流程、资产分布、资产周期

2. 实时监控

实时监控对象覆盖整个数据中心的各个系统:电气系统、通风空调系统、安全防范系统、消防系统以及 IT 系统等,主要是实时掌握数据中心的运行情况。实时监控需满足实时性、可扩展性、智能性、人机交互性、控制性。

3. 告警管理

告警管理是对告警进行查询、判断、屏蔽、过滤、派单、分析、归档，实现从告警产生到关闭的规范管理。

4. 容量管理

容量管理的对象主要包括空间、电力、制冷和网络等。容量管理的目标是通过多方面获取的指标计算出设备上架的最优选择以及数据中心各系统利用率，降低运营风险和成本。容量管理应能通过各种图表形式实时展示数据中心的空间、电力、制冷、网络等关键参数，如设计容量、额定容量、预留容量、使用容量、剩余容量等。

5. 工单管理

工单管理主要对故障工单、问题工单、变更工单的管理，此外还有对业务工单、客服工单等的管理。

故障工单：故障产生信息主要从实时监控和巡检过程中获取，然后通过故障管理功能进行流程化的处理，整个流程应包括生成、派发、受理、处理、升级、关闭等，根据需要生成故障报告、生成知识点，存入知识库中。当故障恢复且并未找到根本原因时关联到问题管理。

问题工单：数据中心问题关联的是数据中心的事件。问题是事件发生的根本原因，事件本身可以通过各种临时对策快速解决，问题则需要一个较为漫长的过程。数据中心问题管理目的就是确保问题能够被持续跟进，防止遗漏，直到问题解决。问题管理模块应具备以下功能：角色管理功能、记录存储功能、提醒功能、搜索及导出功能。

变更工单：因为处理故障、改造优化等原因，进行一系列操作处理，改变系统运行状态，尤其是产生冗余性影响及其他风险隐患，需要制定变更方案，按照标准流程进行相关工作，形成变更工单。

6. 运行分析报告

运行分析报告是数据中心综合管理系统所有数据的汇总，在这个功能模块中可以导出指定时间段的数据，并可以自定义运行分析报告。

基本内容包括：

1）自定义报表和报告模板。

2）自定义报表和报告自动生成时间和格式。

3）以多维度（时间、范围、类型等）的形式查看任意时间段的图形化（列表、饼状图、曲线图、柱状图等）报表。

4）信息检索。

5）大数据分析处理。

7. 巡检管理与维护管理

巡检管理通过流程和移动终端的方式实现数据中心电子化、流程化的巡检，是将传统纸质化的巡检方式转变成电子化巡检，未来电子巡检将逐步被机器人巡检替代，当数据中心监控达到精细化程度后，可以通过管理系统直接对设备进行监控和巡检。

设备维护保养能够延长设备使用寿命，提高设备使用效率，及时发现并排除安全隐患，基础设施综合管理平台可以实现周期触发和事件触发两类维护管理。

8. 系统管理

系统管理是提供给系统管理员维护系统使用的工具，包含权限管理、工程配置、安全管理、系统维护等模块。

9. 客户服务管理

客户服务是数据中心服务中的一个非常重要的组成部分，客户服务管理模块的目标是提升客户服务的效率及品质，通过流程化的客户服务体系管控处理客户需求的过程。此模块一般包括创建服务单和客户信息等功能，其中客户信息应包括客户公司名称、合同信息、客户授权人代表信息等内容。

10. 知识库管理

知识库管理是数据中心运营管理方法、过程的传承，知识库是个人或服务团队的经验、想法和决策的总结。数据中心知识库管理的目的是将数据中心发布的各类文件、故障和变更处理的方式进行规范化、系统化的存储和关联，为以后处理或查询类似内容时提供帮助。

11. 资产管理

资产管理的目的在于精准记录资产全生命周期中的状态和信息，管理内容包含：生产信息、进场信息、安装信息、运行信息、维护信息、变更信息等。

2.3.2　环境与设备监控系统

环境与设备监控系统（以下简称监控系统）主要是对电气与暖通系统的监控。早期数据中心规模较小，没有专门冷源部分，机房规范性差，这个阶段监控系统一般是 PC 通过协议转换装置采集机房数据，采集内容覆盖不齐全，逐渐发展到现在的动力与环境监控系统，这个时候动力与环境监控系统不涵盖冷源系统。随着数据中心规模增大，冷水系统应用到数据中心中，此时监控系统就演变为动力与环境监控和群控共存的模式，称为分系统模式。这个模式持续很长时间，到现在为止，这种模式在很多现存和新建项目中还存在，占比很高，对于数据中心系统关联性强、运维组织架构紧密、系统复杂度高的情况，分系统模式并不合理，从规划建设、运营维护、成本等角度分析不利于数据中心行业发展。几种环境与设备监控系统模式见表 2-3。

表 2-3　环境与设备监控系统模式

模式	内　　容
分系统模式 A	1）动环监控，也称动力与环境监控、环控等，监测对象主要是电气系统包含的设备 2）空调群控，也称 BAS 系统、BA 系统、冷水自控、冷源自控等，监控对象主要是通风空调系统的设备、传感器 3）电力监控，包含下位机高低压逻辑控制（或者采用综保实现控制）、柴油发电机切换控制、供油控制 4）电池监控，监控电池单体电压、单体内阻、充放电电流、总电压和温度等
分系统模式 B	1）电气监控，系统集成动环监控、电力监控、电池监控 2）暖通监控，监控对象主要是通风空调系统的设备、传感器
统一系统模式	一个监控平台，系统集成动环监控、群控、电力监控、电池监控

1. 电力监控系统

电力监控系统由软件与硬件两部分组成，硬件包括服务器、网络设备、采集设备等，软件包括监控平台、接口软件、配置软件等，电力监控系统架构如图2-41所示。

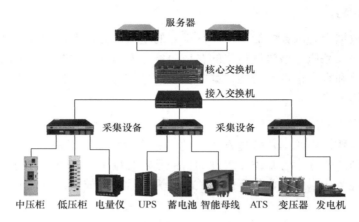

图2-41　电力监控系统架构

采集设备是电力监控系统的典型设备，形式多种多样，包括串口服务器、嵌入式采集机等，串口服务器属于透明传输，直接将一种协议转换成另外一种协议，嵌入式采集机除了协议转换外，还具备初步的数据处理功能，如归一化等。

2. 空调群控系统

空调群控系统由软件与硬件两部分组成，硬件包括服务器、网络设备、采集与控制设备等，软件包括监控平台、接口软件、配置软件等，如图2-42所示。

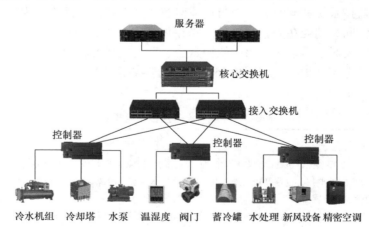

图2-42　空调群控系统架构

控制器是冷水自控的典型设备，形式多种多样，包括可编程序控制器（Programmable Logic Controller，PLC）、直接数字控制（Direct Digital Control，DDC）等。PLC、DDC一般被称为下位机设备，这些设备稳定性好、可靠性高、处理速度快、具有可编程性，实现系统底层控制逻辑，采用模块化架构。可分为主机模块、扩展模块、电源模块等，扩展模块又分输入/输出（Input/Output，I/O）模块、接口模块等，其中接口模块实现智能接口设备与子系统通信。

3. 环境与设备监控系统

环境与设备监控系统是动力与环境监控系统、电力监控系统、电池监控系统和空调群控系统的融合。由硬件与软件两部分组成，硬件包括服务器、网络设备、采集与控制设备等，软件包括监控平台、接口软件、配置软件等，如图2-43所示。监控后台趋向于采用集群、虚拟化环境，以增强系统性能、冗余性及可维护性。

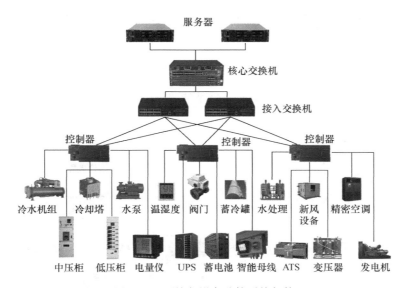

图 2-43　环境与设备监控系统架构

在第8章中，将分别对电力监控系统、空调群控系统、动力与环境监控系统的运行维护做深入的探讨。

2.3.3　安全防范系统

安全防范系统包括视频监控系统、出入口控制系统、入侵报警系统等。实际工程中三个系统可融为一个系统，协同工作，有效地起到安全防范的作用。

1. 视频监控系统

视频监控系统是应用视频处理技术探测、监视设防区域并实时显示、记录现场图像的电子系统，主要由摄像机、传输设备、服务器、平台软件组成。2010年以后国内使用的数字摄像机不断增多，大多采用有源以太网（Power Over Ethernet，POE）供电模式，电源和视频图像采用一条8芯铜缆的物理线路来实现，是目前主流监控模式。模拟摄像机仍有部分工程使用，其视频信号使用同轴电缆传输，电源及其他信号线由单独线路实现。如图2-44所示。

2. 出入口控制系统

出入口控制系统利用相关识别技术对出入口目标进行识别并控制出入口执行机构起闭的

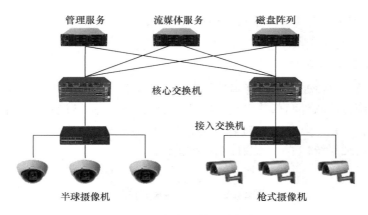

图 2-44 视频监控系统架构

电子系统，主要由识别部分、传输部分、管理/控制部分、执行部分以及相应的系统软件组成。

典型的系统架构如图 2-45 所示，有读卡器、电子锁、出门按钮、门禁控制器、门禁网络控制器、网络设备、管理服务器、平台软件等组成，前端识别装置形式多样，有射频卡、指纹、人脸识别等。

3. 入侵报警系统

入侵报警系统是利用传感器技术和电子信息技术探测并警示非法进入或试图非法进入设防区域的行为、发出报警信息、处理报警信息的电子系统。入侵报警系统架构如图 2-46 所示。系统设备由探测器、防区模块、报警主机、网络设备、管理服务器、平台软件等组成。前端探测装置形式多样，有双鉴探测器、玻璃破碎探测器、振动探测器、红外探测器等，除此之外，实现入侵报警技术还有人工智能的视频分析、行为分析技术。

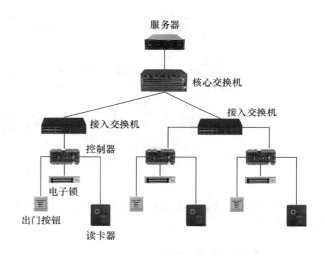

图 2-45 出入口控制系统架构

2.3.4 综合布线系统

综合布线系统广义上是指建筑、机电等工程项目中布线系统。这里是狭义的综合布线系统，是指网络综合布线，主要是指光纤/缆、铜缆布线

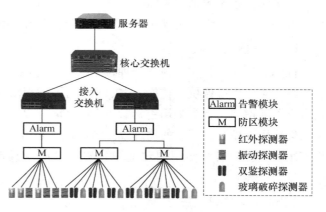

图 2-46 入侵报警系统架构

内容。网络在数据中心项目中无处不在，如视频监控的网络、入侵报警的网络、出入口控制系统的网络、监控系统的网络等。综合布线系统在项目中要综合考虑、统一规划，使项目建设更加标准，有利于运维使用。

综合布线系统是属于传输网络的物理层基础设施，由光纤/缆、铜缆、耦合器、光纤配线架、铜缆配线架、理线器、墙壁面板等组成。综合布线系统架构如图2-47所示。

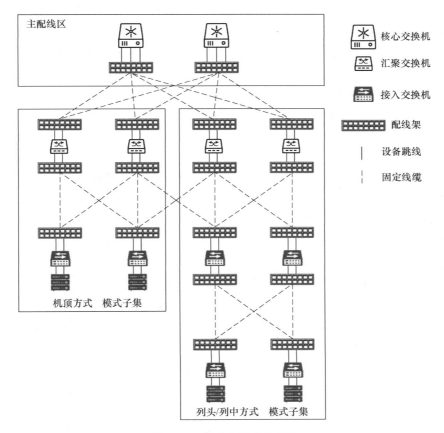

图2-47　综合布线系统架构

配线架包括光纤配线架、铜缆配线架。铜缆有五类、超五类、六类、超六类、七类等8芯线缆，屏蔽双绞线（Shielded Twisted Pair，STP）与非屏蔽双绞线（Unshielded Twisted Pair，UTP），一般遵从 ANSI/TIA/EIA—568. A/B/C 国际布线标准。光纤/缆有单模光纤、多模光纤、跳线、光纤配线架和耦合器等，单模光纤以光单模（Optical Single-Mode，OS）为前缀分为 OS1 和 OS2 两类，多模光纤以光多模（Optical Multi-Mode，OM）为前缀分为 OM1、OM2、OM3、OM4、OM5 五类，耦合器的接口有朗讯接口（Lucent Connector，LC）、方形接口（Square Connector，SC）、卡套接口（Stab&Twist，ST）、金属接口（Ferrule Connector，FC）、多光纤插拔连接器（Multiple-fiber Push-On/Pull-off，MPO）。固定线缆一般是敷设在线槽内、一次施工完成、固定不变的线缆，跳线可实现灵活调整物理连接关系。

2.3.5 消防系统

对数据中心的消防系统，主要考虑两个因素：一是人身安全，二是数据安全。人身安全是消防设施要保护工作人员的生命权，在使用窒息灭火的场合，起动灭火前要确保人员撤出，关闭防火门形成密闭空间，再起动灭火。数据中心最大价值是数据，消防系统要最大限度保障数据安全，消防系统工作灭火的同时要保护数据磁盘、服务器设备、网络以及配套设备不受损坏。

消防系统包括：火灾自动警报系统、极早期探测系统、消防应急广播系统、防火卷帘系统、防火门监控系统、气体灭火系统、自动喷水灭火系统、消火栓系统、防烟排烟系统、消防应急照明和疏散指示系统等。在第 8 章的消防系统中，将探讨火灾自动报警系统、极早期探测系统、气体灭火系统等的运行维护和应急处理。

2.3.6 IT 基础设施

数据中心的网络类似人体的神经系统一样将 IT 基础设施连接起来。传统数据中心的网络架构一般包括核心层、汇聚层、接入层，服务器通常连接在接入层交换机，如图 2-48 所示。具体项目中，可以灵活进行网络规划与设置，在与互联网络边界上加入安全防护、负载均衡等设备，防止网络攻击、数据泄密等。

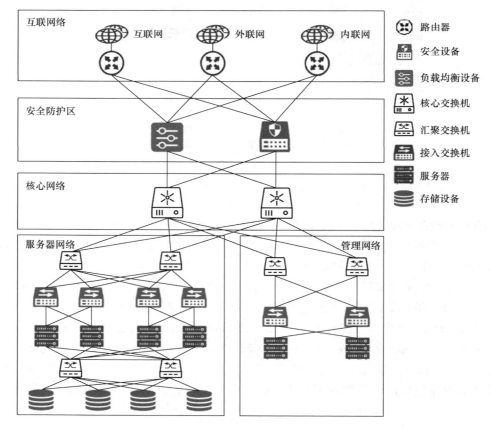

图 2-48　IT 基础设施系统架构

2.3.7 基本要求

基础设施为云计算、大数据、网络设施等数据中心 IT 设备提供电力、环境、安全等。因为业务系统连续性需要，基础设施供电多采用 2N 配置、空调采用 $N+1$ 配置，来保障业务系统的可用性。基础设施监控系统，也是 IT 设备，同样要保障其稳定性、可用性，也等同于数据中心的云计算、大数据和网络系统对基础设施的要求。这些要求体现在供电的电压、频率、波形畸变率、谐波、环境的温湿度、气流速度等指标上，更具体要求请参考本书相关章节。环境与设备监控系统要完成对基础设施的监控和运维管理，具体要求如下：

1. 环境与设备监控系统基本要求

环境与设备监控系统本身需具备以下基础性能：实时性、可靠性、准确性、安全性、开放性、易用性、可维护性和可扩展性、并发访问能力。性能要求见表 2-4。

表 2-4 环境与设备监控系统性能要求

项目	说明	主要内容
实时性	数据中心基础设施实时监控、告警事件的实时处理	常用页面最大并发数为 5000 以上，并支持在线的能力扩展，监控实时数据响应时间 <5s
		告警和控制响应时间 <5s
		远程监控数据刷新时间和响应时间 <5s
		单指令设备控制响应时间 <5s
		监控平台的告警事件同步短信、电话报警发出响应时间 <5s
		报表的查询至导出时间 <30s
可靠性	系统在规定条件下和规定时间内长期稳定运行的能力	平均无故障时间 MTBF >20000h
		平均修复时间 MTTF <0.5h
		系统平台主机应双机配置互为备份的功能，具备条件的宜采用异地备份模式，或者采用集群模式，宜采用虚拟化环境后台
准确性	监控系统测量上报的数据、告警要准确，在监控终端上显示的数据精度应符合相关的要求	数据显示正确性，误报率 <0.1%
		告警准确性，误报率 <0.1%
安全性	系统自身安全、运行安全、信息传递的安全	系统中断自恢复
		系统能够自动检测各监控模块故障、传感器故障以及各智能设备与监控系统之间、各监控子系统之间的通信是否正常，一旦发现通信故障（包括系统本身的硬件故障），系统能在第一时间发出报警信息，响应时间 <30s
		系统应具备完善的安全防范措施，对所有操作人员按其工作性质分配不同的权限，并有完善的密码管理功能，有效地保证系统及数据的安全
开放性	系统之间实施数据共享、服务集成	应当提供标准数据接口、网络接口、系统和应用软件接口
		通过标准接口，可以灵活集成所需子系统

（续）

项目	说明	主要内容
易用性	满足多用户不同的使用需求	同时支持 C/S、B/S 两种模式
可维护性和可扩展性	系统应便于维护和扩展	采用模块化和标准化的设计
并发访问能力	多用户用不同的形式登录系统且不造成系统性能的下降	远程客户端并发访问数量 >100 个
		移动客户端并发访问数量 >100 个

环境与设备监控系统功能基本要求见表 2-5。

表 2-5　环境与设备监控系统功能基本要求

功能模块	说明	主要内容
监控显示	仪表盘	展示内容包括 PUE、主要能耗、设备关键状态、告警总体状态、故障系统状态、关键资源状态（水电资源、物料资源）
	电气系统图	整体系统图、高压系统图、低压系统图、柴油发电机供油系统图等
	暖通系统图	冷源系统图、房间空调系统图
	平面布局图	机楼整体、楼层、房间
	告警可视化	按照时间的配置项展示、级别数量分布、时间周期分布、设备类型分布、处理情况分布
	工单可视化	业务工单、故障工单、变更工单、巡检工单、维护工单
	能耗可视化	PUE、PPUE、能耗系统分布、能耗设备分布、能耗趋势模型
	容量可视化	机架空间、电力、制冷容量，专业设备容量
	资产可视化	资产流程、资产分布、资产周期、资产
监控交互	实时性	监控数据采集轮询周期短、运行设备数据回传速度快，以保证系统能够及时反馈数据中心设备实时运行情况，为及时控制管理数据中心的安全提供可靠决策依据
	智能性	系统不仅仅能够采集数据，更应具备大数据分析能力，能够过滤无效数据，利用大树法则获得最有效的数据
	人机交互性	组态美观易于查看和操作，一般采用 2D、2.5D 或 3D 建模，组态主色调建议采用黑色、灰色或蓝色，组态主要通过逻辑性（系统图或拓扑图的方式）和层级性（地图→园区→楼栋→楼层→房间→设备）展示
	控制性	实时监控体现的是监测和控制，目前多数数据中心未实现控制或部分实现控制，未来数据中心将逐步实现自动化控制
告警	告警查看	通过组态显示颜色变化以及告警列表等形式实时查看是否产生告警以及当前未处理告警数量、告警等级、告警的具体位置、告警的内容、告警产生时间、告警当前的状态等信息，其中告警时间应精确到秒，告警当前状态应包含未受理、处理中、已恢复、已关闭等
	告警处理	发现告警后应按照服务级别协议（Service Level Agreement，SLA）要求及时进行处理，在系统中的告警处理方式则是通过系统来将需要的告警进行派单处理，通过与管理模块的联动实现告警的闭环管理

（续）

功能模块	说明	主要内容
报表	基本数据导出	任意选择数据，导出数据文件（Excel 等形式）
	定制报表	设定范围、参数、周期，自动周期或按照条件生成报表，包括日报表、月报表、年报表、实时值报表等 按照报表中数据表现方式，可以将报表台中的报表分为表格报表、图形报表（包括曲线报表、柱状图报表、饼图报表） 对于报表查询结果的输出，用于用户出于定时抄表、定时统计等目的
	自定义报表	用户可以自定义定制报表内容，实现自动生成用户自定义报表
配置		系统管理是提供给系统管理员维护系统使用的工具，系统管理应包含权限管理、工程配置、SLA 配置、设置存储周期、设置告警阈值等

环境与设备监控系统硬件参数要求见表2-6。

表2-6　环境与设备监控系统硬件参数要求

序号	设备名称	设备监控功能描述	备注
1	高压柜	遥测：三相全电量的测量：电压、电流、频率、功率因数、有功、无功、有功电度、无功电度等信号采集 遥信：断路器分合状态、手车位置、弹簧储能状态、接地刀状态（出线）等的采集、记录，断路器事故信号、预告信号采集；避雷器状态等 遥控：各断路器在监控室内的遥控操作 保护动作信息：三段式相间电流保护；进线低电压保护；母联备自投，连锁保护；断路器失灵保护；单相接地保护；负序/不平衡保护；正序欠电压；剩余欠电压；过电压保护；中性点偏移保护；负序过电压保护；过频/欠频保护等 继电保护装置；智能仪表；关键点位，提供 I/O 硬接线	监测控制
2	直流屏	直流系统运行状态；直流开关位置状态信息；直流电压；直流系统报警信息；直流系统故障信息 智能设备自带通信接口	监测
3	变压器	保护动作信息：过温报警；超温跳闸；风机状态；数字报警信息：高温报警、超温跳闸、风机状态、门位置等 测量量：变压器铁心温度、变压器绕组温度 变压器温控器	监测
4	柴油发电机	遥测：三相输出电压，三相输出电流，输出频率/转速，润滑油油压，润滑油油温，起动电池电压，输出功率；发电机组额定功率；发电机组有功功率；发电机组无功功率；发电机组视在功率；发电机组功率因数；发电机组累计运行时间；发电机组燃油液位；油箱液位 遥信：工作状态（运行/停机），工作方式（自动/手动），主备用机组识别，自动转换开关（Automatic Transfer Switching，ATS）状态，过电压，欠电压，过电流，频率/转速高，皮带断裂（风冷），润滑油油温高，润滑油油压低，起动失败，过载，起动电池电压高/低，紧急停车，市电故障，充电器故障；电池（高、低）报警；低油压报警；漏油报警；电动百叶状态等 继电保护装置；智能仪表；关键点位，提供 I/O 硬接线	监测控制

序号	设备名称	设备监控功能描述	备注
5	柴油发电机外部供油系统	油罐液位；油泵供电状态；油泵状态等 控制器；关键点位，提供 I/O 硬接线	监测控制
6	低压柜（盘）	进线柜 遥测：三相输入电压，三相输入电流，频率，功率因数，有功功率，无功功率，电度功能等 遥信：开关状态，缺相，过电压，欠电压告警，工作电流过高 配电柜 遥测：各分路三相输入电压，三相输入电流，频率，功率因数，有功功率，无功功率，电度功能 遥信：开关状态 电容器柜/有源滤波柜 遥信：补偿电容器工作状态；有源滤波柜工作状态 避雷器 避雷器状态 ATS ATS 状态 智能仪表（所有智能仪表须至少具备两个开关状态采集接口，所有被监控的低压盘/柜主路进线（或配置了智能仪表的回路）的开关状态由智能仪表接入） 开关量采集器（开关状态、避雷器状态，所有要求被监控的回路的开关必须加装开关量状态触点） ATS；关键点位，提供 I/O 硬接线	监测控制
7	UPS	UPS 主机应提供 RS232 或 RS485 等智能通信接口，实现远程遥控、遥信和遥测功能，系统应能全面了解 UPS 的运行状态以及并机状态，随时监测记录 UPS 机组的运行状态的各种参数，并支持智能电池管理，例如，能监测到电池组的电压等参数，并能智能判断提醒电池组维护 遥测：三相输入电压，直流输入电压，三相输出电压，三相输出电流，输出频率，标示蓄电池电压，标示蓄电池温度 遥信：同步/不同步状态，UPS/旁路供电，蓄电池电压低，市电故障，整流器故障，逆变器故障，旁路故障 智能设备自带通信接口	监测
8	HVDC	交流输入电压、电流、功率，运行模块数量，母线电压、电流、电池电压、电流、各子模块电压、电流 智能设备自带通信接口	监测
9	电池监测	所有电池均需要加安装单体电池监控，监控参数包括：每节电池极柱温度、电压、电流，电池总电压，电池总电流，电池组 SOC（%），电池组 SOH（%）等 遥测：蓄电池组总电压、总电流，所检测单只蓄电池电压、电池温度，每组充、放电电流，电池组 SOC（%），电池组 SOH（%） 遥信：蓄电池组总电压高/低，所检测单只蓄电池电压高/低，标示电池温度高，充电电流高 智能设备自带通信接口	监测

（续）

序号	设备名称	设备监控功能描述	备注
10	列头柜	机房列头柜应配备浪涌保护器、智能电量仪、每个分路应配置 OF 辅助触点及报警装置，并通过电量仪将采集的运行数据（包括但不限于电压、电流、功率、功率因数、电度、谐波（若有）等）纳入监控系统中，并应能集中或者分散提供远程通信接口和通信协议，输出相关监控数据和告警信息给数据中心监控系统 遥测：输入及各输出回路电压、电流、功率因数、有功功率、无功功率、电度功能 遥信：开关状态 智能设备自带通信接口	监测
11	冷机	起动、停止、状态、故障、温度设定等 进出水温度、温度设定值、压缩机电流、负载率、小温差、油温、油压等 智能设备自带通信接口，关键点位，提供 I/O 硬接线	监测 控制
12	水泵	起动、停止、状态、故障、频率设定等 运行状态、频率、故障、转速等 智能设备自带通信接口，关键点位，提供 I/O 硬接线	监测 控制
13	冷却塔	起动、停止、状态、故障、频率设定等；运行状态、频率、故障、转速等 智能设备自带通信接口，关键点位，提供 I/O 硬接线	监测 控制
14	管道电伴热	起动、停止、状态、故障 关键点位，提供 I/O 硬接线	监测 控制
15	管道水温度、压力、流量、压差监测	管道水温度、压力、流量、压差 提供 I/O 硬接线（来自传感器）	监测 控制
16	室外温度、湿球温度、湿度、相对湿度	温度、湿球温度、湿度、相对湿度 提供 I/O 硬接线（来自传感器）	监测 控制
17	STS 监测	监测电源及切换状态 智能设备自带通信接口	监测 控制
18	精密空调监测	运行状态、送回风温湿度、过滤网压差、故障报警 智能设备自带通信接口	监测 控制
19	漏水监测	漏水状态、漏水位置 智能设备自带通信接口（来自传感器）	监测 控制
20	新风机监测	运行状态、温湿度 智能设备自带通信接口，关键点位，提供 I/O 硬接线	监测 控制
21	污水坑监控	开、关、运行状态、液位、故障 智能设备自带通信接口，关键点位，提供 I/O 硬接线	监测 控制
22	加湿器	运行状态、故障 智能设备自带通信接口	监测 控制
23	无负压设备监控	开、关、运行状态、压力、频率、设定、故障 智能设备自带通信接口，关键点位，提供 I/O 硬接线	监测 控制

（续）

序号	设备名称	设备监控功能描述	备注
24	定压补水设备监控	开、关、运行状态、压力、频率、设定、故障 智能设备自带通信接口，关键点位，提供 I/O 硬接线	监测 控制
25	加药、微晶旁流	电导率、药剂浓度、pH 值、浊度 智能设备自带通信接口，关键点位，提供 I/O 硬接线	监测 控制
26	机房温湿度监测	温度、相对湿度 智能设备自带通信接口	监测 控制
27	间接蒸发冷却	进水温度、出水温度、送风温度、回风温度、送风湿度、回风湿度、阀门开度、风机转速、工作模式 智能设备自带通信接口，关键点位，提供 I/O 硬接线	监测 控制

环境与设备监控系统与其他系统结合相关要求如下：

1）电气设备常用接口协议有：RS485 接口，标准 Modbus 规约（RTU）、IEC 60870—5—101，RJ45 接口，标准 Modbus 规约（TCP）、IEC 60870—5—103/104、IEC 61850。关键点位，提供 I/O 硬接线。

2）通风空调设备常用协议有：RS485 接口，标准 Modbus 规约（RTU），RJ45 接口，标准 Modbus 规约（TCP）、BACnet。关键点位，提供 I/O 硬接线。

2. 安全防范系统基本要求

安全防范系统包括视频监控系统、出入口控制系统、入侵报警系统等。视频监控系统需对监控的场所、部位、通道等进行实时、有效地视频探测、视频监视、视频传输、显示、记录与控制，并应具有图像复核功能。出入口控制系统应能根据建筑物的使用功能和安全技术防范管理的要求，对需要控制的各类出入口按各种不同的通行对象及其准入级别实施实时控制与管理，并应具有报警功能。对于人员安全疏散口，应符合国家建筑设计防火规范的要求。入侵报警系统应能根据被防护对象的使用功能及安全技术防范管理的要求，对设防区域的非法入侵、盗窃、破坏和抢劫等，进行实时有效地探测与报警，并应有报警复核功能。系统不得有漏报警，误报警率应符合相关要求。

安全防范系统的基本要求见表 2-7。

表 2-7　安全防范系统基本要求

项目	主要内容	备注
视频监控系统	视频清晰度，720P、1080P、2K、4K POE 供电 摄像机镜头 半球、枪机、快球等摄像机 拾音 摄像机存储卡 同时码流 解码器 移动侦测功能，是在移动程度超过检测阈值时将此录像存为移动侦测告警录像。检测阈值通过设置移动灵敏度、检测窗口的时间确定	

（续）

项目	主要内容	备注
视频监控系统	存储时长（全量存储时长、移动侦测存储时长） 存储方式要求，网络附属存储（Network Attached Storage，NAS）、存储区域网络（Storage Area Network，SAN） 专用硬盘 历史查询导出功能	
出入口控制系统	卡参数；电插锁、电磁锁 门磁反馈，刷卡灵敏度要求 门禁控制器离线运行，网络类型 开发、发卡、销卡、变更 不同等级区域，单向刷卡、双向刷卡不同防护等级对应 不同等级区域采用增加密码、生物识别措施（指纹、人脸识别） 门禁与视频联动 门禁与巡更复用 记录存储时长 一卡通功能	
入侵报警系统	入侵探测形式：双鉴探测器、玻璃破碎、振动探测器、红外探测器 入侵探测灵敏度 系统报警、故障、被破坏、操作（包括开机、关机、设防、撤防、更改等）等信息的显示记录功能 系统记录信息应包括事件发生时间、地点、性质等，记录的信息应不能更改 手动/自动设防/撤防，应能按时间在全部及部分区域任意设防和撤防；设防、撤防状态有明显的显示 分线制、总线制和无线制入侵报警系统：不大于2s 基于局域网、电力网和广电网的入侵报警系统：不大于2s 基于市话网电话线入侵报警系统：不大于20s	

3. 综合布线系统基本要求

综合布线系统基本要求见表2-8。

表2-8　综合布线系统基本要求

项目	主要内容
综合布线	铜缆、光纤介质，介质带宽，介质线缆防火等级及材质 介质端口类型，LC、SC、ST、FC、MPO 介质信号衰减测试 配线机架，系统与标识要求。命名规范要求 智能配线要求。综合布线架构拓扑与路由清晰 变更措施完善，保持线缆路由与连接关系正确，查询便捷，变更快捷

4. 消防系统基本要求

消防系统基本要求见表2-9。

表 2-9   消防系统基本要求

项目	主要内容
一般规定	火灾探测器类型：点型感烟火灾探测器、点型感温火灾探测器、一氧化碳火灾探测器、线型光束感烟火灾探测器、线型感温火灾探测器、管路采样式吸气感烟火灾探测器、点型火焰探测器、图像型火灾探测器、点型可燃气体探测器、线型可燃气体探测器、电气火灾监控探测器等 消防系统包括：火灾警报系统、消防应急广播系统、防火卷帘系统、防火门监控系统、气体灭火系统、自动喷水灭火系统、消火栓系统、防烟排烟系统、消防应急照明和疏散指示系统等 数据中心的机房宜设置气体灭火系统，也可设置细水雾灭火系统 设置气体灭火系统的机房，应配置专用空气呼吸器或氧气呼吸器 火灾报警系统应与灭火系统和视频监控系统联动

5. IT 基础设施基本要求

IT 基础设施基本要求见表 2-10。

表 2-10   IT 基础设施基本要求

项目	主要内容
服务器	CPU、内存、主板、硬盘、端口状态正常，冗余度符合要求 电源状态正常，冗余度满足要求 系统冗余设备状态正常 备品备件数量合理正常
网络	交换机、路由器、网关、端口状态正常，冗余度符合要求 电源状态正常，冗余度满足要求 网络路由正确、清晰，保持线缆路由与连接关系正确，查询便捷，变更快捷 系统冗余设备状态正常 备品备件数量合理正常

第3章

数据中心配电系统运行
维护及应急

本章介绍了数据中心基础设施配电部分，包括变电站系统、高压配电系统和变配电系统。详细描述了各系统功能、原理、组成、运行、维护及应急。

3.1 变电站系统

变电站是指电力供电系统中对电压和电流进行变换，接收电能及分配电能的场所。在发电厂内的变电站是升压变电站，其作用是将发电机发出的电能经升压后馈送到高压电网中传输。在用电单位的变电站是降压变电站，其作用是将高压电网的电能降压后馈送到各用电负荷区域。

数据中心是高负荷用电单位，市电引入 10（或 20）kV 电压等级无法满足数据中心总负荷容量需求时，须提高电压输入等级来提升配电容量。数据中心变电站是将 110kV（或 220kV）高压供电电网经过降压变压器输出 10kV 电压等级，满足数据中心总负荷供电要求，变电站的降压变压器容量总和决定数据中心用电负荷最大容量。

变电站工作原理如图 3-1 所示，外部市电 110kV 电源经隔离开关、断路器等气体绝缘金属封闭成套开关设备，将 110kV 电源分配至电力变压器输入，经电力变压器降压后输出 10kV 电源至 10kV 配电进线柜，经 10kV 配电分路控制，完成 10kV 馈线输出。

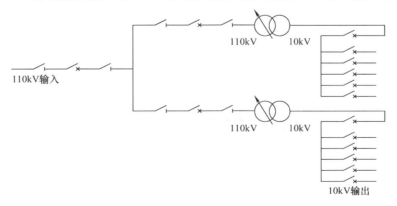

图 3-1　变电站工作原理

1. 一次设备

（1）电能转换设备　变电站电能转换设备是指电力变压器。变电站电力变压器是降压变压器，将市电供电电网 110kV 电压转换为 10kV 电源，满足数据中心机房楼通用 10kV 电源供电。

（2）隔断系统连接设备　隔断系统连接设备在变电站系统中起着接通或断开电路的作用。隔断系统连接设备主要分以下三种：

1）高压断路器，俗称开关。高压断路器具有灭弧装置，不仅可以切断和接通正常情况下高压电路中的负荷电流，还可以在系统发生故障时与自动保护装置配合，迅速切断故障电路，防止事故扩大，保证供电系统的安全，是电力系统中最重要的控制和保护设备。

2）高压隔离开关，俗称刀开关。高压隔离开关不具有灭弧装置，不具有电流保护功能，用来隔离电源并形成明显断开点。

3）负荷开关。负荷开关具有简易的灭弧装置，可以用来接通或断开系统的正常工作电流和过负荷电流，但不能接通或断开短路电流。

（3）载流设备　载流设备包括母线、架空线及电力电缆等。

（4）补偿设备　变电站补偿设备有电力电容器、并联电抗器、消弧线圈等。

（5）互感器设备　电力系统互感器主要有电压互感器和电流互感器。

（6）防雷及防过电压设备　电力系统防雷及防过电压设备主要指避雷器、避雷针、避雷线等设备。

2. 二次设备

（1）监视装置　变电站的监视装置主要是实时在线监控设备的运行模拟量、状态量、告警及故障情况，包括监控系统、实时模拟图板、故障录波器等设备。

（2）测量装置　变电站的测量装置主要是监控系统的底端采集设备，采集内容包括电流、电压、频率、功率、电能、温度等数据。

（3）继电保护及自动控制装置　变电站继电保护及自动控制装置是当系统设备发生异常时发出告警信息；当系统设备运行数据超出设定阈值时，作用于断路器跳闸，保护和切除故障电路。

（4）直流电源装置　变电站直流电源装置为系统控制、信号、继电保护、自动化装置及事故照明提供可靠的直流电源，直流电源装置由整流设备和蓄电池组成。

3. 数据中心变电站

（1）结构实例　数据中心变电站侧面图和俯视图如图3-2、图3-3所示。

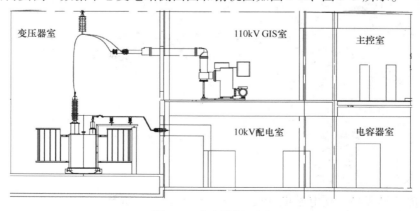

图3-2　变电站侧面图

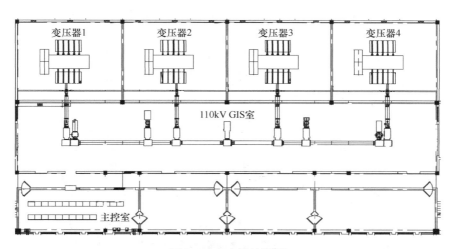

图 3-3　变电站俯视图

（2）一次路由实例　数据中心变电站一次路由示意图如图 3-4 所示，变电站引入两路不同上级变电站的市电 110kV 电源。每路 110kV 电源对应的气体绝缘金属封闭成套开关设备分别有两个分支输出，每个分支挂接一台电力变压器，每台电力变压器输出至相应的 10kV 高压配电系统。

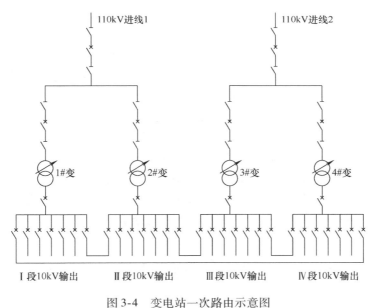

图 3-4　变电站一次路由示意图

3.1.1　气体绝缘金属封闭成套开关设备原理、组成及运行维护

3.1.1.1　气体绝缘金属封闭成套开关设备原理和组成

全封闭组合电器将断路器、隔离开关、接地开关、电流互感器、避雷器、母线、进出线套管或终端等元器件组合封闭在接地的金属壳体内，充以一定压力的 SF_6 气体作为绝缘介质

所组成的气体绝缘金属封闭成套开关设备，国际上将这种设备称为 Gas Insulated Metal-Enclosed Switchgear，简称 GIS。

GIS 一般由实现各种不同功能的单元组成，称间隔，主要有进（出）线间隔、母联间隔、母线计量保护间隔等，GIS 间隔断面示意图如图 3-5 所示。根据用户的不同要求实现单母接线、桥形接线、双母接线等不同的接线方式。

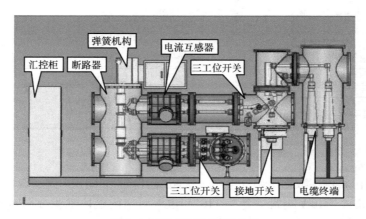

图 3-5　GIS 间隔断面示意图

3.1.1.2　GIS 运行操作

1. GIS 电气设备运用状态

GIS 电气设备的四种运用状态为：运行状态、热备用状态、冷备用状态和检修状态。

1）运行状态　是指断路器和隔离开关都在合闸位置，电源从输入端到受电端的电路全部接通（包括变压器、避雷器、互感器及二次控制回路）。

2）热备用状态　是指断路器在断开位置，而隔离开关都在合闸位置。其特点是只要操作断路器动作，电源随即接通。

3）冷备用状态　是指断路器和隔离开关都在断开位置，设备与其他带电部分之间有明显的断开点。根据工作性质分为断路器冷备用和线路冷备用。

4）检修状态　是指断路器和隔离开关都在断开位置，检修设备合上了接地开关，并悬挂了工作标示牌，安装了临时遮栏，该设备处于"检修状态"。

2. GIS 操作

1）GIS 电气设备运用状态的变更操作，必须严格执行操作票制度，必须通过电力调度申报、审批流程。

2）所有断路器和开关的操作，正常情况下必须在控制室利用监控计算机界面操作，只有在监控计算机界面出现故障不能远方操作时，在征得专业站长同意后，才能到就地汇控柜上操作。

3）在就地汇控柜上操作时，首先要核实设备的实际工作位置，确定操作某一设备时，将汇控柜上选择操控方式"远方"改为"就地"，联锁方式保持"联锁"不变，然后进行操作。操作完成后，及时将操控方式恢复为"远方"。最后查看确认操作设备的工作指示是否正确。

3.1.1.3　GIS 维护

GIS 维护的基本要求如下：

1）变电站现场规程中应明确本站 GIS 设备各气室的额定、报警和闭锁压力。

2）机构箱、汇控箱内驱潮器应长期投入，加热器按照规程要求投入。采用温湿度控制器的加热器，需常年投入。

3）正常时将汇控柜内的"远方/就地"把手和相应开关测控屏内"远方/就地"把手分别放在"远方"位置。汇控柜的解锁/联锁切换把手应在"联锁"位置，钥匙取下视同解锁，钥匙规范保管。

4）运行人应熟悉并掌握 GIS 设备组的开关、刀开关与接地刀开关联锁关系，并写入变电站现场运行规程。

5）GIS 设备是维护、维修人员易触及的设备，在正常运行情况下，其外壳的感应电压不应超过 36V，其温升不应超过 30K，正常操作无须触及时，其温升极限可升至 40K。

6）为防止异物进入和带来潮气，GIS 室门应关闭严密，进出时应随手关闭。

7）进入 GIS 设备室内前应先通风 15min，且无报警信号。经常有人的，每次至少通风 15min。进入电缆沟内或低凹处工作时，应测含氧量及 SF_6 气体浓度，确认空气中含氧量不小于 18%，SF_6 浓度不大于 1000μL/L 后方可进入。

8）不准在 GIS 设备防爆膜附近停留，防止压力释放器突然动作，危及人身安全。

9）为防止跌落引起设备损坏和人身伤害，不要站在或斜靠在设备的气体配管和电缆桥架上。

10）禁止攀爬到 GIS 设备上面或站在不稳定的平台上进行工作。

11）在巡视检查中，若遇到 GIS 设备操作应停止巡视并离开设备一定距离，操作完成后再继续巡视检查。

12）因为气室的 SF_6 压力（密度）是设备运行状况的重要数据，所以每次巡视都要认真检查和记录压力（密度）数据，每个气室的表计必须检查到位。压力值要与原有数据进行比较，发现异常及时汇报。若 SF_6 年泄漏率大于 1% 或压力表在同一温度下，相邻两次读数的差值达 0.01～0.03MPa 时应汇报上级，进行检漏或补气。

3.1.2　电力变压器原理、组成及运行维护

3.1.2.1　电力变压器原理和组成

1. 电力变压器原理

电力变压器是用来将某一数值的交流电压（电流）变成频率相同的另一种或几种数值不同的电压（电流）的设备。当一次绕组通以交流电时，就产生交变的磁通，交变的磁通通过铁心导磁作用，在二次绕组中感应出交流电动势。二次感应电动势的高低与一、二次绕组匝数的比例有关，即电压大小与匝数成正比。主要作用是传输电能，因此，额定容量是它的主要参数。额定容量是一个表现功率的惯用值，它是表征传输电能的大小，以 kV·A 或 MV·A 表示。

2. 电力变压器组成

电力变压器由主体器身和辅助结构共同组成。电力变压器主要由铁心、绕组、箱体、绝

缘套管、调压装置、油冷却装置、保护及安全装置等部件构成，其中将变压器铁心、绕组、套管、调压装置及其绝缘结构称为电力变压器的主体器身结构。

3.1.2.2 电力变压器运行操作

1. 电力变压器运行方式

（1）变压器的空载运行　指变压器的一次绕组接在交流电源上，二次绕组开路的工作状态。此时，一次绕组中的电流就是空载电流，二次绕组感应出电动势，此时变压器的损耗主要是铁心中的涡流和磁滞损耗。

（2）变压器的负载运行　指变压器的一次绕组接在交流电源上，二次绕组接负载的运行状态。此时一次绕组中的电流包括空载电流和负载电流。

（3）变压器的分列运行　指两台变压器一次绕组接在同一组交流电源上，两台变压器分别给各自的负载独立供电的工作状态。

（4）变压器的并列运行　指两台变压器一次绕组接在同一组交流电源上，两台变压器二次绕组通过母联断路器并联在另一组交流母线供电的工作状态，有效利用变压器容量，提升负载供电能力。

2. 电力变压器调压

通过改变一次绕组接入匝数的调压方式，分为无载调压和有载调压两种。

（1）无载调压　无载调压的分接开关只能在变压器不施加电压、没有励磁的条件下进行，通过变换变压器的分接头从而达到改变变压器电压比的目的。

（2）有载调压　有载调压的分接开关能在变压器带负载、有励磁的状态下进行调压操作。有载调压的分接开关触头具备带电切断电流能力，整个分接开关通过驱动机构来操作。

3. 电力变压器投运操作

对于长期停用或大修完毕后投运前，应重新按《电气设备预防性试验规程》进行必要的试验，绝缘试验应符合规定，保护部件、过电压保护及继保系统处于正常可靠状态，变压器应做全面检查，变压器主体、冷却装置、套管、储油柜及所有其他附件均应良好可靠、无遗留杂物。

变压器投运操作的具体步骤如下：

1）确认变压器低压侧断路器全部断开。

2）验收待投运变压器合格，将冷却系统及气体继电器保护投入运行。

3）中性点接地开关恢复，变压器投运前，先将（110kV 或 220kV 侧）中性点接地开关合上，然后再给变压器充电。如果变压器正常运行时中性点不应接地，则在变压器投运后，立即将中性点断开。

4）投入变压器相应的保护装置设备。

5）变压器充电试投。停用或大修完毕后的变压器投运前应在额定电压下做空载冲击合闸试验。国家电网运行规程要求新投运的变压器合闸冲击五次，大修后的变压器合闸冲击三次，每次间隔5s。

6）变压器正式投运操作。合闸高压侧断路器，再顺序进行低压侧供电恢复操作。

7）变压器实时监测。变压器投运后，检查各仪表指示应正常，所有开关位置指示牌及指示信号都应反应正常。

4. 电力变压器停运操作

当变压器出现故障或检修时，需进行变压器停运操作。变压器停运操作应遵循以下要点：操作前先将负载倒换或联络至其他运行变压器供电；操作过程严格按照正确操作流程，并随时检查操作的正确性。

变压器停运操作的具体步骤如下：

1）先将负载倒换或联络至运行变压器供电，检查需停运操作的变压器已空载。

2）倒换系统中性点接地方式，保证变电站内系统不失去中性点零序电流回路。

3）变压器高压侧断路器分闸操作。

4）退出变压器相应保护，防止保护误动作影响变电站其他正常运行路由。

5）检查停运变压器各仪表指示应无数据，所有开关指示牌及指示信号应正常。

3.1.2.3　电力变压器维护

电力变压器维护的基本要求如下：

1）变压器一次电压可比额定电压高，一次电压不高于该运行分接额定电压的 105%，变压器可按额定电流运行。

2）为防止变压器油质加速劣化，自然循环冷却变压器顶层油温不宜长时间超过 85℃。

3）《油浸式电力变压器负载导则》规定以热老化观点作为指导变压器运行的原则。

3.1.3　10kV 配电简述

1. 10kV 高压配电

10kV 高压配电是变电站电力变压器完成降压后的输出单元。10kV 高压配电详见本书 3.2 节高压配电系统。

2. 无功补偿设备

变电站常见的无功补偿措施是利用并联高压电容器产生无功功率，利用高压并联电抗器吸收无功功率。

3.1.4　变电站系统运行维护及应急

3.1.4.1　变电站运行操作

数据中心变电站在市电正常情况下，每路 110kV 市电对应的电力变压器按分列运行方式运行。在市电或负载变化的情况下，按以下运行方式操作，如图 3-4 所示。

1. 两路供电

变电站 110kV 进线 1 和 110kV 进线 2 市电都正常。

1）10kV 侧各分段开关全部断开，断路器手车退出。

2）110kV 进线 1 通过 GIS 给 1#主变、2#主变供电。

① 1#主变供电 10kV Ⅰ段母线，10kV Ⅰ段母线馈线柜输出供电。

② 2#主变供电 10kV Ⅱ段母线，10kV Ⅱ段母线馈线柜输出供电。

3）110kV 进线 2 通过 GIS 给 3#主变、4#主变供电。

① 3#主变供电 10kV Ⅲ段母线，10kV Ⅲ段母线馈线柜输出供电。

② 4#主变供电 10kV Ⅳ段母线，10kV Ⅳ段母线馈线柜输出供电。

2. 单路供电

变电站 110kV 进线 1 停电，110kV 进线 2 市电正常。

1）10kV Ⅰ段母线馈线柜输出断路器分闸，进线柜断路器分闸且手车退出。

2）10kV Ⅱ段母线馈线柜输出断路器分闸，进线柜断路器分闸且手车退出。

3）根据调度指令操作 110kV 进线 1 回路的 GIS 分闸操作。

4）10kV Ⅳ段和 10kV Ⅰ段母线分段开关手车进入，母线分段开关合闸；10kV Ⅰ段母线馈线柜输出供电。

5）10kV Ⅱ段和 10kV Ⅲ段母线分段开关手车进入，母线分段开关合闸；10kV Ⅱ段母线馈线柜输出供电。

此时市电停电侧负载通过 10kV 母线分段开关联络保障供电。

3. 两路停电

变电站 110kV 进线 1 停电，110kV 进线 2 市电停电。

1）10kV Ⅰ段母线馈线柜输出断路器分闸，进线柜断路器分闸且手车退出。

2）10kV Ⅱ段母线馈线柜输出断路器分闸，进线柜断路器分闸且手车退出。

3）10kV Ⅲ段母线馈线柜输出断路器分闸，进线柜断路器分闸且手车退出。

4）10kV Ⅳ段母线馈线柜输出断路器分闸，进线柜断路器分闸且手车退出。

5）所有母线分段开关断路器分闸且手车退出。

6）根据调度指令操作 110kV 进线 1 回路的 GIS 分闸操作。

7）根据调度指令操作 110kV 进线 2 回路的 GIS 分闸操作。

此时数据中心机楼由柴油发电机组应急供电。

4. 负载调配

变电站两路 110kV 市电正常情况下负载功率偏小。

当数据中心变电站总负载小于单台变压器额定容量的 80% 时，为降低变压器损耗和费用成本，可以申请停运两台变压器，如停运 2#主变和 4#主变。

1）10kV Ⅱ段母线馈线柜输出断路器分闸，进线柜断路器分闸且手车退出。

2）10kV Ⅰ段和 10kV Ⅱ段母线分段开关手车进入，母线分段开关合闸；10kV Ⅱ段母线馈线柜输出供电。

3）根据调度指令操作 110kV 进线 1 回路的 2#主变 GIS 分闸操作。

4）10kV Ⅳ段母线馈线柜输出断路器分闸，进线柜断路器分闸且手车退出。

5）10kV Ⅲ段和 10kV Ⅳ段母线分段开关手车进入，母线分段开关合闸；10kV Ⅳ段母线馈线柜输出供电。

6）根据调度指令操作 110kV 进线 2 回路的 4#主变 GIS 分闸操作。

3.1.4.2 变电站维护

变电站维护的基本要求如下：

1）遵守《电业安全工作规程》中对变电站高压设备巡视的相关规定；运维人员应按规定路线进行巡视检查。

2）对巡视中发现的缺陷应分析原因、发展和后果，并采取相应措施限制其发展。按设备缺陷管理制度，做好记录，及时上报。

3）备用设备应始终保持在可用状态，与运行设备的维护要求相同。

4）运行中的电气设备在日常巡视中，需充分发挥人的感觉器官（眼、耳、鼻）作为检查手段。

5）发生事故，运维人员应及时准确判断，如故障设备、故障范围、故障原因、操作步骤等，及时处理，尽量缩小事故范围。事故处理原则如下：

① 尽快分析出事故发生的原因，限制事故的发展，消除事故的根源，解除对人身和设备的危险。

② 设法保持设备继续运行，以保证负载的正常供电，首先设法保证站用电源。

③ 尽量通过联络等操作，对停电区域恢复供电。

④ 将事故情况立即汇报当值调度员，听候处理。现场运维人员应严格执行调度员的一切命令。

3.2 高压配电系统

高压配电系统由进线柜、计量柜、PT柜、馈线柜、联络柜、操作电源及10kV反措智能操作系统组成，满足数据中心基础设施配电设备的自动化、智能化、信息化的要求，如图3-6所示。

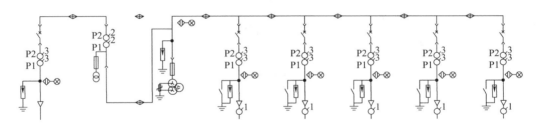

图3-6 高压配电系统示意图

3.2.1 高压开关柜原理、组成及运行维护

3.2.1.1 高压开关柜原理和组成

1. 高压开关柜原理

高压开关柜是将主母线、断路器、接地开关、电流互感器、电压互感器、控制系统、保护系统、监测系统等装配在封闭的金属柜体内，作为电力系统中接收和分配电能的装置。高压开关柜有以下性能要求：

（1）高压开关柜运行连续性要求　高压开关柜运行连续性要求是指打开主回路的一个隔室时，其他隔室或功能单元可以保持带电的范围，即高压开关柜设备需要维修时，高压配电系统仍具备系统供电能力。运行连续性以丧失类别区分等级。

（2）高压开关柜内燃弧耐受能力要求　为保证操作人员的安全，高压开关柜必须耐受机械和热冲击，柜体必须将电弧的影响限制在柜体局部范围，避免由于内燃弧原因而造成的危害。

（3）高压开关柜五防要求如下：

1）防止误分、误合断路器。

2）防止带负荷拉、合隔离开关或手车触头。

3）防止带电挂（合）接地线（接地刀开关）。

4）防止带接地线（接地刀开关）合断路器（隔离开关）。

5）防止误入带电间隔。

2. 高压开关柜组成

数据中心的高压开关柜型一般采用金属铠装移出式户内封闭高压开关柜。高压开关柜体是主要功能的承载空间，如图 3-7 和图 3-8 所示，高压开关柜结构分为 A 区断路器隔室、B 区继电仪表隔室、C 区高压母线隔室、D 区电缆隔室。每个隔室都是独立且封闭的空间，根据设备隔室可触及的程度，将设备的隔室分为联锁控制的可触及隔室、基于程序的可触及隔室、基于工具的可触及隔室、不可触及隔室。

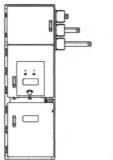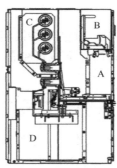

A. 断路器隔室
B. 继电仪表隔室
C. 高压母线隔室
D. 电缆隔室

图 3-7　高压开关柜结构示意图

图 3-8　高压开关柜结构 A、B、C、D 区示意图

（1）A 区断路器隔室　A 区是高压开关柜可移出式断路器手车隔室，通过高强度手车导轨在线可以移出或推进断路器，达到很好的互换性和可维护性，提高了供电的可靠性。

A 区断路器隔室要求断路器位置与接地开关联锁、金属活门与断路器室门联锁、二次插头与断路器位置联锁，并具有独立的压力释放装置，A 区隔室内设有防凝露加热器。

（2）B 区继电仪表隔室　B 区继电仪表隔室是高压开关柜二次设备的汇总，负责高压开关柜一次设备的控制、保护。B 区是一个独立封闭的整体组装结构。

（3）C 区高压母线隔室　C 区高压母线隔室是高压开关柜高压母线和高压路由的引入，

是高压配电系统中高压母线路由的一部分。C 区是一个独立封闭的隔室，具有独立的压力释放装置。

（4）D 区电缆隔室 D 区电缆隔室是高压开关柜与外部连接的电缆汇接室，完成断路器端与外部电缆的连接。D 区电缆隔室必须与电缆室门有机械联锁，确保五防要求，其中进线柜（隔离柜）采用电磁铁方式与柜门进行闭锁；馈线柜则是柜门与接地开关联锁（纯机械）。具有独立的压力释放装置，D 区隔室内设有防凝露加热器。

3. 高压开关柜主要器件

高压开关柜各隔室及主要器件位置结构如图 3-9 所示。

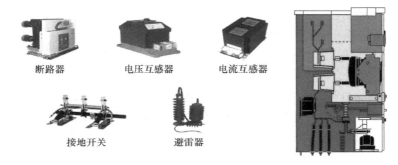

断路器　电压互感器　电流互感器

接地开关　避雷器

图 3-9　高压开关柜和主要器件示意图

（1）断路器 高压配电系统中的断路器根据灭弧介质分为油断路器、SF_6 断路器、真空断路器，数据中心常用真空断路器。

1）真空断路器：真空断路器主要包括真空灭弧室、弹簧操作机构、支架及其他部件，如图 3-10 所示。动触头在真空中与静触头开断时，开断电流形成真空电弧，在电流过零后，由于电极周围的金属蒸气密度低，弧隙间的介质强度很快恢复，达到迅速灭弧。

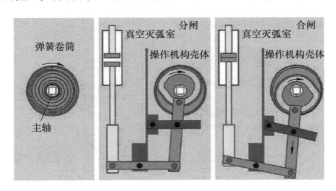

图 3-10　电极在真空灭弧室状态示意图

2）断路器的操动机构：操动机构是断路器的重要组成部分，断路器的全部功能最终都体现在触头的分合动作上，触头的分合动作要通过操动机构来实现。操动机构是根据分合指令，从提供能源（通电）到触头运动的全部环节的系统，如图 3-11 所示。

3）断路器的基本技术参数如下：

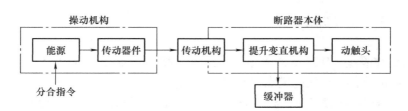

图 3-11　断路器操动机构示意图

① 额定电流 I_N，指设备在规定使用条件和工况下，能连续通过的电流有效值，是断路器长期通过电流能力的参数。

② 额定开断电流 I_{kN}，在额定电压下，断路器能保证可靠开断的最大短路电流周期分量有效值。是体现断路器开断能力的参数。

③ 额定关合电流 I_{GN}，指短路时，断路器能够关合而不发生触头熔焊或其他损伤的最大电流。是体现断路器关合能力的参数。

④ 额定短时耐受电流，指在某一规定短时间内，断路器能承受的短路电流有效值。指断路器处于合闸状态下，在一定的持续时间内所允许通过电流的最大周期分量有效值。

⑤ 额定峰值耐受电流，指在规定的使用条件下，断路器在合闸位置时所能经受的电流峰值。

（2）接地开关　接地开关的作用是将高压线路与开关柜底部的地端连接，保证操作人员的绝对安全（电压为零）。接地开关性能要求如下：

1）具有合闸位置锁定功能，通过与断路器间的机械机构实现联锁。

2）可靠的联动机构，以保证操作机构给出的信号触点与主电路的状态一致。

3）1s 或 3s 短路电流耐受能力。

4）短路电流关合能力，分为两级：E1 级（两次）和 E2 级（五次）。

（3）避雷器　避雷器是一种能释放过电压能量、限制过电压幅值的保护设备。避雷器的基本要求是具有良好的伏秒特性和伏安特性，如图 3-12 所示，应有较强的绝缘强度自恢复能力。

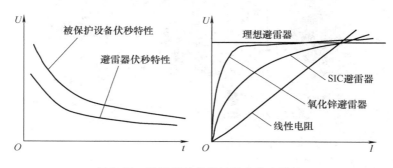

图 3-12　避雷器的伏秒特性和伏安特性

（4）电压互感器　电压互感器的作用是将交流高电压变换成低电压（100V 或 $100\sqrt{3}$ V），供电给测量仪表及继电保护装置的电压线圈。

（5）电流互感器　电流互感器的作用是将一次侧电流变换成小电流（5A 或 1A），供电给测量仪表及继电保护装置的电流线圈。

（6）综合保护装置　真空断路器的功能主要是接通电路、开断电流和灭弧，本身不具备保护功能，高压开关柜的保护功能由综合保护装置完成，如图3-13所示。

数据中心高压开关柜常规的综合保护定值设置有：限时电流速断和动作时间、过电流保护和动作时间、过负荷保护和动作时间、差动保护和动作时间。

数据中心10kV高压开关柜必须通过综合保护定值设置，且由承装（修、试）电力许可证承试类四级及以上资质单位进行现场试验合格的高压开关柜才能正式通电使用。

图3-13　综合保护装置

3.2.1.2　高压开关柜运行操作

1. 高压开关柜运行

高压开关柜运行由高压断路器运行状态决定，主要有工作状态和试验状态。

（1）工作状态　高压开关柜工作状态可分为合闸通路状态和分断隔离状态。

1）合闸通路状态，断路器输入输出主触头与高压开关柜输入输出静触头接通，断路器合闸，供电路由接通。此时柜面板指示，断路器位置红色，断路器状态红色。

2）分断隔离状态，断路器输入输出主触头与高压开关柜输入输出静触头接通，断路器分闸，供电路由断开。此时柜面板指示，断路器位置红色，断路器状态绿色。

（2）试验状态　高压开关柜试验状态，断路器输入输出主触头与高压开关柜输入输出静触头断开，二次控制航空插头保持连接状态不变。此时柜面板指示，断路器位置绿色。

2. 高压开关柜运行控制

改变高压开关柜运行状态的控制方式有远方控制和就地控制两种模式，可以在高压开关柜面板上转换"远方""就地"设置模式。

1）远方控制模式下，高压开关柜接收远方逻辑程序操作控制。

2）就地控制模式下，高压开关柜接收面板控制转换开关操作控制。

3. 高压开关柜操作

（1）分闸操作

操作目的：高压开关柜的手动分闸操作，用于负载侧断电或配电检修等。

操作步骤：

1）控制模式变更，高压开关柜面板上将"远方"设置转换"就地"模式。

2）操作解锁，将操作钥匙插入，并操作解锁。

3）分闸操作，断路器分合闸开关向"分闸"位置旋转，此时断路器分闸动作，高压开关柜面板断路器位置为红色，断路器状态为绿色，如图3-14所示。

（2）断路器移出至转运小车操作

操作目的：测试断路器移出至转运小车的操作，用于高压配电检修或应急更换断路器。

操作步骤：

1）确认断路器处于分闸状态：首先观察仪表室门面指示断路器分闸状态灯为"绿色"；通过断路器面板分闸指示确认为分闸位置，如图3-15所示。

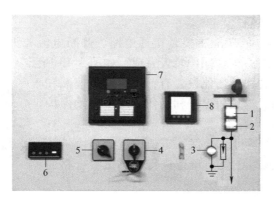

1. 断路器位置状态指示
2. 断路器分合闸状态指示
3. 接地刀分合闸状态指示
4. 断路器分合闸开关
5. 就地远方转换开关
6. 带电指示
7. 综合保护装置
8. 智能电表

图 3-14　高压开关柜分闸操作示意图

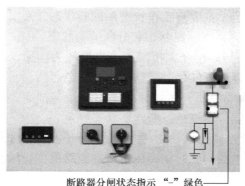

图 3-15 彩图

断路器分闸状态指示 "–" 绿色　　　　断路器面板分闸指示

图 3-15　断路器处于分闸状态示意图

2）将操作把手插入操作孔，逆时针摇动手柄将断路器手车摇到试验位置。仪表室门断路器手车位置指示灯为"绿色"，如图 3-16 所示。

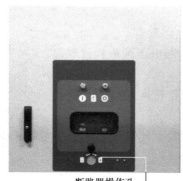

图 3-16 彩图

断路器操作孔　　　　断路器位置状态指示 "Y" 指示绿色

图 3-16　断路器处于试验位置示意图

3）打开断路器室门，掰开航空插头的扣板，拔出航空插头将插头挂在手车面板的固定螺栓上，脱离二次控制线缆，如图 3-17 所示。

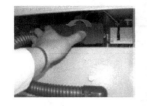 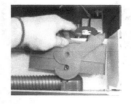

将航空插头拔出　　　　将航空插头固定在断路器上

图3-17　航空插头操作示意图

4）手车定位，将转运手车前部定位锁插入开关柜体的水平隔板插孔，并锁定在开关柜上，向后拉手车，确定手车是否锁定，如图3-18所示。

5）断路器至转运小车，向内侧移动断路器手车横梁上的定位手柄，将断路器手车移动到转运小车上并确定断路器定位锁紧，向左侧拉服务手车上的手杆，解开服务手车和开关柜的联锁。将服务手车从开关柜上移开，放置到安全位置，如图3-19所示。

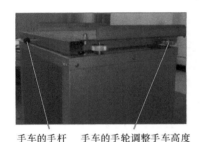  

手车的手杆　　手车的手轮调整手车高度

图3-18　手车定位操作示意图

图3-19　断路器至转运小车操作示意图

（3）转运小车上的断路器进入高压柜运行位置操作

操作目的：测试转运小车上的断路器进入高压柜试验位置的操作，用于高压配电检修或应急更换断路器。

操作步骤：

1）打开高压柜柜门，将带断路器的转运小车前部定位锁插入水平隔板插孔并锁定在开关柜上向后，拉手车确定手车锁定。

2）确认接地开关处于分闸状态；确认活门处于关闭状态，将断路器手车移入开关柜的试验位置。手车到位后其横梁定位销把手应处于外侧极限位置，如图3-20所示。

3）将航空插头插到插座上，压下扣板使航空插头完全置入插座内，关上高压柜的断路器室门，仪表室门断路器手车位置指示灯为"绿色"，如图3-21所示。

4）插入手车手柄，顺时针把断路器手车摇到运行位置，到位时手柄有明显的机械制动，观察断路器手车位置指示灯为"红色"，如图3-22所示。

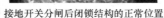

接地开关分闸后闭锁结构的正常位置

66

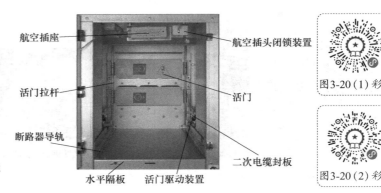

航空插座 ———— ———— 航空插头闭锁装置

活门拉杆 ———— ———— 活门

断路器导轨 ————

———— 二次电缆封板

水平隔板 活门驱动装置

图 3-20　接地开关和活门状态示意图

压下航空插头扣板　　　　　手车位置指示

图 3-21　航空插头操作和手车位置
状态示意图

图 3-22　断路器手车摇到运行位置
操作示意图

（4）接地开关合、分闸操作

操作目的：接地开关合、分闸操作，验证断路器合闸时机构互锁，用于高压配电检修。

操作步骤：

1）先确认电缆室门关闭，确认断路器处于试验位置或检修位置。压下接地开关联锁滑片，插入接地开关操作手柄，顺时针旋转 180°，合上接地开关，如图 3-23 所示。

合闸方向

手柄插入接地开关操作孔内

图 3-23　合上接地开关操作示意图

2）然后取出接地开关操作手柄时，用手握住操作手柄端部直接拔出。接地开关合闸过程中，能够听到开关弹簧机构动作的撞击声。可以从低压室面板指示灯、接地开关操作孔指示器及接地开关主轴分合闸指示牌看到开关状态为合闸状态，如图 3-24 所示。

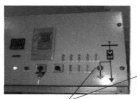

接地开关合闸状态指示　　合闸后联锁滑片处于操作孔的最下端

图 3-24　接地开关合闸指示确认示意图

3）分闸操作：确认柜内清洁、无异物。确认电缆室门关闭且锁紧。插入接地开关操作手柄，逆时针旋转 180°，分闸接地开关。可以从低压室面板指示灯、接地开关操作孔指示器及接地开关主轴分合闸指示牌看到开关状态为分闸状态，如图 3-25 所示。

接地开关分闸状态指示　　分闸后闭锁滑片处于操作孔上端

图 3-25　接地开关分闸指示确认示意图

3. 2. 1. 3　高压开关柜维护

1. 日常检查

1）面板电压、电流数据正确。

2）面板来电指示灯、继电保护指示灯、报警指示灯是否正常。

3）面板断路器位置和状态指示、接地开关状态指示颜色是否正确。

4）柜门是否紧闭完好。

5）二次电源是否正常。

6）是否有异常声响、异常气味、弧光等。

2. 预防性维护

（1）高压开关柜仪表室检修

检修目的：更换二次回路部分隐患器件、紧固二次线连接等。

检修步骤：电压表和电流表指针归零，确认控制回路、储能回路、信号回路、交流回路不带电，如图 3-26 所示。

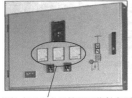
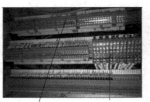

指针表不带电的情况下指针归零　　端子隔片　　电流端子连接片

图 3-26　仪表室检修示意图

1）检查二次微型空气开关及其辅助开关，以及仪表室门及网板上所安装二次元器件是否有烧灼、破裂现象。

2）检查电压端子、信号端子二次线固定螺栓，以及电流端子中间滑片固定螺栓、二次线固定螺栓是否有松动。

3）检查二次元器件、二次线固定螺栓是否松动，检查端子上所安装的隔片是否移位。

4）各元器件、端子、仪表室内部清洁、卫生。

（2）高压开关柜主母线室检修

检修目的：主母线紧固，清理蜘蛛网、灰尘、去湿，避免微放电现象。

检修步骤：确保主母线不带电、辅助电源不带电且做好安全措施，进行检修时必须严格遵守所有相关的安全规定，如图 3-27 所示。

图 3-27　开关柜主母线室检修示意图

图3-28（1）彩图

1）拆除柜顶的泄压板，拆除母线绝缘罩。

2）检查主母线、分支母线、各侧板及连接螺栓是否受潮、生锈。

3）检查穿墙套管的固定螺栓、主母线连接螺栓是否锁紧。

4）检查母线室是否清洁。

图3-28（2）彩图

（3）高压开关柜电缆室检修

检修目的：接头紧固，避雷器和加热器等隐患器件检修或更新，机械传动部分润滑，隔室内清理。

检修步骤：确保主母线不带电、辅助电源不带电且做好安全措施，进行检修时必须严格遵守所有相关的安全规定，如图 3-28 所示。

图3-28（3）彩图

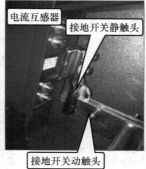

图 3-28　电缆室检修示意图

1）合上接地开关，打开电缆室门。

2）检查各元器件及封板螺栓是否有锈蚀。

3）检查电力电缆线鼻子、避雷器线鼻子、连接铜排是否有锈蚀。

4）检查电力电缆和避雷器与连接铜排的连接螺栓是否紧固。

5）检查温湿度传感器及加热器是否有损坏，二次插头是否紧固。

6）检查电流互感器和铜排连接螺栓、接地开关静触头固定螺栓、接地软铜线固定螺栓及接地铜排固定螺栓是否锁紧。

图3-29（1）彩图

7）检查接地开关动触头、静触头、传动伞齿轮是否清洁，润滑脂是否涂抹均匀。

8）检查电缆连接铜排上安装的绝缘护罩及其固定尼龙螺栓是否完好。

图3-29（2）彩图

9）检查一、二次电缆孔的封堵是否完好，保持各元器件及室内清洁、卫生。

10）关上电缆室门，分、合接地开关，检查闭锁机构及机械指示是否正常。

（4）高压开关柜断路器室检修

检修目的：检查静触头、闭锁件是否灵活，机械传动部分润滑，隔室内清理。

图3-29（3）彩图

检修步骤：确保主母线不带电、接地开关处于合闸状态且做好安全措施，进行检修时必须严格遵守所有相关的安全规定，如图3-29和图3-30所示。

螺栓插入重叠孔中，将活门驱动机构固定，活门处于打开状态

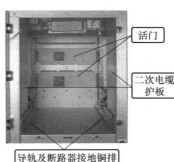

活门
二次电缆护板
导轨及断路器接地铜排

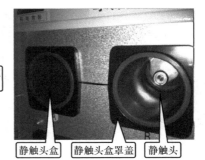

静触头盒　静触头盒罩盖　静触头

图3-29　开关柜断路器室静触头检修示意图

活门驱动机构

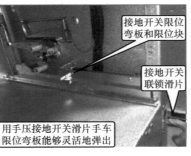

接地开关限位弯板和限位块
接地开关联锁滑片
用手压地开关滑片手车限位弯板能够灵活地弹出

图3-30（1）彩图

图3-30（2）彩图

图3-30　开关柜断路器室的检修示意图

1）移出断路器手车，把手车放到安全位置。

2）用两个 M8 的螺栓插到驱动机构重叠的孔中，打开活门驱动机构。

3）检查静触头盒及罩盖是否有烧灼现象。

4）检查静触头，如静触头表面腐蚀严重、损伤、严重过热痕迹、镀银层磨损等。

5）检查断路器室内各钣金件、螺栓是否有受潮锈蚀现象。

6）静触头盒、静触头、水平隔板、活门、左右封板、航空插头闭锁装置、导轨及断路器接地铜排保持清洁。

7）检查活门驱动机构是否变形，活门动作是否灵活。

8）检查断路器手车和接地开关的联锁机构是否灵活，机械运动器件涂上润滑脂。

9）把手车从转运手车上移到断路器室的试验位置，插上航空插头。

10）正常可以关上断路器室门。

11）分、合接地开关，摇进、摇出手车，检查手车和接地开关之间的联锁装置是否正常。

3. 预防性测试

测试目的：为了检测设备的电气性能是否正常，定期维护和检修后，配电设备都必须进行测试。

检修步骤如下：

1）开关柜辅助电源送电。

2）开关柜分闸、合闸各五次，检查回路是否正常。

3）测试开关柜之间电气联锁是否正常。

4）摇进、摇出断路器手车，分、合接地开关，检测手车及接地刀之间联锁是否正常。

5）开关柜整体做工频耐压试验（做出厂工频耐压的80%）。

6）综保和断路器联动测试项目，根据定值单要求，测试综合保护功能。

7）电流互感器及电压互感器测试项目及参数，试验参照出厂试验报告。

8）避雷器测试项目及参数，参照避雷器出厂试验报告。

9）接地开关测试项目及参数，参照接地开关出厂试验报告。

4. 故障对策

高压开关柜故障与对策详细内容见表 3-1。

表 3-1　高压开关柜故障与对策

故障现象	原因分析	对策处理
手车无法从试验位置摇到工作位置	1）手车横梁定位销未到位 2）断路器处于合闸状态 3）接地开关未分闸 4）手车位置闭锁电磁铁 Y0 未吸合 5）活门没有打开	1）将定位销复位 2）将断路器分闸 3）将接地开关分闸 4）检查原因或更换 Y0 5）检查活门驱动机构
手车无法从工作位置摇到试验位置	1）断路器是否合闸 2）手车位置闭锁电磁铁 Y0 未吸合	1）将断路器分闸 2）检查原因或更换 Y0
接地开关滑片不能压下	1）手车是否在试验位置或柜外 2）闭锁电磁铁为吸合	1）将手车摇到试验位置或移到柜外 2）检查原因或更换电磁铁
接地开关分闸后滑片不能弹回原位	接地开关传动轴没有完全到位	插入操作手柄，逆时针旋转到极限位置，拔出手柄后分闸的机械指示处于操作孔的正下方

（续）

故障现象	原因分析	对策处理
电缆室门无法关闭或打开	接地开关是否合闸或传动轴合闸后未到位	合上接地开关且使操作手柄顺时针至极限位置后再拔出手柄
断路器无法电动合闸	1）控制电源是否送上 2）断路器航空插头是否插上 3）手车是否处于试验位置或工作位置 4）断路器是否储能 5）合闸闭锁电磁铁 Y1 没有吸合 6）合闸脱扣器没有吸合	1）投入控制电源 2）插上航空插头 3）将断路器完全摇到试验位置或工作位置 4）断路器储能 5）检查电源或更换 Y1 6）检查电源或更换合闸脱扣器
断路器无法电动合闸	1）控制电源没有投入 2）分闸脱扣器未动作	1）送上控制电源 2）检查电源是否正常或更换分闸脱扣器

3.2.2　PT 柜简述

PT 柜即电压互感器及避雷器柜，一般是直接装设到母线上，以检测母线电压和实现保护功能。内部主要安装电压互感器 PT、隔离刀开关、熔断器和避雷器等。

其主要作用有：

1）电压测量，提供测量表计的电压回路。

2）提供操作和控制电源。

3）每段母线过电压保护器的装设。

4）继电保护的需要，如母线绝缘、过电压、欠电压、备自投条件等。

3.2.3　直流系统简述

直流系统主要由蓄电池、充电模块、直流回路、直流负荷四部分组成，直流系统原理示意图如图 3-31 所示。直流系统工作电压通常有 220V、110V 和 48V（通信）。

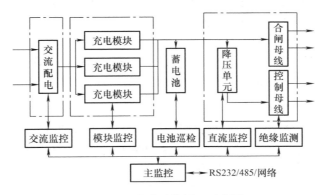

图 3-31　直流系统原理示意图

1. 蓄电池

蓄电池工作原理等内容详见本书 5.2 节。

2. 充电模块

充电模块的工作原理与直流不间断电源类似，详见本书5.4节。

3. 直流回路

直流回路由直流母线引出，供给各直流负荷的供电网络。

4. 直流负荷

直流负荷分为控制负荷、动力负荷。控制负荷包括：控制、信号、测量和继电保护负荷。动力负荷包括断路器操动机构负荷、远动和通信负荷、事故照明负荷。

3.2.4 高压双电源柜原理、组成及运行维护

3.2.4.1 高压双电源柜原理和组成

高压双电源柜是两路输入电源具有选择性切换的供电装置，由两台具有机械和电气联锁的真空断路器和相应的控制回路组成，如图3-32所示。

图3-32（1）彩图

图3-32（2）彩图

图3-32　电气联锁和机械联锁的高压双电源柜示意图

1. 高压双电源柜组成

高压双电源柜由以下四个关键部分组成：

1）承载两路进线电源和开关设备的进线柜体，包括母线系统、电压电流互感器、避雷器、快速接地开关、带电显示器、电缆连接分支、线路保护及二次设备。

2）承接主回路转换执行机构的真空断路器和综合保护装置。

3）用于判断和执行设备的自动转换、可靠动作的智能控制系统，并具备就地转换或远方自控转换等多种方式冗余控制。

4）为确保人员和设备安全运行的联锁系统，具备可靠的电气联锁和机械连锁装置。

2. 高压双电源柜联锁要求

1）两路输入电源只能有其中一路电源供电。

2）主用电源和备用电源的断路器控制回路必须具备完善的电气联锁。

3）主用电源和备用电源的断路器控制回路必须具备完善的机械联锁。

4）主用电源和备用电源的断路器控制回路必须串接对方故障信号。

5）高压双电源柜必须具备完善的五防联锁功能。

3.2.4.2 高压双电源柜运行操作

1. 自动转换

1）两路10kV电源都正常的情况下，备用电源高压开关柜分闸，且断路器手车自动退

出至隔离位置，主用电源高压开关柜合闸供电，负载由主用电源高压开关柜供电。

2）主用电源停电，主用电源高压开关柜分闸，且断路器手车自动退出至隔离位置，备用电源高压开关柜断路器手车自动进入工作位置并合闸，负载由备用电源高压开关柜供电。

3）主用电源恢复，备用电源高压开关柜分闸，且断路器手车自动退出至隔离位置，主用电源高压开关柜断路器手车自动进入工作位置并合闸，负载恢复由主用电源高压开关柜供电。

4）两路10kV电源都停电，主用电源高压开关柜分闸，且断路器手车自动退出至隔离位置，备用电源高压开关柜分闸，且断路器手车自动退出至隔离位置。

2. 手动转换

1）控制器控制面板切换至就地操作，转换系统退出自动控制逻辑。

2）根据选择的供电路由，分闸断路器切换至另外一路供电。

3）控制面板操作模式情况下，电气联锁和机械联锁仍同时具备。

3. 紧急转换

当自动和面板就地操作全部失灵时，需人工干预紧急操作。

1）手动操控分闸停电侧断路器，手动操作手柄摇出断路器至隔离位置。

2）手动操作手柄摇进准备合闸的断路器至工作位置，并手动操控方式合闸断路器。

3）紧急操作时电气联锁和程序联锁都失效，仅机械联锁功能具备。

4）紧急操作时必须先将断路器分闸并退出隔离位置，再操作另一路断路器。

3.2.5　高压配电系统运行维护及应急

3.2.5.1　高压配电系统的供电模式

1. 单回路系统

数据中心机房楼同一区域负载由高压配电单回路系统提供10kV电源供电。单回路系统分为不带油机和带油机两种方式。（注：本书中油机指的就是柴油发电机）

（1）不带油机单回路系统　正常情况下10kV电源引入经进线柜、馈线柜为负载供电。当10kV停电时，馈线柜负载全部停电。如图3-33所示。

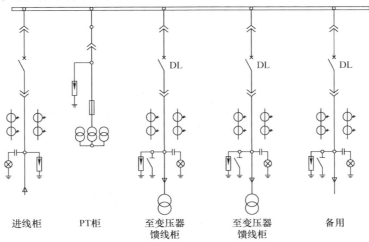

进线柜　　PT柜　　至变压器　　至变压器　　备用
　　　　　　　　　　馈线柜　　　馈线柜

图3-33　不带油机的单回路系统示意图

（2）带油机单回路系统　正常情况下市电 10kV 电源引入经进线柜、馈线柜为负载供电。当市电 10kV 停电时，10kV 进线柜断路器分闸及手车退出，油机起动供电，经 10kV 油机进线柜、馈线柜为负载供电。10kV 进线柜和 10kV 油机进线柜相互联锁。如图 3-34 所示。

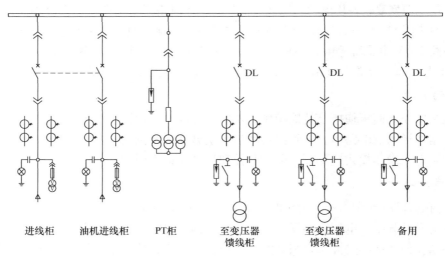

进线柜　　油机进线柜　　PT柜　　至变压器馈线柜　　至变压器馈线柜　　备用

图 3-34　带油机单回路系统示意图

2. 双回路系统

数据中心机房楼同一区域负载由双回路系统供电，每回路供电容量满足同一区域负载总容量，双回路系统提供同一负载的 2N 供电系统。双回路系统具备容错供电能力，可分为不带油机和带油机两种方式。

（1）不带油机双回路系统　不带油机双回路系统如图 3-35 所示，正常情况下两路市电 10kV 电源引入经进线柜、馈线柜为负载供电，1#负载馈线柜和 2#负载馈线柜成对供电，每回路系统带载量为总负载的 50%。

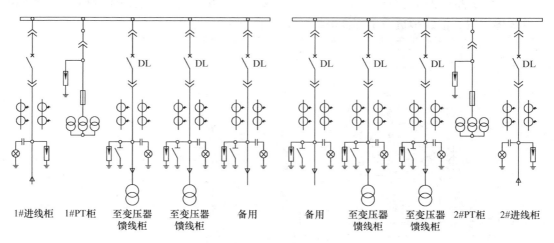

1#进线柜　1#PT柜　至变压器馈线柜　至变压器馈线柜　备用　　备用　至变压器馈线柜　至变压器馈线柜　2#PT柜　2#进线柜

图 3-35　不带油机双回路系统示意图

当 1#回路 10kV 停电时，1#回路系统所有馈线柜全部停电。此时 2#回路系统馈线柜提供所有负载供电，带载量为总负载的100%，反之亦然。

当1#回路、2#回路10kV都停电时，1#回路、2#回路系统馈线柜停止供电。

（2）带油机双回路系统　带油机双回路系统如图3-36所示，正常情况下两路市电10kV电源引入经进线柜、馈线柜为负载供电，1#负载馈线柜和2#负载馈线柜成对供电，每回路系统带载量为总负载的50%。10kV进线柜和10kV油机进线柜相互联锁。

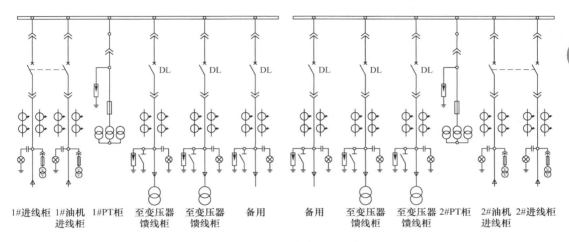

图3-36　带油机双回路系统示意图

当1#回路10kV停电时，1#回路系统所有馈线柜全部停电。此时2#回路系统馈线柜提供所有负载供电，带载量为总负载的100%。

当1#回路、2#回路市电10kV都停电时，1#、2#进线柜断路器分闸及手车退出，油机起动供电，1#回路负载由1#油机进线柜供电，2#回路负载由2#油机进线柜供电。10kV进线柜和10kV油机进线柜相互联锁。

3. 双回路母联系统

（1）不带油机双回路母联系统　不带油机双回路母联系统如图3-37所示，1#回路和2#回路系统之间有联络柜相连接，1#进线柜、联络柜、2#进线柜相互联锁。

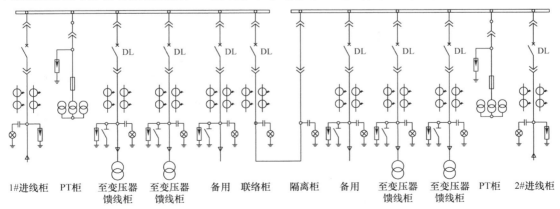

图3-37　不带油机双回路母联系统示意图

正常情况下1#回路和2#回路市电10kV电源分别经进线柜、馈线柜为各自回路负载供电，1#负载馈线柜和2#负载馈线柜成对供电，每回路带载量为总负载的50%。

当1#回路市电10kV停电时，1#段馈线柜分闸，1#段进线柜分闸且手车退出；联络柜合闸，1#回路馈线柜逐个合闸，由联络柜提供1#回路馈线柜负载供电，2#回路进线柜带载量为总负载的100%，反之亦然。

当1#回路、2#回路市电10kV都停电时，1#回路馈线柜分闸，2#回路馈线柜分闸，联络柜分闸，1#回路、2#回路进线柜分闸且手车退出，1#回路、2#回路系统馈线柜停止供电。

（2）带油机双回路母联系统　带油机双回路母联系统如图3-38所示，两路市电正常或单路市电停电情况下，与不带油机双回路母联系统的运行方式一致。

当1#回路、2#回路市电10kV都停电时，1#回路馈线柜分闸，2#回路馈线柜分闸，联络柜分闸，1#回路、2#回路进线柜、联络柜断路器手车退出，起动10kV油机，1#回路由1#油机进线柜供电，2#回路由2#油机进线柜供电。

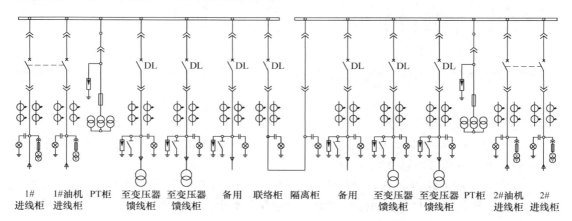

图3-38　带油机双回路母联系统示意图

3.2.5.2　高压配电系统运行操作

以下按带油机双回路母联系统描述系统运行。

1. 两路市电正常

1）初始运行方式，两路市电正常带电，如图3-39所示。

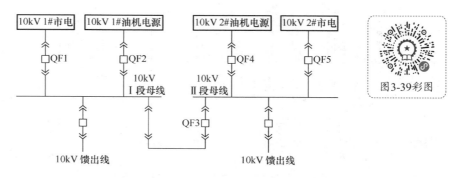

图3-39　初始运行方式示意图

2）1#市电、2#市电正常供电，1#进线 QF1 合闸、2#进线 QF5 合闸，联络柜 QF3 分闸且断路器手车退出，1#回路馈线柜逐个合闸供电，2#回路馈线柜逐个合闸供电，此时 1#回路、2#回路独立运行，如图 3-40 所示。

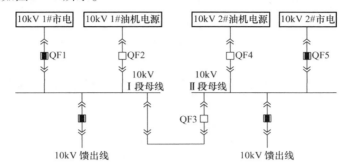

图 3-40 正常运行方式示意图

2. 单路市电停电

1）1#市电停电，2#市电正常，需先分断 1#市电进线开关 QF1，应先逐一分断 1#回路的馈出线开关，再合闸 QF3 联络开关；母线带电后最后逐一合闸 1#回路馈出线开关恢复供电，如图 3-41 所示。

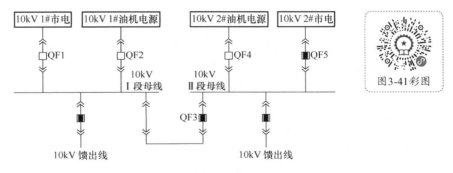

图 3-41 1#市电停电，2#市电正常运行方式示意图

2）2#市电停电，1#市电正常，需先分断 2#市电进线开关 QF5，应先逐一分断 2#回路的馈出线开关，再合 QF3 联络开关；母线带电后最后逐一合闸 2#回路馈出线开关恢复供电，如图 3-42 所示。

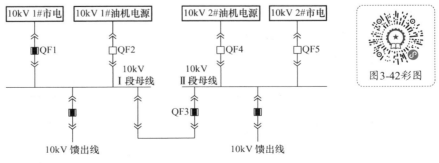

图 3-42 2#市电停电，1#市电正常运行方式示意图

3. 两路市电都停电

当1#市电和2#市电都停电后，需先1#回路馈线柜分闸，2#回路馈线柜分闸，联络柜分闸，1#回路、联络柜、2#回路进线柜分闸且手车退出；10kV发电机组检测到双路市电停电信号后快速起动且完成并机完毕后，1#油机进线柜手车进入并合闸，2#油机进线柜手车进入并合闸，1#回路馈线柜逐个合闸供电，2#回路馈线柜逐个合闸供电。此时完成了市电供电到油机供电的切换，如图3-43所示。

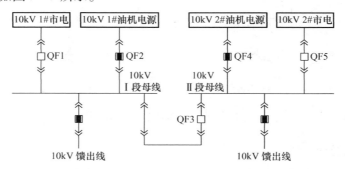

图3-43 1#、2#市电都停电运行方式示意图

3.2.5.3　高压配电系统维护

1. 基本要求

1）遵循电气安全操作规程，操作期间应遵守一人操作、一人监护的原则，实行操作唱票制度，切断电源前任何人不得进入带电防护区。

2）高压检修时应遵守停电-验电-放电-接地-挂牌-检修的程序进行。停电检修时，应先停低压，后停高压，先断负荷开关，后断隔离开关。送电顺序则相反。

3）在切断电源后，检查有无电压、三相线上安装移动地线装置、更换熔断器等工作时，均应使用防护工具。

4）悬挂"有人工作，切勿合闸"等告示牌后方可进行维护和检修工作，告示牌只许原挂牌人或监视人撤去。

5）10kV高压配电设备前后均铺设相应等级的绝缘垫；10kV高压配电室内设置参观通道，非专业维护人员不得跨越和触碰设备；10kV高压配电室走线架孔洞需封闭，地下走线通道出口需堵实封闭，门口设防小动物挡板。

6）继电保护和告警信号应保持正常，严禁切断告警铃和信号灯。

2. 预防性维护

高压配电系统预防性维护内容见表3-2。

表3-2　高压配电系统预防性维护内容

序号	维护作业内容	工作要求	周期
1	高压配电设备清理	高压配电设备表面及室内清理无杂物，环境清洁	日常
2	高压开关柜运行检查	无异常声响、无异味，记录电压、电流、功率	日常
3	检查高压开关柜工作状态	检查断路器、接地开关的位置状态指示正常，"远方""就地"设置正确，无告警信息	日常

（续）

序号	维护作业内容	工作要求	周期
4	直流系统运行检查	整流模块工作正常，合母、控母分路正常，记录电压、电流	日常
5	10kV 反措智能系统设备工作状态	工作状态指示正确，无告警	日常
6	10kV 反措智能操作系统平台工作状态	系统平台运行正常，状态显示正常，记录运行数据	日常
7	检查安全防护工器具是否齐全	指示挂牌、绝缘鞋和手套、高压验电笔、接地、操作工具、断路器手车齐全	日常
8	检查高压开关柜继电仪表隔室	操作电源正常，断路器状态正常，红外热成像仪测试温升 <50K	月度
9	直流系统蓄电池检查	蓄电池外观、极柱、连接条、安全阀、壳体等清洁，有无爬酸、腐蚀现象，有无损伤、变形	月度
10	检查直流系统电气设备	整流模块清洁，断路器状态正常，红外热成像仪测试温升 <50K	月度
11	直流系统检测蓄电池端电压	整流模块清洁，蓄电池端电压范围在 13.38 ～ 13.62V/只	季度
12	模拟停电测试	模拟 10kV 输入故障，测试 10kV 系统倒换与柴油发电机供电正常	半年
13	检查电缆沟槽与室外相通的孔洞	封闭严实，根据施工情况动态检查封堵	年度
14	高压配电设备检修、耐压和综保测试	高压开关柜各隔室设备检修，耐压和综保定值测试正常	两年

3.2.5.4　高压配电系统应急

1）一路市电停电应急处理流程如图 3-44 所示。

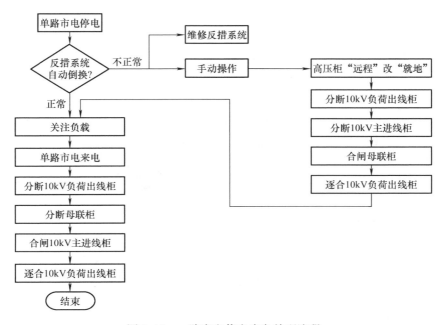

图 3-44　一路市电停电应急处理流程

2）两路市电停电应急处理流程如图 3-45 所示。

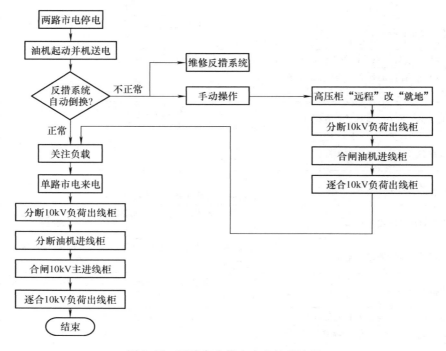

图 3-45　两路市电停电应急处理流程

3）高压馈线柜合闸不成功应急处理流程如图 3-46 所示。

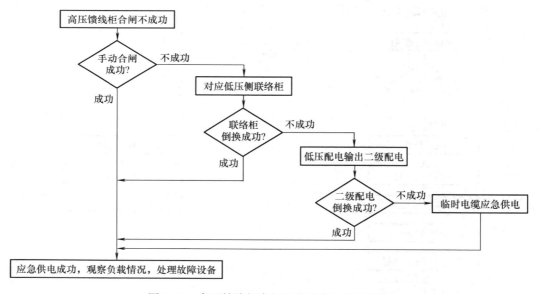

图 3-46　高压馈线柜合闸不成功应急处理流程

3.3 变配电系统

数据中心 10kV 高压配电系统馈线柜输出至变配电系统，变配电系统是将 10kV 转变 380V 配电系统，主要包括降压干式变压器、低压密集母线、低压成套配电以及控制设备，如图 3-47 所示。

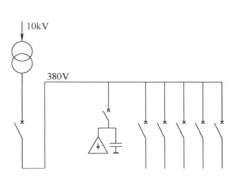

图 3-47　变配电系统示意图

3.3.1 干式变压器原理、组成及运行维护

3.3.1.1 干式变压器原理和组成

1. 干式变压器

干式变压器原理与电力变压器原理相同，干式变压器主要由铁心、绕组、绝缘套管、调压装置、冷却装置、箱体等部件组成。干式变压器绕组由空气进行冷却，通过温控设备进行强制风机冷却以及超温保护。变配电系统中干式变压器初级线圈电压一般为 10kV，数据中心根据负载区域特点，变配电系统一般采取就近负载侧安装于各楼层电力室。

2. 干式变压器参数

（1）额定电压（U_N）及额定电压比　额定电压是指在主分接的带分接绕组（或不带分接绕组）的端子间，施加的电压或空载时感应出的电压。当在其中一个绕组上施加额定电压时，空载情况下，其他所有绕组同时出现各自的额定电压值。

额定电压比指变压器各侧绕组额定电压之比。有载调压变压器高压侧设有载调压绕组，根据各绕组变比确定各分接头的额定电压。

（2）额定容量（S_N）及额定容量比　额定容量是指某一绕组的视在功率的指定值，单位用 kV·A 和 MV·A 表示。额定容量特指高压侧绕组的额定容量。

额定容量比指变压器各侧额定容量的比例。

（3）铜损（负载损耗）　铜损（负载损耗）指变压器一、二次电流流过相应绕组时，在绕组上所消耗的能量之和。变压器铭牌标注的铜损是指绕组温度在 75℃ 时通过额定电流时的铜损。

（4）铁损（空载损耗）　铁损（空载损耗）指变压器在二次侧开路且一次侧施加额定电压情况下，铁心中消耗的能量。铁损（空载损耗）包括励磁损耗和涡流损耗。

（5）空载电流（空载 I_0）　空载电流指变压器在二次侧开路且一次侧施加额定电压情况下，一次绕组中通过的电流 I_0。一般以额定电流的百分数表示。

（6）阻抗电压　阻抗电压（U_K），它表示变压器通过额定电流时在变压器自身阻抗上所产生的电压损耗（百分值）。将变压器二次侧短路，对一次绕组施加电压并逐步加大，当二次绕组产生的短路电流等于额定值时，一次绕组施加的电压与额定电压之比的百分数。

（7）联结与联结组别　变压器绕组可以连接成星形联结（Y 联结）、三角形联结（D 联结）、曲折形联结（Z 联结），对于高压绕组联结用字母 Y、D、Z 表示，低压绕组联结用字母 y、d、z 表示，对于中性点引出的联结用加注字母 N 或 n 表示。

三相变压器联结组标号，一般采用时钟表示法。一、二次绕组对应的线电动势的相位差，要么是 0，要么是 30°的整数倍，正好与时钟上小时数之间的角度一样，采用时钟刻度 1~12 表示。若二次电动势超前一次电动势 30°，则其联结组标号时钟序数就定义为 11，例如，YNd11 表示一次绕组为中性点引出的星形联结，二次绕组为三角形联结，时钟序数 11 表示二次电动势超前一次电动势 30°。

（8）干式变压器型号举例　SCB13 - 2500/10 Dyn11 U_K = 6% 10 ± 2 * 2.5%/0.4kV

1）一次绕组额定电压为 10kV，二次绕组额定电压为 400V。

2）额定容量为 2500kV·A。

3）S 表示三相变压器；C 表示变压器绕组为树脂浇注型；B 表示箔式绕组结构；13 表示变压器能效序号。

4）联结组标号为 Dyn11，一次高压绕组三角形联结，二次低压绕组星形联结且中性点引出。时钟序数 11 表示二次电动势超前一次电动势 30°。

5）阻抗电压 U_K = 6%。

6）一次侧调压分接头 10 ± 2 * 2.5%。

3. 干式变压器调压

（1）调压方式　干式变压器采取无载调压方式，调整变压器高压绕组线圈分接头连接，达到低压输出侧电压升高或降低的目的。

（2）分接头　干式变压器的分接头分为 +5%、+2.5%、额定、-2.5%、-5% 五档，分接头外露，用铜连接条来改变连接。变压器铭牌有电压等级和分接头编号的明确标注。

4. 干式变压器冷却

数据中心的干式变压器通常采用 IP2X 等级外壳，用于变压器运行期间的安全防护，同时干式变压器外壳必须考虑空气流动和变压器铁心散热的要求。

（1）干式变压器冷却方式　干式变压器采用强制风冷的冷却方式。在低负荷或铁心温度不高时，热空气在变压器铁心空间自然形成气流组织散热。当铁心温度达到设定值时，自动开启散热风机，强制形成气流组织，达到快速冷却目的。

（2）干式变压器温控　干式变压器温度控制由温度控制器、铁心温度采集、散热风机、电磁锁信号组成，温度控制器根据温度和电磁锁信号，控制散热风机工作状态，以及向 10kV 馈线柜输出控制信号，如图 3-48 所示。干式变压器温度控制器主要功能如下：

1）风机控制：根据设定的开风机温度和关风机温度自动控制风机的开启和关闭，保证干式变压器在正常温度下安全的工作。当三相铁心最高相温度达到设定的开风机温度时，风机开启，同时面板上"风机"指示灯亮。

2）超温报警：当三相铁心最高相温度达到设定的超温报警温度时，温控器会发出蜂鸣报警，面板上"超温"灯亮，并通过后板"报警"输出端输出开关信号给超温报警器。

3）超高温跳闸：当三相铁心最高相温度达到设定超高温跳闸温度时，温控器会发出蜂鸣报警，面板上"跳闸"灯亮，并通过"跳闸"输出端输出开关信号给 10kV 馈线柜切断电源，保护干式变压器。

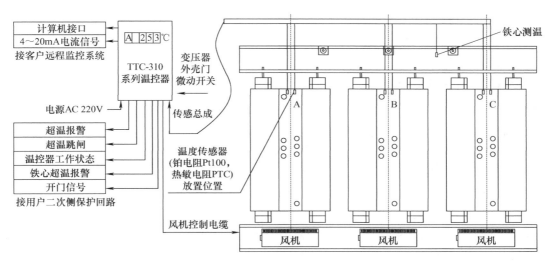

图 3-48　干式变压器温度控制器示意图

4）变压器开门跳闸：当运行中变压器门被意外或强行打开时，为了保护操作人员人身安全，温控器接收到变压器门电磁锁信号后，输出变压器开门跳闸信号给 10kV 馈线柜切断电源，防止操作人员误操作及误入带电区域。

3.3.1.2　干式变压器运行操作

1. 干式变压器联动保护

（1）超温保护　变压器绕组绝缘的安全可靠是变压器正常带载运行的主要性能指标。绕组温度超过绝缘耐受温度时绝缘将受破坏，通过对干式变压器铁心温度采集，当温度达到限定值时，触发高压配电系统馈线柜超温跳闸，以保护变压器不受高温破坏绕组绝缘。

（2）开门保护　干式变压器外壳的高压侧和低压侧各设置双开门，便于施工和检修，每扇门必须设置电磁锁。电磁锁信号与高压配电系统馈线柜联动，在变压器正常带电运行时，防止人员误入带电变压器，造成人员伤亡。

正常带电运行的变压器门被打开时，电磁锁信号触发高压配电系统馈线柜开门跳闸。

2. 干式变压器调压操作

操作目的：干式变压器低压输出侧电压超过供电电压标准范围时，通过无载调压操作，低压输出侧电压达到或满足供电电压标准范围。

操作步骤：

1）变压器卸载，将低压负载倒换至其他变配电供电，保证负载供电正常。

2）确认变压器空载，将低压总进线断路器退出至脱离位置，并挂牌"禁止操作"。

3）确认对应高压配电系统中馈线柜，确认馈线柜空载。

4）高压配电系统中馈线柜操作转换至"就地"，操作分闸，确认分闸。

5）将馈线柜断路器手车退出，确认退出。

6）将馈线柜接地开关合闸，确认合闸，并挂牌"禁止操作"。

7）验电测试，确认无电。

8）打开变压器门，变压器二次侧、一次侧分别对地放电。

9）变压器二次侧、一次侧分别挂接地线。

10）调整分接头，确认正确。

11）以下执行变压器送电操作步骤。

3.3.1.3 干式变压器维护

1. 日常检查

1）检查温度指示应在规定的允许值范围之内。

2）变压器正常运行应有连续均匀的"嗡嗡……"声，一般不大于85dB。

3）变压器正常运行应无焦味、无臭味。

2. 预防性维护

变压器温控器设置检查与调整设置，参考厂家说明书。

注意：设定参数时，温控器自动保证跳闸温度＞超温报警温度＞开风机温度＞关风机温度，且最小间隔为5℃。

3. 预防性测试

1）变压器风机手动测试：变压器温控面板按"手动风机"键，可打开风机，同时面板"手动"指示灯亮；再按"手动风机"键，可关闭风机，同时面板"手动"指示灯灭。

2）每两年进行变压器绝缘耐压预防性测试。

3.3.2 低压密集母线简述

低压密集母线是承载大电流的载流设备，主要用于变压器与低压成套总进线柜、联络柜间、低压柴油发电机进线柜的输电路由以及大功率负载的输电路由。

低压母线按绝缘介质分为空气型母线和密集型母线。空气型母线的每相铜排之间保持一定的安全距离，由空气作为相间绝缘和散热。密集型母线的每相铜排都由绝缘层包裹后重叠在一起，称之为密集型。数据中心变配电系统中常用的低压母线为密集型母线。

3.3.3 低压成套配电原理、组成及运行维护

3.3.3.1 低压成套配电原理和组成

1. 低压成套配电原理

变配电系统中干式变压器次级380V电源输出至低压成套配电，低压成套配电负责交流380V电能的传输、控制、分配、测量和保护。低压成套配电有以下性能要求：

（1）短路耐受强度要求 低压成套配电水平母线和垂直母线在短时耐受电流和峰值耐受电流的指标要求内，将产生的电弧控制在开关柜内部，接触外壳时没有触电危险，对开关柜简单检查处理后能正常运行。

（2）内燃弧耐受能力要求 低压成套配电在内燃弧耐受能力的指标要求内，开关柜必须耐受机械和热冲击，柜体必须将电弧的影响限制在柜体局部范围，避免由于内燃弧原因而造成危害。

2. 低压成套配电组成

低压成套配电一般由进线柜、联络柜、补偿柜、双电源切换柜、负载柜组成，如图3-49所示。

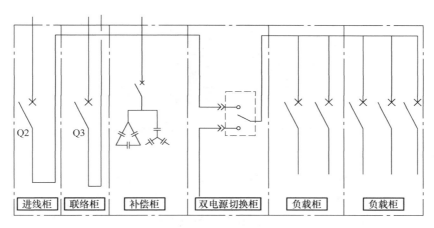

图 3-49 低压成套配电示意图

1）进线柜连接变压器低压输出和低压成套配电输入，承载低压成套配电系统总容量。

2）联络柜是与另一套低压成套配电之间的联络路由，两个进线柜和联络柜必须实现互锁保护。

3）补偿柜是根据配电负载特性，进行容性和感性无功补偿。

4）双电源切换柜是市电供电和油机供电的转换柜。

5）负载柜负责负载线路的输出控制。

3. 低压成套配电主要器件

低压成套配电主要器件包括低压成套配电柜体、低压断路器、无功补偿设备、双电源转换开关、二次传感设备及保护设备。

（1）低压成套配电柜体

1）配电柜体是固定式低压成套配电柜。

2）馈线柜宜采用分隔抽屉式柜型结构，柜内分为母线区、断路器区、接线区、仪表区，各区间采用金属隔板进行安全隔离，便于运维人员操作和维修。

（2）低压断路器

低压断路器是一种不仅能接通和分断电路中的正常负载电流、电动机的工作电流和过载电流，而且可以接通和分断短路电流的开关电器。低压断路器的灭弧介质为空气，所以也称为空气断路器。

1）低压断路器的分类

① 断路器在电路中按用途分可分为配电用断路器、电动机保护用断路器、照明用断路器、漏电保护用断路器以及特殊用途断路器等。

② 按断路器在短路情况下的短时耐受电流选择性保护要求，可分为非选择型和选择型。

③ 按断路器的结构形式可分为框架式、塑壳式和微型断路器，如图 3-50 所示。

2）低压断路器的保护控制：在低压配电系统中，负载必须逐级保护，自下往上的断路器保护原则，在实际运维中根据分路实际负载量及时调整断路器的保护值：

① 长延时保护电流设定值 I_r 和脱扣延时设定值 t_r。

② 短延时保护电流设定值 I_{sd} 和脱扣延时设定值 t_{sd}。

图 3-50　框架式、塑壳式和微型断路器示意图

③ 瞬时保护电流设定值 I_i。

3）低压断路器的选择：低压配电柜的进线开关一般采用框架式断路器，要求有瞬时脱扣、短延时脱扣、长延时脱扣三段保护，宜采用分励脱扣器。负载柜出线开关根据负载容量采用框架式断路器或具有短路、过电流、过电压、断相、剩余电流动作等保护功能的多功能塑壳断路器。

（3）无功补偿设备　实际负载用电功率的非线性特性，造成了供电能源的无功损耗。变配电系统实现就地补偿，设计和装置无功补偿设备。无功补偿的要求如下：

1）补偿容量按单台变压器容量 20% ~40% 配置，可按三相、单相混合补偿方式，保证用电高峰时功率因数达到 0.90 以上。

2）低压电力电容器采用自愈式电容器，要求免维护、无污染、环保；过电流 $\geq 1.3I_N$，浪涌电流 $\geq 200I_N$。

3）无功补偿电容器柜应采用无功自动补偿方式，具有共补、分补的混合补偿方式。

4）根据数据中心负载特性，采取有效的动态无功补偿装置（Static Var Generator，SVG）和有源滤波装置（Active Power Filter，APF），完成容性和感性负载的无功补偿，以及谐波治理。

（4）双电源转换开关　双电源转换开关，国际上将这种设备称为 Automatic Transfer Switch，简称 ATS。

1）PC 级 ATS：PC 级 ATS 能接通、承载，但不用于分断短路电流，没有短路及过载保护功能。如图 3-51 所示，PC 级 ATS 是一体化设备，电磁驱动，切换时间短（100 ~250ms）。

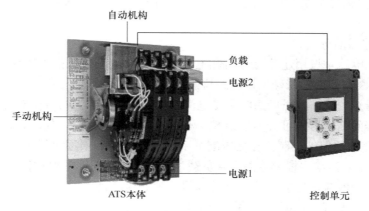

图 3-51　PC 级 ATS 设备示意图

PC 级 ATS 由电磁线圈转换执行机构的开关主体和控制器组成。工作原理如图 3-52 所示，采用先分后合的转换模式，转换期间负载将瞬间停电。

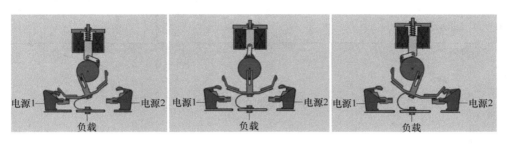

图 3-52　PC 级 ATS 工作原理示意图

2）CB 级 ATS：CB 级 ATS 配备过电流脱扣器，有空气灭弧装置，能接通和分断短路电流。

CB 级 ATS 是由两个断路器、电机执行机构、机械联锁、控制单元组成的一体化设备，如图 3-53 所示，两个断路器采用机械互锁，采用先分后合的转换模式，切换时间是 PC 级的 10 倍。

双电源转换开关 ATS 主要保障重要低压设备用电的可靠性，实现两路输入电源自动转换功能。

ATS 供电模式从严格意义上说存在单点隐患，在 ATS 开关主体故障的情况下，负载难以得到供电

图 3-53　CB 级 ATS 示意图

维持。根据负载供电的重要性，可选择具备维修旁路的 ATS 或者具备维修旁路的低压双电源柜。

3.3.3.2　低压成套配电运行操作

1. 框架断路器操作

（1）移出操作

操作目的：框架断路器移出低压成套配电，用于设备检修或应急更换。

操作步骤：

1）操作断路器分闸，确认分闸状态。

2）拔出摇杆，插入操作孔，如图 3-54 所示。

3）按下解锁按钮解除对位置机构的锁定。

4）逆时针旋转摇杆。

5）机构锁定弹出，断路器状态指示测试位置。

6）重复 3）、4）步骤，断路器状态指示脱离位置。

7）拉出断路器导轨，如图 3-55a 所示。

8）抬出断路器，放置合适位置，如图 3-55b 所示。

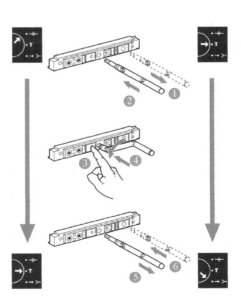

图 3-54　断路器移出摇杆操作示意图

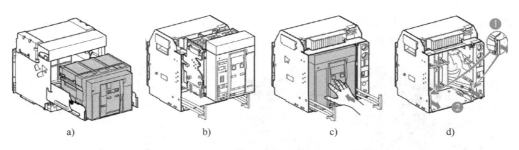

图 3-55　断路器移出操作示意图

（2）就位操作

操作目的：框架断路器就位低压成套配电，用于设备检修或应急更换。

操作步骤：

1）拉出导轨，将断路器抬至导轨上，确认支撑点正确，如图 3-55d、b 所示。

2）推进断路器，不要推控制单元，如图 3-55c 所示。

3）将导轨推入位置。

4）拔出摇杆，插入操作孔，如图 3-56 所示。

5）按下解锁按钮解除对位置机构的锁定。

6）顺时针旋转摇杆。

7）机构锁定弹出，断路器状态指示测试位置。

8）重复 5）、6）步骤，断路器状态指示工作位置。

9）将摇杆拔出，摇杆插入原位。

（3）合、分闸操作

操作目的：框架断路器合、分闸操作，完成路由的接通、断开。

操作步骤：

1）将断路器储能操作手柄来回下拉约六次，直至听到一声"咔嗒"，储能标示位指示"charged"已储能。

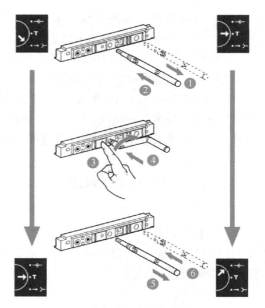

图 3-56　断路器就位摇杆操作示意图

2）按下机械按钮"ON"，断路器动作，工作位置将指示"ON"，标示断路器已合闸，路由接通。

3）按下机械按钮"OFF"，断路器动作，工作位置将指示"OFF"，标示断路器已分闸，路由断开。

4）操作时需确认储能标识指示。通电状态时，断路器将会电动储能。手动储能如图 3-57 所示。

2. 负载单元操作

操作目的：将负载单元抽屉移出更换，用于设备检修或应急更换。

操作步骤：

1）将负载单元断路器断开，同时断路器运行状态已解锁。此时一次回路和二次回路都是接通状态，如图 3-58a 所示。

2）按下释放按钮解锁，抽出负载单元抽屉至试验位置，此时一次回路已断开，二次回路接通状态，如图 3-58b 所示。

3）按下释放按钮解锁，抽出负载单元抽屉至断开位置，此时一次回路已断开，二次回路已断开，如图 3-58c 所示。

4）此时负载单元抽屉已无锁定机构，可以抽离低压成套配电柜，如图 3-58d 所示。

图 3-57　断路器储能操作示意图

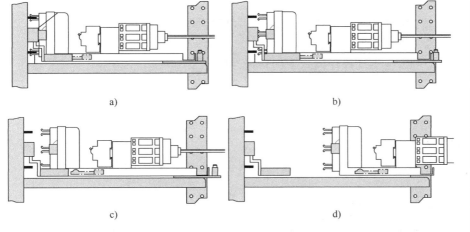

a)

b)

c)

d)

图 3-58　负载单元抽屉操作示意图

3.3.3.3　低压成套配电维护

1. 预防性维护

（1）断路器整定值检查设置

调节目的：根据日常实际运行中负载的变化，检查调节设置断路器整定值，起到有效的负载保护，避免误动作影响供电。

调节原则：

1）断路器的长期负载＜整定值的 80%，当 2N 供电方式时，断路器的负载＜整定值的 40%。

2）在低压配电系统中，负载必须逐级保护，自下往上的断路器保护原则，在实际运维中根据分路实际负载量及时调整断路器的保护值。

调节步骤：

1）长延时保护 I_r、t_r 调整设置。

2）短延时保护 I_{sd}、t_{sd} 调整设置。

3）瞬时保护 I_i 调整设置。

（2）低压双电源柜预防性维护

1）检查控制面板"自动"状态设置正常，无告警指示。

89

图3-58（1）彩图

图3-58（2）彩图

图3-58（3）彩图

图3-58（4）彩图

2）点温测试，温升正常。

3）清洁 ATS 主体，吸尘器清理表面颗粒，防止机构卡死和影响润滑。

4）检查连线无松动、无振动脱离。

2. 预防性测试

（1）低压双电源 ATS 自动转换性能测试

测试目的：测试 ATS 主备用电源自动模式下的转换性能。

测试步骤：

1）主用电源断路器分闸。

2）ATS 瞬间转备用电源供电，确认正常。

3）主用电源断路器合闸送电。

4）ATS 根据设置的恢复时间由备用电源转主用电源供电，确认正常。

（2）低压双电源 ATS 手动转换性能测试

测试目的：测试 ATS 在手动操作模式下的转换性能。

测试步骤：

1）核对主、备用电源正常。

2）备用电源断路器分闸。

3）主用电源断路器分闸。

4）维护操作手柄插入操作孔，操作备用电源闭合，如图 3-59、图 3-60 所示。

图 3-59　ATS（PC 级）操作手柄示意图

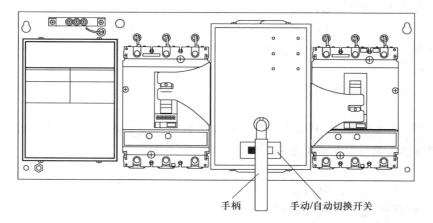

图 3-60　ATS（CB 级）操作手柄示意图

5）ATS 主体备用电源指示"闭合"。

6）备用电源断路器合闸，此时由备用电源供电。

7）10min 后，备用电源断路器分闸。

8）维护操作手柄插入操作孔，操作主用电源闭合，如图 3-59、图 3-60 所示。

9）ATS 主体主用电源指示"闭合"。

10）主用电源断路器合闸，此时由主用电源供电。

11）备用电源断路器合闸。

12）恢复自动模式，手动转换测试完成。

3.3.4　接地与防雷简述

接地一般可以分为工作接地，保护接地和防雷接地。工作接地又可分为交流工作接地和直流工作接地。

1. 交流工作接地

交流工作接地是指供电系统中电力变压器低压侧三相绕组中性点的接地。数据中心交流工作接地采用 TN－S 方式，即三相五线制配电系统。

2. 直流工作接地

在通信系统中，为保证通信设备正常运行而设置的接地系统称为工作接地。所谓工作接地，就是利用大地这个导体构成回路，来传输能量和信息。同时利用工作接地的方式来降低电信回路中的串音，抑制电信线路中的各种电磁干扰，提高通信线路的传输质量。

通信电源采用直流正极接地方式。数据中心传输核心设备采用直流 －48V 系统供电，即不间断电源 －48V 系统的直流配电设备正极和蓄电池正极同时接地。

3. 保护接地

指配电线路防电击（PE）接地、电气和电子设备金属外壳接地、屏蔽接地、防静电接地等。为了保障人身安全，避免发生触电事故，将设备在正常情况下不带电的金属部分（外壳）和接地装置进行良好的金属连接。

4. 防雷接地

指建筑物防直接雷系统接闪装置、引下线的接地装置；内部系统的电源线路，信号线路（包括天馈线路）SPD 接地。为了防止雷击对设备、建筑物和生命财产的损坏，在建筑物的最高点和设备的入口处都设置有避雷保护装置。这种避雷保护装置能将雷电冲击电流旁路入地，并将冲击电压限制在允许范围内，这种接地称之为防雷保护接地。

数据中心的防雷接地应按国家标准《建筑物电子信息系统防雷技术规范》GB 50343—2012 和《建筑物防雷设计规范》GB 50057—2010 的有关规定执行。

3.3.5　变配电系统运行维护及应急

3.3.5.1　变配电系统的供电方式

数据中心变配电系统组合一般分为以下两种方式：两进线不带母联供电方式和两进线带母联供电方式。

1. 两进线不带母联供电方式

由两套独立的变配电系统单元组成，负责同一区域设备供电，每个独立的变配电系统单元供电容量满足同一区域负载总容量，提供两路 380V 电源的 2N 供电方式。两进线供电架构分为不带油机两进线供电方式和带油机两进线供电方式。

（1）不带油机两进线供电方式　不带油机两进线供电方式如图 3-61 所示，正常情况下两个单独的变配电系统单元同时为同一区域负载供电，HV1 输入经变压器和低压成套配电设备输出分路 K4 为不间断电源 A 供电，HV2 输入经变压器和低压成套配电设备输出分路 K5 为不间断电源 B 供电，不间断电源 A 和不间断电源 B 为同一区域数据机柜供电。

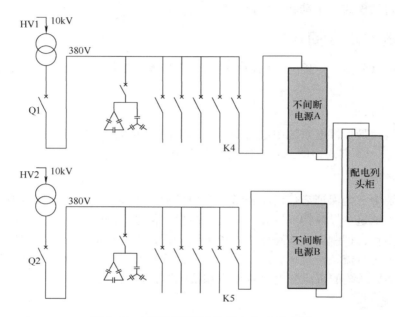

图 3-61　不带油机两进线供电方式示意图

当 HV1 丢失供电能力时，不间断电源 A 后备蓄电池转换供电，当超过蓄电池后备供电时间后，负载由不间断电源 B 供电，HV2 变配电系统单元带载量为总负载的 100%。

当 HV1 和 HV2 都丢失供电能力时，不间断电源 A 和 B 后备蓄电池转换供电，当超过蓄电池后备供电时间后，负载设备全部停电。

（2）带油机两进线供电方式　带油机两进线供电方式如图 3-62 所示，正常情况下与不带油机两进线的供电方式一致。

当 HV1、HV2 丢失供电能力时，油机起动策略有两种：任何一路丢失供电能力，油机起动并供电；两路同时丢失供电能力，油机起动并供电。

2. 两进线带母联供电方式

两进线带母联供电方式简称两进线一母联，是由两套变配电系统单元和一个联络柜组成，负责数据中心机房楼同一区域负载供电，每个变配电系统单元供电容量满足同一区域负载总容量，提供 2N 供电系统。两进线一母联分为不带油机两进线一母联供电方式和带油机两进线一母联供电方式。

（1）不带油机两进线一母联供电方式　不带油机两进线一母联供电方式如图 3-63 所示，正常情况下 Q1、Q2 合闸，母联 Q3 分闸，两个单独的变配电系统单元同时为同一区域负载

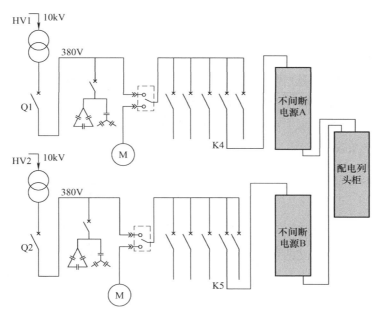

图 3-62 带油机两进线供电方式示意图

供电，HV1 输入经变压器和低压成套配电设备输出分路 K4 为不间断电源 A 供电，HV2 输入经变压器和低压成套配电设备输出分路 K5 为不间断电源 B 供电，不间断电源 A 和不间断电源 B 为同一区域数据机架供电。正常情况下 HV1 变配电系统单元和 HV2 变配电系统单元带载量分别为总负载的 50%。

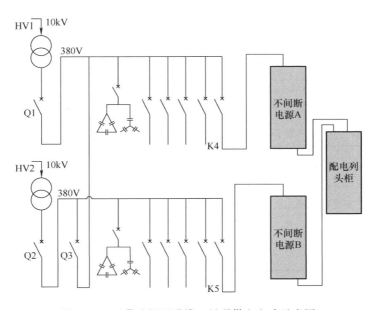

图 3-63 不带油机两进线—母联供电方式示意图

当 HV1 丢失供电能力时，Q1 分闸，母联 Q3 合闸，HV1 变配电系统单元负载由母联 Q3

保证供电，HV2 变配电系统单元带载量为总负载的 100%。

当 HV1 和 HV2 都丢失供电能力时，不间断电源 A 和 B 后备蓄电池转换供电，当超过蓄电池后备供电时间后，负载设备全部停电。

（2）带油机两进线一母联供电方式　带油机两进线一母联供电方式如图 3-64 所示，正常情况下与不带油机两进线一母联供电方式一致。

当 HV1、HV2 同时丢失供电能力时，油机起动并供电。

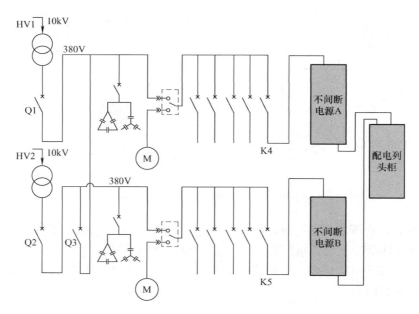

图 3-64　带油机两进线一母联供电方式示意图

3.3.5.2　变配电系统运行操作

两进线一母联供电方式运行操作，参考示意图如图 3-63、图 3-64 所示。两进线一母联各断路器运行状态见表 3-3。

表 3-3　两进线一母联各断路器运行状态

工作状态	1#进线柜	母联柜	2#进线柜
断路器	Q1	Q3	Q2
1#、2#进线都停电	0	0	0
1#有电、2#停电	1	1	0
1#停电、2#有电	0	1	1
1#、2#进线都有电	1	0	1

1. 两路正常

HV1、HV2 电压 10kV 供电正常，Q1、Q2 合闸，母联 Q3 分闸，两个单独的变配电系统单元同时带负载运行。

两进线一母联变配电系统实现安全、可靠、高效的自动化运行方案，具备自动和手动的

操作方式，即两进线一母联的 AT&MT 智能控制方案。

2. 单路停电

（1）HV1 停电　当 HV1 停电时，Q1 分闸，Q2 合闸状态不变，母联 Q3 合闸。HV2 变配电系统单元通过母联 Q3 为 HV1 变配电系统单元负载保证供电，HV2 变配电系统单元带载量为总负载的 100%。

（2）HV2 停电　当 HV2 停电时，Q2 分闸，Q1 合闸状态不变，母联 Q3 合闸。HV1 变配电系统单元通过母联 Q3 为 HV2 变配电系统单元负载保证供电，HV1 变配电系统单元带载量为总负载的 100%。

3. 两路停电

（1）无油机　变配电系统中没有油机配置情况下，当 HV1 和 HV2 都停电时，Q1、Q2、母联 Q3 都分闸。不间断电源 A 和 B 后备蓄电池转换供电，当超过蓄电池后备供电时间后，负载设备全部停电。

（2）有油机　变配电系统中有油机配置情况下，当 HV1 和 HV2 都停电时，Q1、Q2、母联 Q3 都分闸。油机应急起动，并通过 ATS 双电源转换至油机供电。

3.3.5.3　变配电系统维护

1. 基本要求

1）变压器检修时应遵守停电-验电-放电-接地-挂牌-检修的程序进行。停电检修时，应先停低压、后停高压，先断负荷开关，后断隔离开关。送电顺序则相反。切断电源后，三相线上均应接地线。

2）变配电设备前后均铺设相应等级的绝缘垫；变配电室内设置参观通道，非专业维护人员不得跨越和触碰设备；变配电室走线架孔洞需封闭，地下走线通道出口需堵实封闭，门口设防小动物挡板。

3）变配电系统断路器整定值或熔断器额定值不得大于最大负载电流的两倍，二级配电或列头电源柜断路器整定值或熔断器额定值不得大于最大负载电流的 1.5 倍，照明回路按实际负载配置。继电保护和告警信号应保持正常，严禁切断告警铃和信号灯。

4）交流配电采用三相五线制，中性线禁止安装熔断器，变压器中性点接地外，变配电负载侧中性线不许重复接地。

5）变配电系统运行电能质量符合国标要求，测试不合格，需及时整治。

2. 预防性维护

变配电系统预防性维护内容见表 3-4。

表 3-4　变配电系统预防性维护内容

序号	维护作业内容	工作要求	周期
1	变配电设备表面及室内清理与清洁	无杂物，环境清洁	日常
2	变压器运行检查	无异常声响，手动测试风机正常，记录变压器温升	日常
3	低压成套柜运行检查	记录总进线柜电压、电流、功率因数 >0.9	日常
4	负载分路运行检查	断路器工作状态核对正确，记录主要负载分路电压、电流	日常

（续）

序号	维护作业内容	工作要求	周期
5	低压成套柜工作模式检查	工作设置核对正确，状态指示正常，无告警	日常
6	检查断路器、交流接触器	无异常声响，无异味	日常
7	测量断路器、电抗器、母线、电缆接点温度	红外热成像仪测试，温升<50K，电容器外壳温度<55℃	月度
8	两进线一母联性能测试	单路市电停电时，联络柜倒换供电正常	半年
9	接地电阻测试	符合接地规定要求值	年度
10	检查电缆沟槽与室外相通的孔洞	封闭严实，根据施工情况动态检查封堵	年度
11	检查断路器整定值设置是否正确合理	整定值按系统配置容量设置，先负载侧后配电侧的保护原则，根据负载变化动态调整	年度
12	检查变压器温度控制器设置	高温报警、超温跳闸整定值符合要求	年度
13	变压器预防性测试	连接紧固，绝缘耐压符合要求，排湿清理	两年
14	低压成套柜检修	一次、两次路由检修，消除供电隐患	两年

3. 预防性测试

（1）变配电系统运行模式性能测试（不带油机电源的两进线一母联供电方式）

测试目的：测试变配电系统的两进线一母联转换供电性能。

测试步骤：

确认 Q1、Q2、Q3 运行状态设置于"自动"模式。

1）HV1 高压馈线柜转换"就地"模式，断路器手动分闸。

2）HV1 停电，1#变压器停电，进线断路器 Q1 自动分闸。

3）母联断路器 Q3 自动合闸。

4）HV1 低压配电负载由母联 Q3 供电，完成"011"供电模式。

5）HV1 高压馈线柜转换"就地"模式，断路器手动合闸。

6）HV1 恢复，1#变压器得电，进线断路器 Q1 进线有电，母联断路器 Q3 自动分闸。

7）进线断路器 Q1 自动合闸，恢复"101"供电模式。

8）测试 HV2 停电转换供电，不再重复。

（2）变配电系统运行模式性能测试（带油机电源的两进线一母联供电方式）

测试目的：测试变配电系统的两进线一母联转换供电性能以及柴油发电机组的起动与转换供电能力。

测试步骤：

确认 Q1、Q2、Q3 设置于"自动"模式，柴油发电机组设置于"自动"模式，ATS 设置于"自动"模式。

1）HV1 高压馈线柜转换"就地"模式，断路器手动分闸。

2）HV1 停电，1#变压器停电，进线断路器 Q1 自动分闸。

3）母联断路器 Q2 自动合闸。

4）HV1 低压配电负载由母联 Q2 供电，完成"011"供电模式。

5）HV2 高压馈线柜转换"就地"模式，断路器手动分闸。

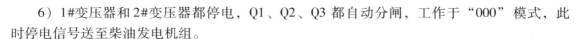
6）1#变压器和2#变压器都停电，Q1、Q2、Q3都自动分闸，工作于"000"模式，此时停电信号送至柴油发电机组。

7）柴油发电机组自动起动，输出电压符合要求，变配电系统ATS油机侧得电。

8）ATS判断电压正常后，自动转换为柴油发电机供电。

9）HV1、HV2任意恢复一路高压馈线柜"就地"手动合闸。

10）变压器得电，进线断路器自动合闸，完成"110"或"011"供电模式。

11）变配电系统ATS市电侧得电恢复，ATS判断正常后，自动延时转换为市电供电。

12）发电机自起动信号断开，空载延时后自动停机。

13）HV1、HV2都恢复供电，变配电系统恢复"101"工作模式。

（3）变配电系统年度检修

检修目的：对变配电系统隐患器件更换，一次、二次连接紧固，带电触头检查，以排查可能的隐患，保持变配电系统供电完好。

检修步骤：

1）变配电系统两进线一母联设置"手动"。

2）检修路高压馈线柜分闸，断路器退出至试验位置，接地开关合闸，并挂牌"有人操作，严禁合闸"。

3）变配电系统母联柜断路器退出至试验位置，检修路变配电系统标注母联柜铜排位置是否带电，带电须挂牌和保护，输出分路分闸。

4）检修一次回路和二次回路各连接点紧固，更换隐患器件。

5）框架式主断路器和抽屉式开关推入或抽出是否灵活，其机械闭锁可靠，接触器触头是否良好，各输出电缆头接线螺母紧固。

6）检查接触卡口或端子上没有局部过热的迹象。通过观察接触部分的颜色是否改变可以识别出是否发热，接触部分通常都是银白色。

7）用刷子和抹布清理和清洁设备内部。

8）恢复供电。

（4）配电系统电能质量测试

测试目的：1）测试电网基本运行环境质量。2）有效监测电网谐波含量（过多的高频高次谐波会危害数据中心服务器等精密设备和变压器等核心电源设备的寿命），不满足测试国网要求的需及时治理，以保证变配电系统的安全可靠。

测试要求：符合电力设备正常运行要求，并出具配电系统运行电能质量报告。

测试内容：配电系统频率偏差、电压波动（fluctuation）与闪变（flicker）、谐波（harmonics）。

测试工具：电能质量分析仪，使用方法见本书第12章12.4.1节电气系统常用检修仪表。

（5）变配电预防性测试

测试目的：为了防止变配电设备绝缘老化，预防发生事故或设备损坏，每两年进行预防性测试，不满足测试要求的需及时退网，以保证变配电系统的安全可靠。

测试要求：符合电力设备正常运行要求，并出具预防性测试报告。

测试内容：变压器耐压测试、变压器绝缘电阻测试、电力电缆绝缘和耐压测试、配电系统一次绝缘电阻测试、断路器定值性能测试。

实施单位：由第三方具有国家电监会颁发的承装（修、试）资质的单位实施。

4. 故障对策

变配电系统故障对策见表3-5。

表 3-5　变配电系统故障对策

故障现象	分析判断	处理对策
无法通过本地或者远程方式闭合断路器	■ 断路器通过钥匙锁的方式被锁定在"分闸"位置 ■ 断路器在一个电源转换系统内被机械互锁 ■ 断路器连接位置不正确 ■ 没有复位发错故障脱扣信号的按钮 ■ 没有使储能装置储能 ■ MX 打开分励线圈始终带电 ■ MN 欠电压线圈不带电 ■ XF 闭合线圈始终带电，但是短路器没有处于"闭合就绪"状态	□ 禁用锁定装置 □ 检查转换系统中另外一个断路器的位置 □ 保证断路器在"连接"位置 □ 消除故障 □ 把复位按钮推到断路器前方 □ 用人工方式使其储能 □ 如果它带有一个 MCH 储能电机，检查电机的电源，如果问题仍然存在，更换储能电机（MCH） □ 检查电压和电源电路（$U > 0.85U_n$），如果问题仍然存在，更换 MX 或 MN 线圈 □ 切断 XF 合闸线圈的电源，然后通过 XF 再次发送闭合指令（只有当短路器处于"闭合就绪"的状态下）
发生意外脱扣（没有起动复位按钮发出故障脱扣信号）	■ MN 欠电压线圈电源电压太低 ■ 通过另外一个设备把切负载指令发送到 MX 打开脱扣器 ■ 来自 MX 分励线圈的不必要的分闸指令	□ 检查电压和电源电路（$U > 0.85U_n$） □ 检查配电系统的总负载 □ 如果必要，修改系统中设备的设置 □ 找到指令的来源
发生意外脱扣（起动了复位按钮发出故障脱扣信号）	存在故障： ■ 过载 ■ 接地故障 ■ 控制单元检测到短路	□ 找到并清除故障来源 □ 在断路器恢复操作之前检查其状态
无法通过远程方式闭分闸断路器，但是可以通过本地方式分闸	■ MX 打开脱扣器未执行分闸指令 ■ MN 欠电压脱扣器未执行分闸指令	□ 检查电压和电源电路（$0.7 \sim 1.1U_n$），如果问题仍然存在，更换 MX 脱扣器 □ 欠电压动作电压不够低，或残余电压（$> 0.35U_n$），如果问题仍然存在，更换 MN 脱扣器
无法通过远程方式储能断路器，但是可以通过就地手动储能	■ MCH 储能电机的电源电压不够高	□ 检查电压和电源电路（$0.7 \sim 1.1U_n$），如果问题仍然存在，更换 MCH 储能电机
断路器延迟脱扣（起动了复位按钮发出故障脱扣信号）	■ 没有完全按下复位按钮	□ 完全按下复位按钮
无法转动手柄	■ 没有按下复位按钮	□ 按下复位按钮

（续）

故障现象	分析判断	处理对策
无法从抽架上取下断路器	■ 断路器没有处于断开位置 ■ 轨道没有完全拉出来	□ 转动手柄，直到断路器处于断开位置，复位按钮在外面 □ 将轨道完全拉出来
无法连接断路器（插入）	■ 抽架/断路器失配保护 ■ 安全挡板被保护 ■ 抽架夹头位置错误 ■ 抽架锁定在断开位置 ■ 没有按下复位按钮，因而手柄无法旋转 ■ 断路器没有完全插入到抽架中去	□ 检查抽架和断路器的匹配情况 □ 把锁卸下来 □ 重新定位夹头 □ 禁用抽架锁定装置 □ 按下复位按钮 □ 完全插入断路器，使之与固定装置咬合
无法插入手柄来连接或断开断路器	■ 轨道没有完全插入	□ 把轨道完全插入
无法拉出右侧轨道（仅有抽架）或断路器	■ 手柄仍插入在摇孔中	□ 卸下手柄并保存起来
送电时跳闸（仅一台变压器）	不当保护设定：速断保护整定，保护时间	根据变压器的特性核查设定值
	对地放电或匝间放电	执行全面检测
运行中跳闸	变压器门磁信号	变压器门异常打开，或门磁信号异常
	异常的温度增加	检查负载和电压 保证有功和无功功率的平衡 考虑增加容量或降低负荷 在检查以上的前提下检查冷却条件
	低压排或低压系统短路	移除短路故障点 检查变压器状况 更换熔断器 重新送电
	对地放电或匝间放电	不要重新送电 执行全面诊断
异常噪声	振动	检查所有的紧固件
	因为运输或操作造成铁心移动	检查变压器的机械状况/测量噪声水平 检查高压线圈的距离及中心度
	松动	检查底座基础是否松动
	过高的电网电压	调整分接片的位置适应电网电压
	高谐波（如果给整流设备供电）	谐波检测与治理

3.3.5.4　变配电系统应急

1）单台变压器故障应急处理流程如图3-65所示。

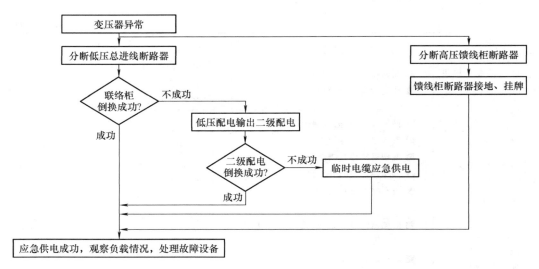

图 3-65　单台变压器故障应急处理流程

2）低压主进线断路器异常应急处理流程如图 3-66 所示。

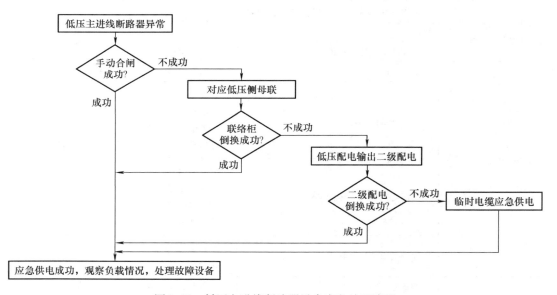

图 3-66　低压主进线断路器异常应急处理流程

第4章

数据中心柴油发电机系统 运行维护及应急

本章详细描述了数据中心柴油发电机系统，根据数据中心的应用场景介绍了柴油发电机系统的组成以及在电气系统架构中如何接入，在市电停电的情况下如何长时间保证连续性供电能力，达到应急供电的目的。然后介绍了柴油发电机组、输出配电与并机、外部供油、机房环境等部分的原理组成、运行维护及应急。

4.1 柴油发电机系统

4.1.1 柴油发电机系统组成

柴油发电机系统由柴油发电机组、输出配电、外部供油、柴油发电机机房环境以及自动化控制设备组成，形成一体化的自动运行、自动调节控制的发电单元。

1. 柴油发电机组

柴油发电机组是柴油发电机系统中最小的发电单元，根据系统容量配置，可以实现多台并机，提升系统供电容量。

2. 输出配电

输出配电是柴油发电机输出和保护控制，完成单台柴油发电机或多台柴油发电机并机后与相应配电系统的连接。

3. 外部供油

外部供油是指日用油箱和油库的供油系统，以保证柴油发电机系统长时间供电能力。

4. 柴油发电机机房环境

柴油发电机机房环境是满足柴油发电机组额定容量运行条件下的进风和排风要求，以及相应的配套设施。

5. 自动化控制

柴油发电机系统的起动、并机、输出供电、停机整个过程的自动化控制，包括供油的自动化控制。

4.1.2 柴油发电机系统要求

数据中心的柴油发电机系统是备用电源，在市电停电的情况下，柴油发电机系统必须快速起动应急运行及输出，保障相应配电系统的电源供给，具备以下要求：

1. 时限要求

柴油发电机系统在数据中心属于应急电源范畴,在市电供电能力丢失的情况下,柴油发电机系统必须在 15min 内提供全负载供电能力,以及长时间连续供电能力。

2. 能力要求

1)柴油发电机系统带载能力应能满足不间断电源和变频设备的谐波电流的影响,必要时需对谐波电流优化治理。

2)柴油发电机系统带载能力应能满足容性负载的影响,必要时需对容性优化治理。

3)柴油发电机系统带载能力应能满足电动机等感性负载的起动功率的影响。

4.1.3 柴油发电机系统组网

柴油发电机系统在数据中心配电系统中接入组网方式分为低压组网和高压组网。

1. 低压组网

低压组网方式是柴油发电机系统和变配电系统组网,通过双电源与市电转换为低压负载供电,如图 4-1 所示,一次路由如图 4-2 所示。

2. 高压组网

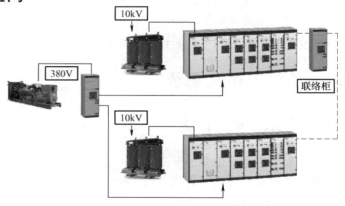

图 4-1 柴油发电机系统低压组网示意图

高压组网方式是高压柴油发电机组和 10kV 高压配电系统组网,如图 4-3 所示。柴油发电机通过高压配电柜断路器与市

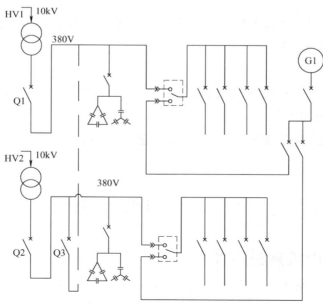

图 4-2 柴油发电机系统低压组网一次路由示意图

电进线柜断路器互锁切换为高压馈线负载供电，如图4-4所示。

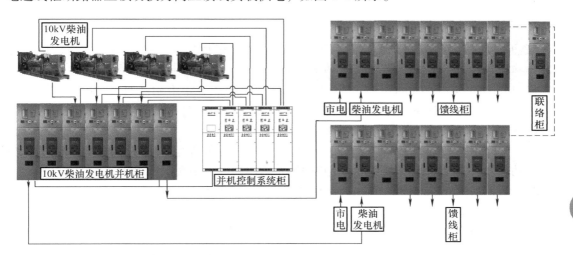

图4-3　柴油发电机系统高压组网示意图

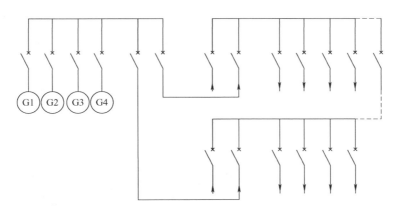

图4-4　柴油发电机组与10kV配电连接示意图

4.2　柴油发电机组

4.2.1　柴油发电机组原理和组成

柴油发电机组是以燃烧柴油所产生的热能转换为机械能的内燃机为动力，通过功率传动轴带动发电机的转子旋转，将机械能转换为电能输出的设备，如图4-5所示。

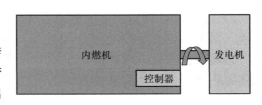

图4-5　柴油发电机组示意图

柴油发电机组三大主要部件是产生机械能的内燃机、将机械能转换为电能的发电机、协调发电机和内燃机正常运行的控制设备。

4.2.1.1 主要参数

1. 额定功率

柴油发电机组在额定运行情况下所能产生的最大有功功率，称为额定功率，单位为kW。根据实际运行和测算条件，额定功率分为：

1）应急备用功率（Emergency Standby Power，ESP），在市电中断时，发电机组以可变负荷运行且每年运行时间可达200h的某一可变功率段中的最大功率。在24h的运行周期内，允许的平均输出功率应不大于ESP的70%。

2）基本功率（Prime Power，PRP），发电机组以可变负荷运行且每年运行时数不受限制的最大功率。在24h的运行周期内，允许的平均输出功率应不大于ESP的70%。

3）持续功率（Continuous Power，COP），发电机组以恒定负荷持续运行且每年运行时数不受限制的最大功率。

2. 额定电压

柴油发电机组在正常运行情况的输出线电压。按额定电压等级分为380V低压机组和10kV高压机组。

3. 额定转速

柴油发电机组在输出50Hz额定频率的交流电条件下内燃机的转速。

4.2.1.2 原理和组成

数据中心常用的柴油发电机组按内燃机工作方式可分为活塞四冲程柴油发电机组和燃气轮机柴油发电机组。

1. 活塞四冲程柴油发电机组

（1）活塞四冲程内燃机工作原理　活塞四冲程工作原理是活塞在气缸内上下往复运动，完成吸气冲程、压缩冲程、燃烧做功冲程、排气冲程，并通过曲轴连杆机构将活塞承受的气体压力通过连杆传给曲轴，并将活塞的直线往复运动变为曲轴的旋转运动输出机械能，如图4-6所示。

（2）活塞四冲程内燃机组成　活塞四冲程内燃机由曲柄连杆机构、配气机构、供油系统、润滑系统、冷却系统、起动系统组成，完成动力机械能输出。

1）曲柄连杆机构，由曲轴箱、气缸体、气缸盖、活塞、活塞销、连杆、曲轴和飞轮等组成。当燃料在燃烧室内经活塞压缩着火燃烧后，气体膨胀做功，推动活塞做直线上下往复运动，活塞通过连杆使曲轴产生旋转力矩并带动交流发电机的转子旋转发电，实现机械能到电能的转换。

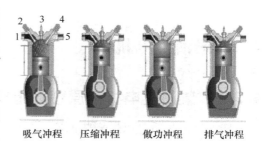

图4-6　活塞四冲程工作原理
1—排气道　2—排气气门　3—喷油嘴
4—进气气门　5—进气道

2）配气机构，由进气门、排气门、凸轮轴及驱动零件等组成。配气机构完成定时开启和关闭进气门和排气门，提供足够的空气吸入气缸，燃烧做功后，排出燃烧后的废气。

3）供油系统，由输油泵、输油循环管道、柴油滤清器、喷油泵、喷油嘴等零部件组成。完成柴油在管道输送，将有一定压力的柴油供应喷油泵，产生高压柴油后通过喷油嘴向燃烧室喷射雾化的柴油。

供油系统是内燃机的心脏，直接影响内燃机运行功率、燃油经济性和废气排放。供油系统有机械 PT 泵技术、电喷技术、高压共轨电喷技术。

4）润滑系统，由油底壳、机油泵、机油滤清器、机油冷却器、机油管道等组成。在内燃机工作状态下起到密封、冷却、减少磨损、清洗、防锈等作用。

5）冷却系统，由水泵、节温器、水箱散热器、风扇和水套等部件组成。将内燃机运转期间的热量，通过水循环将热量由水箱散热器传递至外部，达到内燃机冷却效果。

6）起动系统，由起动蓄电池、电动机以及齿轮联动机构等组成。起动系统是内燃机完成起动而提供机械动能的装置。

（3）活塞四冲程柴油发电机组的组成　活塞四冲程柴油发电机组是由活塞四冲程内燃机、交流同步发电机以及机组控制设备组成。活塞四冲程内燃机产生机械能，通过功率轴带动同步发电机转子旋转切割磁场发电，经自动调节和控制部件，输出规范要求的三相正弦波交流电，如图4-7所示。

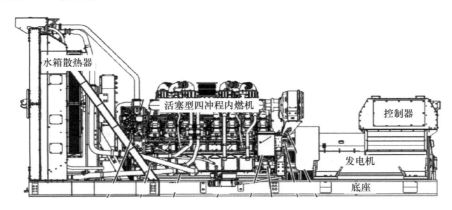

图4-7　活塞四冲程柴油发电机组示意图

（4）活塞四冲程柴油发电机组的特点

1）功率等级。活塞四冲程柴油发电机组额定功率一般在 3000kW 以内，功率等级多，选择广。在数据中心应用中，当单台功率无法满足时，采用并机方式达到功率提升。

2）热效率。活塞四冲程柴油发电机组的热效率高，一般为30%～46%。

3）起动速度。活塞四冲程内燃机转速与发电机转速一致，都是1500r/min。

4）活塞四冲程柴油发电机组以水冷却为主，水冷却装置可根据现场情况分列布置。

2. 燃气轮机柴油发电机组

（1）燃气轮内燃机工作原理　空气经过进气道进入压气机，气流通过压气机被逐级压缩，压缩后空气进入燃烧室，在火焰筒内与喷嘴喷出的柴油混合燃烧，燃烧后的燃气进入涡轮，在流经涡轮时膨胀做功，驱动涡轮高速转动，并产生轴功率，带动压气机、涡轮机附件工作及通过减速器、联轴器带动发电机转子转动，输出动能，如图4-8所示。

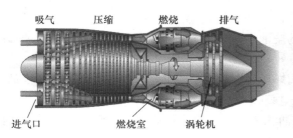

图 4-8　燃气轮内燃机工作原理及实物照片

（2）燃气轮内燃机组成　燃气轮内燃机（下述简称燃机）由差动减速器、带进气道的附件传动装置、轴流压气机、环形燃烧室、轴流气冷反力式涡轮、排气装置以及燃油系统、润滑系统、电气系统组成。减速机匣、附件传动机匣、压气机机匣、燃烧室机匣、后外套以及涡轮外环构成燃机的承力壳体。

图4-8（1）彩图

1）燃油系统能够保证在燃机所需的各种工作状态下向燃机供给燃油。它通过控制器进行调节和控制，燃机工作过程中燃油量的调节是由控制器控制燃油调节阀的开度来实现的，并通过调节供油量自动地把适量的燃油输送到工作喷嘴以便控制燃机的平衡转速和限制涡轮后燃气的最高温度。

图4-8（2）彩图

2）滑油系统采用封闭式油路进行循环，燃机所有高负荷的摩擦面（轴承、齿轮等）均由加压的混合滑油进行润滑和冷却。

3）电气系统是用来连接燃机附件和控制保护系统，监控燃机工作参数以便控制调整燃机运行状态，使之正常工作。

（3）燃气轮机柴油发电机组的组成　燃气轮机柴油发电机组由燃气轮机、交流同步发电机、联轴器、燃油系统、润滑系统、进气系统、排气系统、电气系统、控制保护系统、隔声箱体、机组底盘、燃机支撑和机舱通风系统等组成，如图4-9、图4-10所示。燃气轮机输出动能，通过减速器、联轴器带动交流同步发电机转子旋转切割磁场发电，经自动调节和控制部件，输出规范要求的三相正弦波交流电。

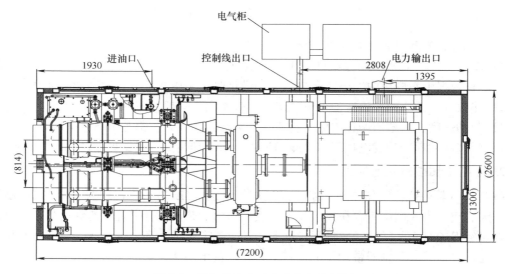

图 4-9　燃气轮机柴油发电机组俯视图

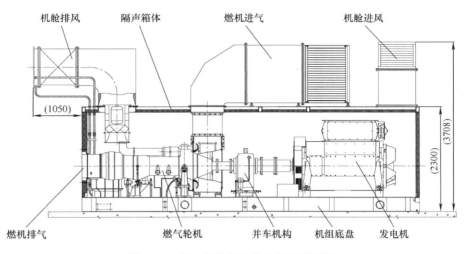

图4-10　燃气轮机柴油发电机组侧面图

（4）燃气轮机柴油发电机组的特点

1）功率等级。燃气轮机柴油发电机组额定功率一般大于1600kW，适用于大功率等级。在数据中心应用中，当单台功率无法满足时，采用并机方式达到功率提升。

2）热效率。燃气轮机柴油发电机组的热效率一般为20%～35%。

3）起动速度。燃气轮机稳态转速在15000r/min，起动至稳态转速需要45～55s。

4）冷却。燃气轮机本体无冷却装置，燃气轮机柴油发电机组机舱内设置进风通道和排风通道，通过空气流通对机舱降温。

3. 交流发电机

（1）交流发电机原理　交流发电机是一种利用磁场作为媒介，将内燃机输入的动能转换为电能的设备。产生电能输出的交流发电机需要三种基本的条件：磁场、导体、二者间的相对运动。

如图4-11所示，旋转磁场式同步发电机由固定的定子和可旋转的转子两大部分组成。定子铁心的内圆均匀分布着定子槽，槽内嵌放着按一定规律排列的三相对称交流绕组，这种定子又称为电枢，定子绕组又称为电枢绕组。转子铁心上装有制成一定形状的成对磁极，磁极上绕有励磁绕组，通以直流电流时，将会在发电机的气隙中形成极性相间的分布磁场，称为励磁磁场（包括主磁场、转子磁场）。

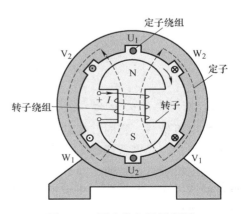

图4-11　同步发电机原理图

（2）交流发电机组成　发电机的基本结构分为静止部分和转动部分。静止部分称为定子，包括机座、定子铁心、定子绕组、端盖、轴承盖及交流励磁机的定子等；转动部分称为转子，包括转子铁心、磁极绕组、转轴、轴承、交流励磁机的电枢及旋转整流器等。

4.2.1.3 带载特性

1. 无功负载的影响

发电机运行时，通过调节转子绕组的励磁电流来调节发电机输出电压。发电机带载时，负载电流通过定子绕组时产生旋转磁场，定子绕组产生旋转磁场与转子绕组产生旋转磁场相互叠加，转子磁场强度会被定子产生的磁场加强或减弱。

当负载呈感性，即负载电流滞后负载电压，定子绕组产生了与转子磁场相反的旋转磁场，减弱了转子磁场强度，自动调节器将增加励磁电流，达到磁场强度的平稳。

当负载呈容性，即负载电流超前负载电压，定子绕组产生了与转子磁场相同的旋转磁场，加强了转子磁场强度，自动调节器将减少励磁电流，达到磁场强度的平稳，保证输出电压稳定。当负载超前电流值不断增加，自动调节器将减少励磁电流直至不输出励磁电流，此时转子磁场强度依然上升，磁场强度失去控制，造成输出电压上升，最终导致发电机输出过电压而停机。

柴油发电机组带无功负载特性如图 4-12 所示。

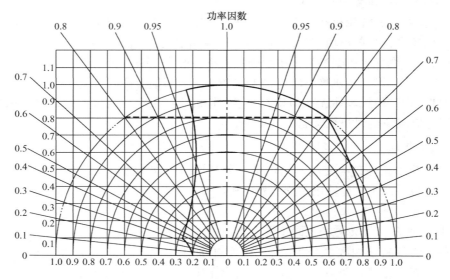

图 4-12　柴油发电机组带无功负载特性

2. 谐波电流的影响

发电机带载运行时，负载谐波电流和谐波电压造成中性线电流增加，同时谐波电流加在定子绕组中，在谐波频率下造成磁滞、涡流等温升，造成发电机发热和输出电压失真。

发电机带载运行时，负载谐波电流和谐波电压造成发电机在谐波频率下的机械振动，如果机械谐振频率和发电机机组正常运行产生的振动频率重合时，可能会形成共振从而造成发电机组机械设备的损坏。

数据中心在实际设计建设中考虑谐波的原因通常采取提高发电机组配置容量。在日常运维中，必须关注负载的谐波电流，做好发电机容量与负载的控制。根据《电能质量　公用电网谐波》GB/T 14549—1993 标准，对负载谐波采用相应的整治措施。

4.2.2　柴油发电机组运行与维护

4.2.2.1　活塞四冲程柴油发电机组运行操作

1. 起动前

1）擦拭机组上的渗漏液体（冷却液、润滑液、柴油），如果还有新的渗漏液体，必须找出原因并解决。

2）检查空气滤清器，无异物堵塞，色标指示正常颜色。如果指示红色，需保养或更换空气滤清器。

3）检查冷却水箱液面是否正常，适当时添补蒸馏水。传动皮带无裂纹和老化。

4）检查润滑机油，拉出机油油位标尺，液面在正常区域。

5）检查柴油管路，日用油箱至机组柴油粗滤管路阀门全部打开至通路状态。

6）检查起动回路，蓄电池电压正常，电路接通状态，接头无松动。

7）检查输出回路，输出断路器位于断开位置。

8）清理机组上杂物，确保进风通道和排风通道畅通。

9）确认控制面板无异常告警。

10）检查紧急停机按钮，位于弹出位置。

2. 起动

控制面板，按下"起动"键 2~3s，机组起动成功。

3. 起动后

1）控制面板无异常告警，检查电压、电流、频率、油压等数据正常，并记录。

2）绕机组一周，检查机组上任何种类的渗漏液体，通风正常。

4. 机组运行

1）机组各项运行数据正常，可对负载进行供电。

2）输出断路器合闸。

5. 停机

1）逐步卸下负载。

2）输出断路器断开。

3）机组空载运行 5min，以便机组冷却。

4）控制面板，按下"停机"键 2~3s，机组停机。

5）绕机组一周，检查机组上任何种类的渗漏液体，通风正常。

6）检查柴油油位，补充至合理油位。

7）检查并恢复到正常运行状态的设置。

4.2.2.2　燃气轮机柴油发电机组运行操作

1. 起动前

1）擦拭机组上的渗漏液体（润滑油、柴油），如果还有新的渗漏液体，必须找出原因并解决。

2）检查润滑机油，拉出机油油位标尺，液面在正常区域。

3）检查柴油管路，日用油箱至机组柴油粗滤管路阀门全部打开至通路状态。

4）检查起动回路，蓄电池电压正常，电路接通状态，接头无松动。

5）检查电气柜面板上断路器是否全部置于闭合状态。

6）检查输出回路，输出断路器位于断开位置。

7）清理机组上杂物，确保进风通道和排风通道畅通。

8）检查监控计算机与机组通信插头连接正常。

9）检查紧急停机按钮，位于弹出位置。

10）确认控制面板无异常告警，或按"复位"键清除。

2. 起动

1）控制面板，起动方式选择"手动"。

2）将燃气轮机运行模式调置于"冷转"位置。

3）按下控制面板上的"起动"按钮，机组由起动机带转 30s 后停机，燃气轮机不供油、不点火。

4）将燃气轮机运行模式调置于"起动"位置。

5）按下控制面板上的"起动"按钮，机组将自动起动至额定转速。

3. 起动后

1）控制面板无异常告警，检查电压、电流、频率、油压等数据正常，并记录。

2）绕机组一周，检查机组上任何种类的渗漏液体，通风正常。

4. 机组运行

1）机组各项运行数据正常，可对负载进行供电。

2）输出断路器合闸。

5. 停机

1）逐步卸下负载。

2）输出断路器断开。

3）按下控制面板燃气轮机的"正常停机"按钮，遥控箱上"正常停机"指示灯亮，表明机组开始执行正常停机程序。

4）机组从按下正常停机按钮开始计时，继续运行 5min 后，"正常停机"指示灯灭，机组自动停机。

5）绕机组一周，检查机组上无渗漏液体，通风正常。

6）检查柴油油位，补充至合理油位。

7）检查并恢复到正常运行状态的设置。

4.2.2.3 活塞四冲程柴油发电机组维护

柴油发电机组根据运行时间和使用年限确定维护保养标准，一般分为 B、C、D 三级保养。

保养定义：

B 级保养：1 年或机组累计工作 100h 以上。

C 级保养：2 年或机组累计工作 250h 以上。

D 级保养：3 年或机组累计工作 500h 以上。

1．B 级保养

1）机组外部螺栓螺帽检查、紧固。

2）更换发电机机油。

3）更换机油滤清器、旁通滤器。

4）更换燃油滤清器滤芯。

5）更换冷却液或检查冷却液。

6）管路阀件渗漏检查。

7）检查水箱散热器及清洗水箱外部散热器。

8）检查水箱及外部清洗。

9）检查风扇及支架，并调整皮带。

10）检查空气滤清器指示器及调整。

11）清洁空气滤清器。

12）检查起动电瓶。

13）充电器检查、电压电流调整。

14）冷却液液位及温度停机报警检测。

15）润滑油压力高低压停机报警检测。

16）超速报警及紧急停机报警检测。

17）交流电机线路及各保护装置检测及清洁。

18）机体连接部位加油、润滑。

2．C 级保养（含 B 级保养）

1）机组局部补漆。

2）更换水过滤器。

3）更换水箱中的水。

4）更换空气滤清器。

5）检查增压器。

6）拆、检及清洗 PT 泵、执行器。

7）拆开摇臂室盖，检查丁字压板，气门导管及进、排气门。

8）检查调整喷油器工况。

9）检查或调整调速器工作状况。

10）调整气门间隙。

11）水箱内加水箱宝，清洗水箱内部。

12）检查柴油发电机传感器及连接导线。

13）检查柴油发电机仪表箱。

14）检查柴油发电机电气线路。

15）检查机组各连接部位接头。

16）检查起动继电器和起动电动机。

3. D 级保养（含 B、C 级保养）

1）检查调整气门间隙。

2）更换摇臂室上下垫。

3）检查电机励磁部分线路。

4）修理或更换水泵。

5）清洗并校正喷油嘴、燃油泵。

6）拆检壹缸主轴瓦及连杆瓦磨损情况。

7）对准发电机润滑点压注润滑油脂。

8）对准发电机励磁部分进行除尘工作。

9）检查增压器轴向及径向间隙，如超差应及时修复。

4.2.2.4 燃气轮机柴油发电机组维护

1. 待起动状态的检查

控制器自动进行定期对点火线圈供电以防电嘴锈蚀；每 10 天通电一次，每次通电 15s。每周两次（间隔 3~4 天）检查机组是否处于自动起动的待起动状态。

2. 起动的检查

1）间隔不多于四周起动一次，时间大于 30min，检查机组状态应正常。

2）起动控制系统工作正常。

3）各系统无渗漏。

4）各工作参数在正常范围内。

5）燃机进排气、机舱进排风系统工作正常。

6）直流电源系统工作正常。

7）电机输出电参数正常。

8）蓄电池组工作正常。

3. 大检查

每工作 500h 或经过两年大检查一次。

检查：

1）螺钉是否紧固无松动。

2）电气接头是否接好无松动。

3）传感器接头是否接好无松动。

4）传感器重新校验和校准。

5）机组同轴度检查。

6）各线路、管路是否完好无异常。

4. 更换滑油

每工作 1000h 更换一次滑油，不工作时 4 年更换一次。

5. 仪表定检

各仪表检查周期按计量部门校准时给出的有效期执行，到期应送相应资质的鉴定部门进行鉴定。

6. 清洗油滤

每工作250h（或发现油滤压差报警时）清洗一次。

7. 燃气轮机燃油系统余油箱的检查

当机组正常工作时余油箱的油会非常少，长期工作可以通过观察油标检查油量，在机组多次起动失败时要检查余油箱内的油量是否有大量燃油进入余油箱。如果余油箱内有大量余油，按下电气柜上的"起动余油泵"按钮，将余油抽入排气引射扩压段喷油口。

4.2.2.5 故障与对策

柴油发电机组故障与对策见表4-1。

表4-1 柴油发电机组故障与对策

故障现象	故障原因	对策方法
起动电动机不转或起动无力转速低	1）起动用蓄电池电力不足	更换电力充足的蓄电池或蓄电池并联使用
	2）起动系统电路电气零件接触不良	检查起动电路接线是否正确和牢靠
	3）起动电动机的电刷与换向器接触不良	休整或更换电刷，用木砂纸清理换向器表面，并吹净灰尘
起动系统正常，柴油发电机不能起动（燃油侧）	1）燃油系统内有空气	1）检查燃油管路接头是否松弛 ① 旋开喷油泵及燃油滤清器上的放气螺塞，用手泵把燃油压到溢出螺塞不带气泡时，旋紧螺塞，并将手泵旋紧 ②松开高压油管在喷油器一端的螺帽，撬喷油泵弹簧，当管口流出的燃油中无气泡时，旋紧螺帽，在撬喷油泵几次，使各喷油器内均充满燃油为止
	2）燃油管路或滤清器堵塞	2）检查管路各段找出故障部位使其畅通，若燃油滤清器阻塞应清洗或更换滤芯
	3）输油泵不供油或断续供油	3）检查进油管是否漏气，如果排除进油管漏气后，仍不供油，应检修输油泵
	4）喷油压力大	4）调整喷油器的喷油压力
	5）喷油量很少或喷不出油	5）将喷油器拆卸下来，做喷油试验检查其雾化情况
排气冒黑烟	1）柴油发电机带动的负载超过设计规定 2）各缸喷油泵供油不均匀 3）气门间隙不正确，气门密封线接触不良 4）喷油太迟，部分燃油在柴油发电机排气中燃烧	1）调整负载，使之在设计范围内 2）调整各缸供油量，使之达到均匀 3）检查气门间隙，气门、气门弹簧和密封情况，并消除缺陷 4）调整喷油提前角
排气冒白烟	喷油嘴喷油时，有滴油现象，雾化不良喷油压力低	检查喷油嘴偶件，若密封不良，则更换新的喷油嘴，检查喷油压力，调整到规定要求

(续)

故障现象	故障原因	对策方法
排气冒蓝烟	1）空气滤清器阻塞，进气不畅 2）活塞环卡死或磨损过多，弹性不足，使机油进入燃烧室	1）检查空气滤清器，给予清洗或更换 2）清洗活塞环，必要时更换新活塞环
冷却水温过高	冷却系统故障 ① 水泵内或水管中有空气形成气塞 ② 散热水箱内缺水 ③ 散热水箱散热片和铜管表面积垢太多 ④ 风扇传动皮带松弛，转速降低风量减少 ⑤ 冷却系统中水垢严重或水套堵塞 ⑥ 水泵叶轮损坏 ⑦ 节温器失灵	1）排除水泵或水管中的空气，并检查各管接头处是否拧紧，不得漏气 2）检查水位并补充加足水 3）清除水垢，清洗表面 4）调整皮带张力或更换皮带 5）清洗水垢，疏通水路 6）更换水泵叶轮 7）检查节温器，修复或更换
	柴油发电机长时间超负载运行	降低负荷
	供油提前角过小	检查并重新调整
机油温度过高	1）机油不足或机油过多 2）柴油发电机负载过重（同时排气冒黑烟） 3）机油冷却器堵塞	1）按规定检查并增减机油 2）减轻负载 3）清洗机油冷却器内部
机油消耗量过大	1）管路接头及其他部分漏油 2）活塞环被粘住或磨损过大，气缸套磨损过甚，或油环的回油孔被积碳阻塞，使机油通过活塞窜入到燃烧室中（其特征是排气冒蓝烟，机油加油口冒烟） 3）使用不适当的机油	1）拧紧各接头处，检查泄漏处并消除 2）更换活塞环或油环，必要时更换气缸套 3）换用适当的机油
油底壳机油平面升高	柴油发电机经正常运转后，油底壳机油平面较原加入时升高，主要是因为冷却水进入机油内，机油呈浮黄色泡沫，可从油底壳取出部分机油放在玻璃杯内，静置放在玻璃杯内，静置 1h，观察杯底有无沉淀水来鉴别	拆缸检查缸体漏水原因

4.3　柴油发电机输出配电与并机

输出配电是完成柴油发电机组电能输出至供电系统的配电单元，按照组网方式和规范要求实现输出的控制、保护功能。

4.3.1　单机输出配电原理、组成及运行

1. 原理

单机输出配电是指单台柴油发电机组对相应的配电负载进行供电，或者多台柴油发电

组同时运行时，各台柴油发电机组供电负载不会重叠，各自承担独立负载的供电。

2.组成

输出配电由柴油发电机组输入柜、公共母排、输出柜组成。单机输出配电分为 N 配置和 $N+1$ 配置。

（1） N 配置　N 配置如图 4-13 所示，输出配电完成单台柴油发电机组 G1 接入和输出。

（2） $N+1$ 配置　$N+1$ 配置如图 4-14 所示，输出配电由单台主用柴油发电机组 G1、G2、G3 和备用柴油发电机组 G4 的接入，输出分配控制至相应的变配电系统。

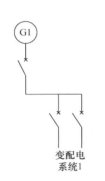

图 4-13　N 配置示意图

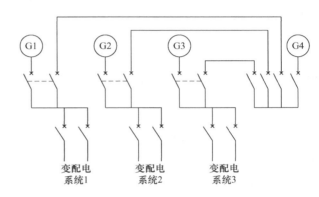

图 4-14　$N+1$ 配置示意图

3.运行

（1） N 配置　N 配置运行如图 4-13 所示，变配电系统 1 市电停电时，柴油发电机组 1 起动并通过输出配电对变配电系统 1 应急供电。

（2） $N+1$ 配置　$N+1$ 配置运行如图 4-14 所示，柴油发电机组 G1、G2、G3 与变配电系统 1、2、3 成对组网，柴油发电机组 G4 为备用机组，组成 $N+1$ 的系统配置。

4.3.2　并机系统原理、组成及运行

1.原理

多台柴油发电机组输出的电压相等、频率相等、相位角一致，达到准同步并机条件，输出配电将各台柴油发电机组并联至公共母线，实现多台柴油发电机组并机运行，达到并机系统容量的提升。

2.组成

并机系统由并机输入输出配电、并机控制系统、差动保护等组成，实现柴油发电机组并机运行、并机输出供电，如图 4-15 所示。

1）并机输入输出配电由柴油发电机组输入柜、公共母排、并机系统输出柜组成，根

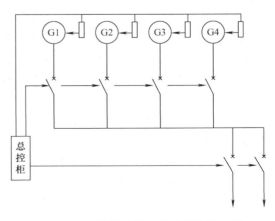

图 4-15　柴油发电机组并机系统示意图

115

据柴油发电机组输出电压配置相应电压等级的配电柜及断路器。

2）并机控制系统对柴油发电机组、配电柜等进行操作控制，实现各柴油发电机组自动起动、同步、并网、加载、卸载、停止，实现输出配电自动合闸、分闸等操作，完成功率管理、监测及保护功能。

3）差动保护由电流互感器和差动保护装置组成，实现并机输入柜的控制，防止逆功率的产生，以保护柴油发电机组。

3. 运行

柴油发电机组并机系统整体化自动运行方式，当市电故障时，柴油发电机组并机系统接收到市电故障信号，柴油发电机组并机系统将各台柴油发电机自行起动，准同步并机条件满足时逐个合闸柴油发电机配电输入柜投入公共母排，完成并机运行后，柴油发电机组并机系统输出配电柜自动合闸，为配电系统提供应急电源。当柴油发电机组并机系统得到市电恢复供电信号后，自动分闸输出配电柜和各机组输入柜，柴油发电机空载运行 3 ~ 5min 后自动停机。

柴油发电机组并机系统具有自动功率管理运行策略，系统投入运行稳定后，根据负载功率和储备功率，决定机组运行数量，将多余的柴油发电机组停掉，保持一个比较好的燃油效率，节约运行成本。

（1）自动操作模式　通过自动操作模式选择键将控制器置于自动操作模式，自动操作模式状态指示灯亮。

1）起动机组：市电故障、远程起动输入、负载增加等条件使发电机组自动起动。

2）停止机组：市电恢复、远程起动输入终止、负载减少等条件使发电机组自动停机。

当系统选择在自动操作模式下运行时，系统将根据其设定的工作类型及条件自动对机组进行起动、合闸（同步）、加载（负载分配）、卸载、分闸及冷却停机等操作控制。在此模式下，控制器上的"起动/停止"、"合闸/分闸"按键将无效。

（2）半自动操作模式　通过半自动操作模式选择按键将控制器置于半自动操作模式，半自动操作模式状态指示灯亮。

1）起动机组：通过"起动"按键起动发电机组。

2）停止机组：通过"停机"按键停止发电机组。

3）断路器合闸：通过"合闸"按键使发电机组进行（同步）合闸。

4）断路器分闸：通过"分闸"按键使发电机组进行（卸载）分闸。

系统在半自动操作模式下运行时，系统自动对发电机组的电压及频率进行控制，实现机组的同步控制、负载分配及输出控制等。

（3）手动操作模式　通过手动操作模式选择按键将控制器置于手动操作模式，手动操作模式状态指示灯亮。

1）起动机组：通过"起动"按键起动发电机组。

2）停止机组：通过"停机"按键停止发电机组。

由于系统在手动操作模式下，电压及频率控制功能无效，同步及负载分配功能不能正常工作，因此不能选择此模式作为正常的工作模式。

4.4　柴油发电机外部供油

外部供油系统是指柴油发电机组以外部分，包括日用油箱供油和油库供油系统。

日用油箱供油系统如图4-16所示，日用油箱与柴油发电机形成一对一的供油，日用油箱底部15cm高度供油口由供油管对接柴油发电机的油水分离器，两端各设置手动阀门，柴油发电机溢油口由回油管对接日用油箱顶部回油口。

油库供油系统，油库通过管路与日用油箱对接，并由自动控制系统完成日用油箱供油。

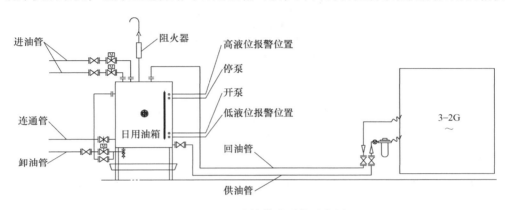

图4-16　日用油箱供油系统示意图

外部供油系统日常维护：

1）日用油箱补油，测试手动补油性能是否正常。

2）带载测试期间，测试自动补油性能是否正常。

3）日用油箱，定期清理底部沉淀油污。

4）室外油库，定期清理底部沉淀油污。

5）定期测试室外主备用油库倒换性能是否正常。

6）日常维护检查项参考当地加油站维护日志。

4.5　柴油发电机机房环境

柴油发电机机房环境包括进风和排风系统、环境降噪消音、配套电源、消防和照明等设施，如图4-17所示。

1. 进风和排风系统

柴油发电机机房需有足够的空气量，才能保证柴油发电机正常运行及额定功率的输出。

（1）足够的空气量　包括散热水箱的风量和机组燃烧做功的空气需求量。为保证柴油发电机机房空气正压的要求，通常设置强进风风机，强进风风机整体空气流量大于柴油发电机组运行时空气的总需求量。

（2）进风和排风风阀

1）消防规定柴油发电机机房进、排风阀在触发消防告警时，必须能自动关闭。

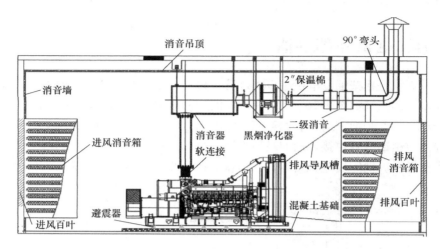

图 4-17　柴油发电机机房环境示意图

2）当市电停电时，柴油发电机机房进、排风阀必须能自动打开。

3）柴油发电机机房进、排风阀应根据季节变化，选择进、排风阀关闭或开启。

2. 环境降噪消音

噪声指标需符合当地政府规定的数据中心围墙周界噪声指标要求。同时为了良好的数据中心机房运行环境，建议发电机组 1m 处噪声数值小于 110dB。

3. 配套电源

包括起动蓄电池充电器、水温加热器、强进风风机、照明等用电的电源。

4.6　柴油发电机系统运行维护及应急

4.6.1　基本要求

1）柴油发电机组应保持清洁，无漏油、漏水、漏电、漏气现象，机组部件完好无损，操作部件动作灵活，接线牢靠，无明显氧化现象。

2）应根据各地区季节和气候的变化选择适当标号的燃油和润滑油。保持日用油箱燃油的清洁度，定期清理日用油箱底部燃油沉淀层和更新燃油滤清器；保持机组润滑油的清洁，根据运行时间和使用时间更新润滑油和滤清器。

3）柴油发电机组起动蓄电池应长期处于浮充状态，日常检查蓄电池电压和蓄电池电解液液位。为应急替换起动蓄电池，柴油发电机机房宜配置一组应急起动蓄电池，并长期处于浮充状态，保持性能良好。

4）柴油发电机系统日常运维工作的基本要求是随时具备应急起动，完成机组并机及输出供电，以及全负荷带载的能力。建议柴油发电机水温保持在 25～35℃，满足机组短时间带全载能力。

5）柴油发电机应长期处于自动响应状态，停电自起动信号完善，进、排风口通畅，强进风机保持性能良好。

6）柴油发电机输出断路器柜和发电机并机系统应处于自动状态，输出柜和并机系统电气性能良好，具备应急自动并机及自动输出的功能。

7）柴油发电机系统运行中数据记录及应急处理：

① 记录系统运行油压、水温、转速、电压符合机组正常范围。

② 当出现油压低、水温高、转速高、电压异常等故障时，应紧急停机。

③ 当出现机组内部有异常敲击声音、传动机构异常时，应紧急停机。

④ 应急停机后，未排除故障，不得重新开机。

4.6.2　预防性维护

柴油发电机系统预防性维护见表4-2。

表4-2　柴油发电机系统预防性维护

序号	维护作业内容	工作要求	周期
1	柴油发电机组清理	柴油发电机机组清洁及机房清洁，无积灰，无油污	日常
2	检查进、排风道	风道无障碍物，通风畅通	日常
3	检查日用油箱油量液面	日用燃油箱额定容量的85%~90%	日常
4	检查机油液面和品质	机油液面应在刻度内，机油品质良好	日常
5	水箱水位检查	满足水标要求，缺水需及时补足	日常
6	检查水温	保持在25~35℃，满足机组短时间带全载能力	日常
7	检查起动电池电压	总电压要求 $U=25.8\sim27V$，充电设备运行正常，电解液面低于刻度及时补充蒸馏水	日常
8	检查空气滤清器色标	色标指示正常，根据厂家标色要求及时更换空气滤清	日常
9	检查柴油发电机及风机传动皮带	面板"自动"位置、"紧急停机"释放位置，无告警，无滴漏，无杂物，皮带正常	日常
10	检查油库油量及自动供油系统	油量满足属地负载保障时限要求，自动供油系统无告警，设置正常	日常
11	检查柴油发电机输出柜	断路器状态正常，面板设置正确	日常
12	检查柴油发电机并机控制系统	无告警，面板设置"自动"位置	日常
13	检查柴油发电机高压柜	综保无告警，断路器位置正确，面板"远程"设置正确	日常
14	直流系统运行数据	记录电压、电流，整流模块工作正常，合母、控母分路正常	日常
15	空载试机（自动或手动模式）	测试系统自动或手动模式的可靠性，运行数据正常	月度
16	强进风风机测试	强进风风机工作测试正常	月度
17	供油管路测试	油库供油管路手动或自动测试	月度
18	带载试机（自动模式）	测试市电停电后的自动控制逻辑是否正常，带载运行数据正常	半年
19	日用油箱底清淤	日用油箱底清淤排污	年度

（续）

序号	维护作业内容	工作要求	周期
20	电气设备冬季年度检修	连接部位紧固，柜体清理	年度
21	配电设备检修，耐压和综保测试	高压开关柜各隔室设备检修，耐压和综保测试正常	两年
22	发电机组维护保养	滤清、机油、冷却水更换，机械性能、电气性能良好，参照保养要求	两年
23	油库及供油检查	油库清淤除锈，管路无泄漏，控制器性能完好	两年

4.6.3 预防性测试

柴油发电机系统专业运维是对柴油发电机系统的主动性测试项目，以及部分参数的核对调整，易损件及保养更换。目的是通过主动性测试，验证设备的完好性和应急可靠性的能力。

1. 空载试机——自动模式测试

测试目的：测试柴油发电机系统接收到双路市电停电信号后能自动起动、并机、输出的可靠性和运行数据的正确性。

测试步骤：

1）完成日常维护所有条目。

2）高压配电系统对应的柴油发电机进线柜设置"就地"、断路器手车"试验"位置。

3）送模拟双路市电停电信号。

4）确认系统所有柴油发电机组自起正常。

5）确认系统所有柴油发电机组高压柜闭合并机正常，出线柜闭合输出正常。

6）高压配电系统中对应的柴油发电机进线柜面板得电指示正常。

7）记录柴油发电机系统运行数据。

8）累计运行10min后，恢复模拟双路市电停电信号开关。

9）确认系统出线柜分断正常，所有柴油发电机组高压柜分断正常。

10）3min后柴油发电机组自动停机。

11）检查日用燃油箱油位，加油至85%~90%。

12）30min后检查柴油发电机组周边有无跑冒滴漏，系统有无异常告警。

2. 空载试机——手动模式测试

测试目的：测试运维人员手动操作能力，在手动半自动模式下逐个操作柴油发电机起动、并机、输出。

测试步骤：

1）完成日常维护所有条目。

2）高压配电系统对应的柴油发电机进线柜设置"就地"、断路器手车"试验"位置。

3）并机系统控制柜总柜设置"手动"，各机组并机控制柜设置"半自动（Semiautomatic，SEMI）"。

4）各机组并机系统控制柜操作起动发电机组，运行稳定。

5）各机组并机系统控制柜操作合闸，高压柜闭合并机正常。

6）并机系统控制柜总柜操作输出合闸，出线柜闭合输出正常。

7）高压配电系统中对应的柴油发电机进线柜面板得电指示正常。

8）记录系统运行数据。

9）累计运行10min后，并机系统控制柜总柜操作输出分闸，出线柜输出分闸正常。

10）各机组并机控制柜操作分闸，高压柜分闸并机正常。

11）各机组并机控制柜操作关闭发电机组。

12）3min后机组自动停机。

13）检查日用燃油箱油位，加油至85%~90%。

14）30min后检查机组周边有无跑冒滴漏，系统有无异常告警。

3. 带载试机——自动模式测试

测试目的：测试市电停电后的自动控制逻辑是否正常；测试柴油发电机系统得到两路市电失电信号的情况下自动开机、自动并机、自动输出的控制逻辑是否正常；变配电系统自动倒换供电控制逻辑是否正常；负载在供电倒换过程中工作是否正常。涉及10kV至末端电源，也称为大联调测试。

测试步骤：

1）编制计划时间表及各区域人员的安排。

2）落实应急措施和应急操作事项。

3）操作高压配电系统一路市电停电，高压配电系统控制逻辑是否正常。

4）楼层变配电系统自动倒换供电控制逻辑是否正常。

5）高压双电源自动倒换供电控制逻辑是否正常。

6）二级配电自动倒换供电控制逻辑是否正常，不间断电源和末端空调工作是否正常。

7）操作高压配电系统第二路市电停电，高压配电系统控制逻辑是否正常。

8）柴油发电机系统完成自动开机、并机、输出的控制逻辑是否正常。

9）高压配电系统在柴油发电机输入柜得电后，自动控制逻辑是否正常。

10）高压配电系统由柴油发电机系统供电。

11）2h后，人为操作高压配电系统市电恢复送电，并确认得电信号。

12）5min后，高压配电系统所有设置"就地"。

13）高压配电系统的负载馈线输出柜逐个手动分闸。

14）高压配电系统的柴油发电机输入柜手动分闸，手车退出。

15）高压配电系统的市电输入柜手车进入，并手动合闸。

16）确认柴油发电机系统高压柜的输出柜和柴油发电机高压柜已自动分闸，柴油发电机在空载冷却运行中。

17）高压配电系统的负载馈线输出柜逐个手动合闸。

18）楼层变配电系统自动倒换供电控制逻辑是否正常。

19）高压双电源自动倒换供电控制逻辑是否正常。

20）二级配电自动倒换供电控制逻辑是否正常，不间断电源和末端空调工作逻辑是否正常。

21）柴油发电机在空载冷却运行3min后，自动停机。

121

22）检查日用燃油箱油位，加油至 85% ~ 90%。

23）30min 后检查机组周边有无跑冒滴漏，柴油发电机系统有无异常告警。

4. 带载试机——手动模式测试

测试目的：在两路市电停电的情况下，测试运维人员手动操作能力，在手动半自动模式下逐个操作柴油发电机起动、并机、输出。

操作步骤是 2 和 3 的整合。

4.6.4　系统应急

两路市电停电时，柴油发电机系统应急处理流程如图 4-18 所示。

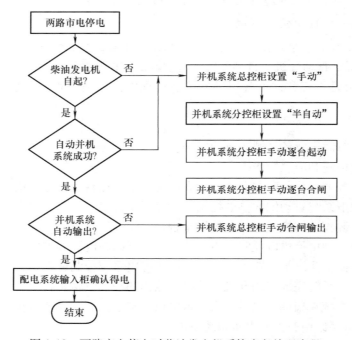

图 4-18　两路市电停电时柴油发电机系统应急处理流程

第5章

数据中心不间断电源系统
运行维护及应急

本章详细描述了数据中心基础设施不间断电源系统，电源种类包括 −48V 直流、240V 直流、380V（220V）交流，每个电源种类系统架构中由哪些具体的部分组成，以及数据中心传输核心及 IT 设备的供电体系，最后介绍了各系统的设备安全可靠运行、维护及应急。

5.1　不间断电源系统

5.1.1　不间断电源系统组成

不间断电源系统由不间断电源设备、储能设备、输出配电、末端配电列头柜等设备组成，完成对负载的不间断供电。

5.1.2　不间断电源系统分类

不间断电源系统按储能设备可以分为动态储能型不间断电源系统和静态储能型不间断电源系统。

1. 动态储能型

储能设备是以飞轮连续旋转而存储的惯性能量，在市电停电的情况下，飞轮惯性旋转带动发电机输出电能，称为动态储能型不间断电源系统。

2. 静态储能型

静态储能型不间断电源系统由蓄电池和整流逆变电源设备组成，市电正常时，整流逆变电路为负载供电，同时为蓄电池充电；市电停电时，蓄电池通过逆变电路或者直接为负载供电，保证供电不间断。本章节讲述静态储能型不间断电源系统。

5.1.3　不间断电源系统要求

不间断电源系统要求可参考本书 2.1.7 节内容。

5.2　蓄电池

5.2.1　阀控式密封铅酸蓄电池原理和组成

阀控式密封铅酸蓄电池在充电时将电能转换为化学能存储在电池内，放电时将化学能转换为电能供电。在充放电过程中，电池内发生如图5-1所示的电化学反应，在充电过程中存在水分解反应，当正极充电到70%，单体电压到2.35V时，开始析出氧气，负极充电到90%，单体电压到2.42V时，开始析出氢气，由于氢气和氧气的析出，造成电池失水。

阀控式密封铅酸蓄电池采用安全阀密封和负极活性物质过量设计，正极在充电后期产生的氧气通过玻璃纤维隔膜扩散到负极，与负极海绵状铅发生复合反应，生成水流回电解液，如图5-2所示，这样减少了氧气的析出，又使负极处于去极化状态，抑制了负极上氢气的析出。安全阀控制电池内部气体压力，超过开阀压力时自动泄放，保证电池安全和密封。

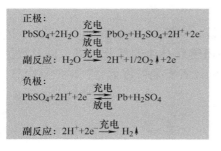

图5-1　铅酸蓄电池工作原理

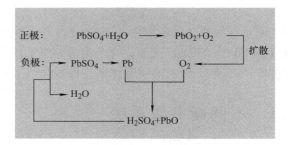

图5-2　阀控式铅酸蓄电池氧气复合原理

5.2.2　阀控式密封铅酸蓄电池运行与维护

5.2.2.1　阀控式密封铅酸蓄电池的主要参数

1. 容量

铅酸蓄电池容量是放电电流和放电时间的乘积，单位以Ah标示，是在电解液温度25℃条件下，以10h放电率电流恒流放电10h，且放电终了单体电池的电压在1.8V，以这个电流乘上10h所得的安时值来标称电池的额定容量。蓄电池的容量不是恒定的常数，它与极板活性物质的多少、充电程度、放电电流的大小、放电时间长短、电解液比重和温度高低等有关，使用中放电率和电解液温度影响较大。

（1）铅酸蓄电池容量与实际放电率关系

1）铅酸蓄电池在不同放电率条件下放电，将有不同的实际容量，表5-1所示为在25℃常温下不同放电率时额定容量的百分比和放电电流值。

表5-1　不同放电率时额定容量的百分比和放电电流值

放电率/hr	0.5		1	2	3	4	5	6	7	8	10
容量系数 C_{10}（%）	45	40	55	61	75	79	85	88	92	95	100
I_{10}（倍）	9	8	5.5	3.05	2.5	2	1.66	1.43	1.31	1.18	1
终止电压/V	1.70	1.75	1.75	1.75	1.8	1.8	1.8	1.8	1.8	1.8	1.8

2）放电率电流和容量依据标准，在25℃环境下，蓄电池额定容量符号如下：

C_{10}——10h率额定容量 Ah，数值为 $1.00C_{10}$

C_3——3h率额定容量 Ah，数值为 $0.75C_{10}$

C_1——1h 率额定容量 Ah，数值为 $0.55C_{10}$

10h 率放电电流（I_{10}），数值为 I_{10}

3h 率放电电流（I_3），数值为 $2.5I_{10}$

1h 率放电电流（I_1），数值为 $5.5I_{10}$

（2）铅酸蓄电池容量与实际电解液温度关系 铅酸蓄电池若在低温下工作，电解液扩散能力变差，粘度增大，电池内阻增加，容量降低。当把电解液温度为 t 时的电池容量 C_t，换算成 25℃时的标称容量 C_{25} 时，可按以下公式换算：

$$C_{25} = \frac{C_t}{1 + k(t - 25)} \tag{5-1}$$

式中 t——放电时的电解液温度；

k——温度系数，容量温度系数一般取为 0.008/℃。

2. 工作电压

（1）浮充电压和均衡电压 蓄电池在环境温度为 25℃条件下，浮充工作单体电压为 2.23 ~ 2.27V，均衡工作单体电压为 2.30 ~ 2.35V。（注：充电电压的具体数值由生产厂家提供）

（2）终止电压

1）10h 率，蓄电池放电单体终止电压为 1.8V。

2）3h 率，蓄电池放电单体终止电压为 1.8V。

3）1h 率，蓄电池放电单体终止电压为 1.75V。

4）15min 高倍率，蓄电池放电单体终止电压可取 1.67V。

（3）充电电压与温度关系 为了保证阀控电池既不过充电，也不欠充电，除了设置合适的充电电压外，还必须随着环境温度的变化适时调整充电电压值，可以按以下公式：

$$U_{充电} = U_{充电25} - k(t - 25) \tag{5-2}$$

式中 $U_{充电25}$——25℃时的浮充电压或均充电压；

t——环境温度；

k——蓄电池充电温度补偿系数，浮充电压的温度系数约为 -3.5mV/℃ 单体，均充电压的温度系数约为 -5mV/℃ 单体。

5.2.2.2 阀控式密封铅酸蓄电池的运行

1. 存储电能

市电正常情况下，不间断电源设备对蓄电池充电，蓄电池存储电能。蓄电池存储电能过程有浮充和均充模式。

（1）均衡充电条件 阀控式密封铅酸蓄电池组遇到下列情况之一时，应进行均衡充电：

1）两只以上单体电池的浮充电压低于 2.18V。

2）放电深度超过 20% 额定容量。

3）搁置时间超过 3 个月。

4）全浮充时间超过 6 个月。

（2）充电终了条件 达到下述条件之一，视为充电终了：

1）充电量大于放电量的 1.2 倍。

2）充电后期，充电电流 $I_{充电} < 0.005 I_{10}$ 或充电电流连续 3h 无变化。

2. 输出电能

市电停电情况下，蓄电池输出电能，即蓄电池放电过程。阀控式密封铅酸蓄电池组放电达到下述条件之一，视为放电终了：

1）核对性放电测试，放出额定容量的 30% ~ 40%。

2）容量放电测试，放出额定容量的 80%。

3）蓄电池组中任意单体达到放电终止电压。

① 对于放电电流小于 $2.5I_{10}$，放电终止电压可取 1.8V/2V 单体。

② 对于放电电流大于 $2.5I_{10}$，放电终止电压可取 1.75V/2V 单体。

③ 对于高倍率蓄电池，放电终止电压可取 1.67V/2V 单体。

3. 运行失效

（1）干涸失效　阀控式铅酸蓄电池日常运行中排出氢气、氧气、水蒸气、酸雾，都是电池失水的方式和干涸的原因。干涸造成电池失效是阀控式铅酸蓄电池所特有的，失水的原因有：气体再化合的效率低、从电池壳体中渗出水、板栅腐蚀消耗水、自放电损失水。

（2）容量损失失效　阀控式铅酸蓄电池中使用了低锑或无锑的板栅合金，下列运行条件容易造成容量损失：

1）连续高速率放电、深放电和小电流充电。

2）长期小电流放电循环，蓄电池容量配置太大，负载电流太小。

（3）热失控失效

1）产生原因

① 充电末期，正极产生的氧和负极海绵状铅产生发热反应，总放热量高达 392kJ/mol。

② 充电末期，浓差极化导致电池电压快速上升，此时充电电流绝大部分转化为热能，引起温升加剧。

③ 氧复合反应时充电电流增加会引起电池温度升高。

④ 结构紧凑，散热困难。

⑤ 局部短路，电池温度上升。

⑥ 环境温度升高，充电电流增大，也会促进电池温度上升。

2）热失控现象

若阀控式铅酸蓄电池工作环境温度过高，或充电设备电压失控，则电池充电量会增加过快，电池内部温度随之增加，电池散热不佳，从而产生过热，电池内阻下降，充电电流又进一步升高，内阻进一步降低。如此反复形成恶性循环，直到热失控使电池壳体严重变形、胀裂。

3）相应措施

① 充电设备应有温度补偿功能或限流。

② 严格控制安全阀质量，以使电池内部气体正常排出。

③ 蓄电池要设置在通风良好的位置，并控制电池温度。

（4）负极不可逆硫酸盐化　在正常条件下，铅蓄电池在放电时形成硫酸铅结晶，在充电时容易还原为铅。如果电池的使用和维护不当，例如，经常处于充电不足或过放电，负极就会逐渐形成一种粗大坚硬的硫酸铅，它几乎不溶解，用常规方法充电很难使它转化为活性物质，从而减少了电池容量，甚至成为蓄电池寿命终止的原因，这种现象称为极板的不可逆硫酸盐化。

为了防止负极发生不可逆硫酸盐化，必须对蓄电池及时充电，不可过放电。

（5）板栅腐蚀与伸长　在铅酸蓄电池中，正极板栅比负极板栅厚，原因之一是在充电时，特别是在过充电时，正极板栅要遭到腐蚀，逐渐被氧化成二氧化铅而失去板栅的作用，为补偿其腐蚀量必须加粗加厚正极板栅。

所以在实际运行过程中，一定要根据环境温度选择合适的浮充电压，浮充电压过高，除引起水损失加速外，也会引起正极板栅腐蚀加速。当合金板栅发生腐蚀时，产生应力，致使极板弯曲膨胀而断裂、脱落。

电池寿命取决于正极板寿命，其设计寿命是按正极板栅合金的腐蚀速率进行计算的，正极板栅被腐蚀的越多，电池的剩余容量就越少，电池寿命就越短。

5.2.2.3 阀控式密封铅酸蓄电池的维护

1. 基本要求

1）阀控式密封铅酸蓄电池，各单体电池开路电压最高与最低差值不大于20mV。最大充电电流不大于$2.5I_{10}$；蓄电池按1h率放电时，两只电池间连接电压降，在各极柱根部测量值应小于10mV。

2）阀控式密封铅酸蓄电池浮充情况下全组蓄电池压差见表5-2。

表5-2　浮充情况下全组蓄电池压差

蓄电池电压	2V 单体	6V 单体	12V 单体
48V 系统	90mV	240mV	480mV
240V 系统	200mV	240mV	480mV
UPS 480V	200mV	240mV	480mV

3）阀控式密封铅酸蓄电池组使用中注意事项：不同厂家、不同容量、不同型号的蓄电池严禁在同一组列中使用。避免阳光直射铅酸蓄电池，放置朝阳面的区域需遮阳处理。

2. 预防性维护

阀控式密封铅酸蓄电池的预防性维护内容见表5-3。

表5-3　阀控式密封铅酸蓄电池的预防性维护内容

序号	维护作业内容	工作要求	周期
1	蓄电池机房通风透气、清理	蓄电池机房通风透气、周围的地面无积灰	日常
2	蓄电池检查、清理	极柱、连接条、安全阀、壳体等清洁，无爬酸、漏液、腐蚀现象，无损伤、变形	日常
3	测量总电压、单体电压、温度	单体浮充：2.23～2.27V、均充2.30～2.35V，或厂家规定值范围	月度
4	短时间放电测试	测试蓄电池极化反应的端压值	季度
5	蓄电池均衡充电	蓄电池端压均性应符合最大差值≤100mV	半年

（续）

序号	维护作业内容	工作要求	周期
6	蓄电池管理参数核对	蓄电池管理参数：单组容量、组数、浮充和均充电压温度补偿系数、限流值	年度
7	蓄电池引线及端子接触紧固	蓄电池引线及端子接触紧固	年度
8	蓄电池核对性放电测试	容量的30%~40%，并测量全程线压降	年度
9	核对监控数据与实际值的准确性	核对监控数据与现场测量数据的准确性	年度
10	蓄电池容量测试	放出额定容量的80%	三年

3. 预防性测试

（1）核对性放电测试 放出额定容量的30%~40%，结合不间断电源一起测试，详见本书5.3.2.4和5.4.2.4节。

（2）容量测试 放出额定容量的80%，结合不间断电源一起测试，详见本书5.4.2.4节。

4. 故障与对策

（1）铅酸蓄电池组浮充状态下，单体不均匀，压差偏大

1）首先检查不间断电源蓄电池管理参数是否正确。

2）参考核对性放电测试方式进行一次蓄电池的放电及再充电，观察蓄电池端压变化，是否恢复。

3）还存在落后与偏差，及时更换落后蓄电池。

（2）蓄电池极柱和外壳温度偏高

1）首先检查蓄电池端电压是否正确。

2）紧固蓄电池极柱连接螺栓。

3）若温度还是偏高，可能是蓄电池内部障碍，及时联系更换。

5.2.3 锂离子电池原理和组成

锂离子电池主要依靠锂离子在正极和负极之间移动来工作。在充放电过程中，Li+在两个电极之间往返嵌入和脱嵌，充电时，Li+从正极脱嵌，经过电解质嵌入负极，负极处于富锂状态，放电时则相反。

锂离子电池的种类有钛酸锂、锰酸锂、钴酸锂、三元锂、磷酸铁锂离子电池，随着磷酸铁锂电池技术的成熟，及产品结构稳定性和热稳定性的优势，磷酸铁锂电池更适合于数据中心场景范围使用。

磷酸铁锂电池一般用磷酸铁锂作正极，石墨作负极，中间填充电解液以形成离子游离的通道，用隔膜来分离正负极防止短路。当充电时由于电场作用锂离子从磷酸铁锂中游出，游离在电液中穿过隔膜中的孔隙，到达负极与碳结合生成碳化锂；放电过程与此相反，锂离子又回到正极，这是锂离子电池的充放电过程，即所谓的"摇椅电池"，如图5-3所示。

正极反应：放电时锂离子嵌入，充电时锂离子脱嵌。

充电时：$LiFePO_4 \rightarrow Li - xFePO_4 + xLi^+ + xe^-$

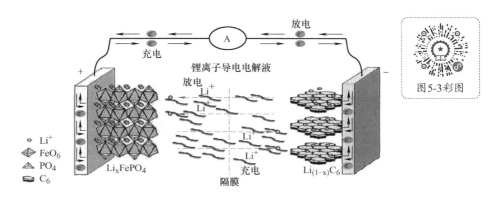

图 5-3　磷酸铁锂电池工作原理示意图

放电时：$Li - xFePO_4 + xLi^+ + xe^- \rightarrow LiFePO_4$

负极反应：放电时锂离子脱嵌，充电时锂离子嵌入。

充电时：$xLi^+ + xe^- + 6C \rightarrow LixC_6$

放电时：$LixC_6 \rightarrow xLi^+ + xe^- + 6C$

5.2.4　锂离子电池运行与维护

1. 锂离子电池的运行

（1）锂离子电池的运行电压　磷酸铁锂电池标称电压为 3.2V/单体，充电电压为 3.7V/单体，放电终止电压为 2.5V/单体；三元锂电池标称电压为 3.7V/单体，充电电压为 4.2V/单体，放电终止电压为 3.2V/单体。

（2）锂离子电池运行管理系统　电池管理系统（Battery Management System，BMS），主要通过监控电池系统的运行状态，防止电池出现过充电和过放电的情况，并应对可能危害电池寿命的情况进行报警和对已危害电池寿命的情况提供保护，包括单体电池过电压、单体电池欠电压、放电过电流、输出短路、单体电池低温、单体电池高温以及电池荷电状态超限等故障。并提供状态检测功能、状态分析功能、信息处理功能、能量控制功能、安全保护功能。

2. 锂离子电池的特点

与铅酸蓄电池对比，锂离子电池的特点见表5-4。

表 5-4　锂离子电池和铅酸蓄电池的特点

主要指标	铅酸蓄电池	三元锂电池	磷酸铁锂电池
标准电压	2V	3.7V	3.2V
最大放电倍率	$6 * 0.1C_{10}$	$10 * 0.1C_{10}$	$30 * 0.1C_{10}$
能量密度 Wh/kg	50	240	160
能量体积比 Wh/L	90	500	210
循环寿命80% DOD	≤500 次	≤2000 次	≥4000 次
析气	H_2、O_2	O_2	无气体

(续)

主要指标	铅酸蓄电池	三元锂电池	磷酸铁锂电池
占地面积	100%	30% ~35%	35% ~40%
充电时长	10h	2h	2h
安全性	副反应、电解水，安全性较好；不会由电池本体引起起火或爆炸	分解温度低，120℃开始分解，200℃剧烈分解，分解产生氧气，易燃易爆，安全性差	结构稳定，不易分解，分解温度 >700℃化合物分解，分解时无氧气产生

5.3 交流不间断电源

5.3.1 交流不间断电源系统原理和组成

不间断电源系统（Uninterruptible Power System，UPS）。交流不间断电源系统英文缩写为 AC UPS，俗称为 UPS。交流不间断电源系统由交流输入配电、整流与逆变双变换设备、蓄电池、输出柜组成，如图 5-4 所示。

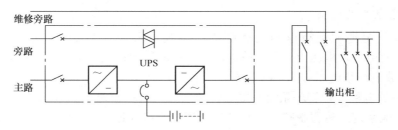

图 5-4 AC UPS 系统组成示意图

1. 交流输入

交流输入有主路输入、旁路输入、系统维修旁路输入，其中旁路输入和系统维修旁路输入必须是同源交流配电。

2. 在线式 UPS

UPS 设备按工作原理分类可分为离线式、在线互动式和在线式三大类，数据中心采用在线式 UPS。在线式 UPS 又称为双变换式 UPS，主要由整流和逆变电路，以及静态旁路供电回路组成。

（1）整流电路 整流电路是将输入的交流电压整流为直流电压输出的电路，实现整流功能。整流电路分为相控型整流和高频开关型整流。

（2）逆变电路 逆变电路是将直流电压或蓄电池直流电压变换成正弦波交流电压的电路，实现逆变功能。在线式 UPS 中，逆变器输出电压波形多为正弦脉宽调制波，该波形经低通滤波器滤波后，得到标准正弦波输出。

在交流输入电源正常时，由交流输入整流电路输出直流电给逆变电路，逆变 DC/AC 电路输出交流电向负载供电。在市电异常时，逆变器由电池提供电源，逆变器始终处于工作状态，保证不间断供电。

3. 蓄电池

UPS 系统后备蓄电池配置：

1）计算电池单体数量 N = 直流系统电压/2V（根据单体电压自行选择）。

2）计算电池单体放电功率，可以按以下公式：

$$P_{单体} = (S\cos\phi) \div (\eta N) \qquad\qquad (5\text{-}3)$$

式中　S——厂家提供 UPS 额定容量，单位为 V·A；

$\cos\phi$——输出功率因数取 0.9；

η——逆变器效率取 0.92；

N——电池单体数量。

3）根据后备时间要求，对照厂家提供的电池单元恒功率放电表，见表 5-5，选择电池型号对应的表中功率值。

表 5-5　电池单元恒功率放电表

电池型号	分钟							小时					
	5	10	15	20	30	40	50	1	2	3	4	5	6
GFMC200	486	437	387	345	291	251	222	199	131	99	82	69	61
GFMC300	729	656	580	517	437	376	332	299	196	149	122	104	92
GFMC400	972	874	773	689	582	501	443	398	261	198	163	139	123
GFMC500	1215	1093	967	862	728	627	554	498	327	248	204	174	154
GFMC600	1409	1267	1121	999	844	727	643	578	379	287	237	201	178
GFMC800	2016	1814	1604	1430	1208	1040	920	827	542	411	339	288	255
GFMC1000	2429	2185	1933	1723	1456	1253	1108	996	653	495	408	347	307

4）组数 = $P_{单体} \div P_{表中功率值}$，数值取整。

4. 输出柜

输出柜由低压配电柜组成，完成单台 UPS 或多台 UPS，以及维修旁路输入和负载分路输出控制。

5.3.2　交流不间断电源系统运行与维护

5.3.2.1　交流不间断电源系统的运行操作

1. 操作

（1）启动 UPS 系统

1）闭合 UPS 输入断路器。

2）闭合 UPS 旁路输入断路器。

3）闭合 UPS 输出断路器。

4）观察 UPS 控制面板显示，状态指示正常。

5）等待整流器起动完成，绿色稳态常亮后，闭合电池断路器（如果 UPS 为逻辑控制接触器设备，不受整流器起动指示，可以直接先闭合电池断路器）。

6）显示屏显示旁路供电路由，负载由旁路电源来供电，操作面板按下"INVERTER ON 逆变器启动"键，直至逆变器起动完成，静态开关关闭旁路灯灭，逆变器输出指示正常（或按下"系统控制"菜单栏上的"NORMAL"按钮，负载由旁路电源来供电，整流器和逆变器起动完成，静态开关关闭，设备以"正常"模式向关键负载供电，"NORMAL"状态指示灯亮）。

（2）"正常"模式到"旁路"模式的转换

1）UPS 工作于"正常"模式下。

2）操作面板按下"INVERTER OFF 逆变器关闭"键，UPS 转换至"旁路"模式（或按下主菜单栏上"CONTROL"按钮，出现"系统控制"屏幕，按下"系统控制"菜单栏上的"BYPASS"按钮）。

3）此时 UPS 在"旁路"模式下运行并且"BYPASS"状态指示灯亮。

（3）"旁路"模式到维修旁路

1）输出配电柜，确认维修旁路和旁路电源同源，且 A、B、C 三相核对正确。

2）合闸维修旁路断路器。

3）确认维修旁路和旁路同时带载。

4）分断输出配电柜的 UPS 输入断路器。

（4）"旁路"模式 UPS 的关闭

1）按 EPO 开关，停止整流器、静态开关和电池的运行（或按下"系统控制"菜单栏上的"LOAD OFF"按钮，并保持 3s）。

2）断开电池开关。

3）依次断开 UPS 输入断路器、UPS 旁路输入断路器、UPS 输出断路器。

4）此时，UPS 所有内部电源关闭，LCD 显示关闭。

2. 运行

在线式 UPS 主要有三种工作运行模式，在"正常"模式下，负载由整流器和逆变器来供电，电池充电器为电池提供充电电流；在"电池"模式下，蓄电池提供直流电源以保持逆变器工作，为负载提供不间断供电；在"旁路"模式下，直接由市电通过静态旁路开关为负载供电。

（1）"正常"工作模式
图 5-5 所示为 UPS 在"正常"模式下运行时，交流电源通过 UPS 的路径。

交流电源主路输入通过 K1 经整流器输出稳定的直流电，再通过逆变器转换为交流电通过 K3 输出至 UPS 配电柜给负载供电，同时整流器输出的直流电通过电池充电器为蓄电池充电。蓄

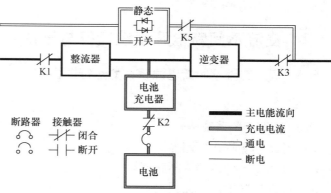

图 5-5 在线式 UPS"正常"工作模式示意图

电池始终连接到 UPS，一旦市电输入无法使用时，蓄电池随时可用来供电逆变器。

"正常"模式下，如果市电中断或超出规定范围，UPS 将自动切换到"电池"模式以保证负载安全供电，使其供电不中断。当市电恢复后，UPS 回到"正常"模式；如果 UPS 过载或无法使用，它将切换到"旁路"模式。当过载条件清除且系统运行恢复到规定的范围内时，UPS 自动回到"正常"模式；如果 UPS 遇到内部故障，它将自动切换到"旁路"模式，并在故障消除且 UPS 恢复使用之前一直处于"旁路"模式。

（2）"电池"工作模式 图 5-6 所示为 UPS 在"电池"模式下运行时，电能通过 UPS 系统的路径。

"正常"模式下如果发生停电或市电不符合规定的参数，UPS 将自动转换到"电池"模式。在"电池"模式下，由蓄电池提供紧急直流电源，逆变器将此直流电源转换成交流电源，逆变器持续提供电力，供给负载继续使用，达到不间断供电的功能。

停电期间，整流器停止工作，输入接触器 K1 断开，电池立即向电池逆变器供电。如果旁路输入和主路输入接在一起，反馈保护接触器 K5 也会断开。开关 K1 和 K5 断开可以防止系统电压通过静态开关和整流器缓冲部件逆向且重新回到输入源；如果旁路输入和主路输入两种电源，旁路输入有电，反馈保护接触器 K5 仍处于闭合状态。

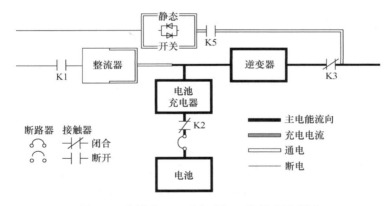

图 5-6 在线式 UPS "电池"工作模式示意图

如果输入源不能恢复或不在正常运行所要求的容许范围内，电池将继续放电，直到直流电压等级达到逆变器输出不能再支持所连接的负载，当发生这种情况时，UPS 将发出即将停机的音频和视频报警，并在 2min 内保护停机。如果旁路源可以利用，那么 UPS 将会通过静态开关转换到旁路而不停机。

在电池放电的任意时刻，如果输入电源再次可用，那么开关 K1 和 K5 闭合，整流器开始向电池充电器和逆变器提供直流电流。这时，设备恢复到"正常"模式。

（3）"旁路"工作模式 图 5-7 所示为 UPS 在"旁路"模式下运行时，电能通过 UPS 系统的路径。

"正常"模式下，当 UPS 检测到过载、旁路命令（手动或自动）、逆变器过热或机器故障时，将逆变输出转为"旁路"模式输出，即由旁路交流电直接给负载供电。由于逆变器采用锁相同步技术，与旁路电源锁相同步，UPS 输出交流电的频率、相位、幅度与旁路市电三要素相同，因此 UPS 通过静态开关可以实现无间断切换至旁路供电。

在"旁路"模式下，UPS 输出由来自旁路输入的三相交流电源直接提供，UPS 输出将受旁路电源引起的电压或频率波动或停电的影响。

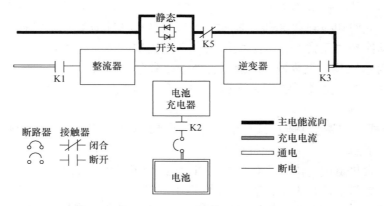

图 5-7　在线式 UPS "旁路" 工作模式示意图

内部旁路由双向晶闸管、静态开关和一个反馈保护接触器 K5 组成。静态开关是一个电子控制装置，当逆变器输出接触器 K3 断开以隔离逆变器时，静态开关会立刻打开，以旁路电源应急供电来自逆变器的负载。反馈保护接触器 K5 是常闭的，除非旁路输入电源无效，否则它可以随时用来支持静态开关。

（4）维修工作模式　交流不间断电源系统是由维修旁路供电路由为负载提供交流电源的工作模式。由于 UPS 设备故障或预防性维护时，为保证负载供电不中断，交流不间断电源系统转换为维修工作模式。

3. 并机

由多台同功率、同型号的 UPS 组成，将各台 UPS 的输出并联在同一母排，组成并联运行方式，达到容量提升或冗余备份的目的。多台 UPS 通过同步锁相并机技术，实现各台 UPS 电压幅值、频率、相位一致的并机运行，并实现工作方式协同一致和负载的均分。

UPS 并机系统由交流输入配电、多台 UPS 和蓄电池的组合、输出配电柜组成，如图 5-8 所示。UPS 有独立的主路输入和 UPS 旁路输入，交流输入可以是同一变配电系统，也可以是不同配电系统，但是各台 UPS 的旁路输入和系统维修旁路交流输入必须是同源交流配电。

UPS 并机系统操作，在其中一台设备的菜单上执行操作指令时，并机系统的各台 UPS

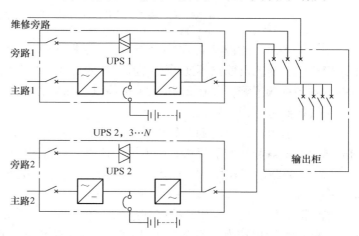

图 5-8　UPS 并机运行示意图

都执行相同的指令。

5.3.2.2　交流不间断电源系统供电

1. N 系统

N 系统指由与负载规划容量匹配的 UPS 单机或 UPS 并机构成的供电系统。如果负载规划容量匹配的 600kV·A 系统，可以采用 600kV·A 容量的 UPS 单机或者两台 300kV·A 容量的 UPS 并机，N 系统配置是满足负载容量的最低配置要求。

2. N + X 系统

N + X 系统供电是在 N 系统基础上增加了冗余备份，如图 5-9 所示。N + X 系统供电中 N 和 X 表示 UPS 数量，其中 $N \geq 1$、$X \geq 1$，系统容量为 $N * S_{单机}$，冗余备份容量为 $X * S_{单机}$。

如图 5-9 所示，正常运行时，所有 UPS 设备均分全部负载。当有 X 台 UPS 故障时，X 台故障 UPS 退出供电系统并进行维修，N 台 UPS 承担全部负载，此时 N + X 供电系统工作于容量配置临界状态。

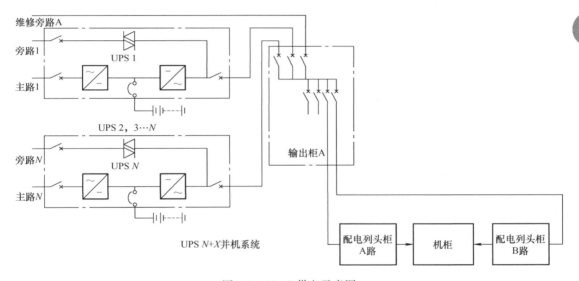

图 5-9　N + X 供电示意图

3. 2N 系统

N + X 系统仅解决系统容量冗余，但无法解决系统性单点故障，即无法具备系统不间断供电的容错能力。

2N 双系统是由两个独立的供电系统对同一机柜负载区域机柜的 A、B 路进行同时供电，在任何一个独立的供电系统故障时，由另一个独立的供电系统完成负载供电能力，即 2N 供电方式具备系统容错能力。

2N 供电系统特点：

① 两个独立的供电系统是指各自成系统，不相互影响，具有供电能力的独立性。

② 两个独立的供电系统可以是不同型号、不同容量的系统设备。

③ 2N 供电系统的系统容量取自于容量相对小的那套独立的供电系统。

④ 2N 供电方式的两个独立的供电系统正常运行中，每个独立的供电系统带载量≤50%总负载量。

（1）2N UPS + UPS 系统　2N UPS + UPS 系统由两套独立的 UPS 供电系统组成供电架构，每套独立的 UPS 供电系统可以是单机系统或并机系统。2N UPS + UPS 系统的供电容量取决于容量较小的那套。

2N UPS + UPS 系统如图 5-10 所示，UPS1 和 UPS2 为同一负载区机柜提供 A 路和 B 路供电路由，正常运行时 UPS1 系统输出柜的输出分路为机柜 A 路供电，UPS2 系统输出柜的输出分路为机柜 B 路供电，UPS1 系统和 UPS2 系统各承担 50% 总负载量。当某个 UPS 系统丢失供电能力时，另一个 UPS 系统承担 100% 总负载量。

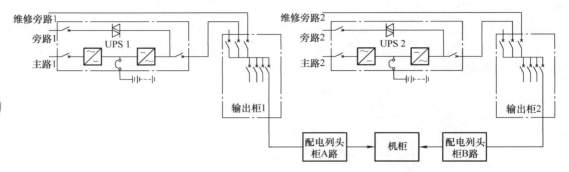

图 5-10　2N UPS + UPS 单机系统示意图

（2）2N UPS + 市电系统　2N UPS + 市电系统由 1 套独立的 UPS 供电系统和 1 套独立的变配电系统分别对同一负载区域的机柜 A、B 路进行同时供电，独立的 UPS 供电系统可以有单机系统和并机系统，如图 5-11 所示。

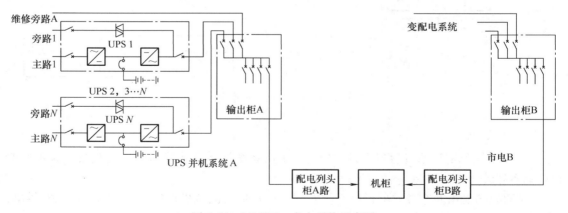

图 5-11　2N UPS + 市电系统示意图

5.3.2.3　交流不间断电源系统输入

AC UPS 交流输入可以有两种接入方式，一种是主路输入和旁路输入引自同一变配电系统，另一种是主路输入和旁路输入引自不同变配电系统，即同源输入和不同源输入方式。

1. 同源输入

如图 5-12 所示，UPS 的主路输入、旁路输入和维修旁路都取自同一个交流配电。

当交流配电 I 停电时，UPS1 瞬间进入蓄电池放电逆变输出，蓄电池放电结束，输出柜 1 停止供电。UPS2 系统承担 100% 负载供电。

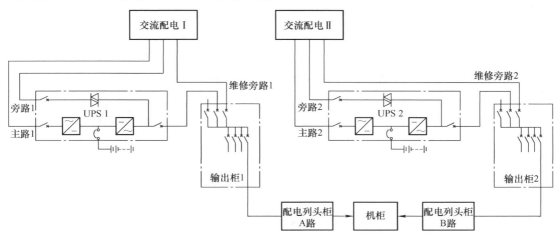

图 5-12　2N UPS + UPS 单机系统交流同源输入示意图

2. 不同源输入

如图 5-13 所示，UPS 主路输入和 UPS 旁路输入、输出柜维修旁路取自不同交流配电。

当交流配电 I 失电，交流配电 II 交流正常时，UPS1 主路输入正常，维持整流和逆变为负载供电状态，UPS1 旁路和维修旁路失电；UPS2 主路失电，UPS2 整流电路停止工作，蓄电池逆变供电，此时交流配电 II 交流正常，旁路输入正常，具备 UPS 转静态旁路的条件。

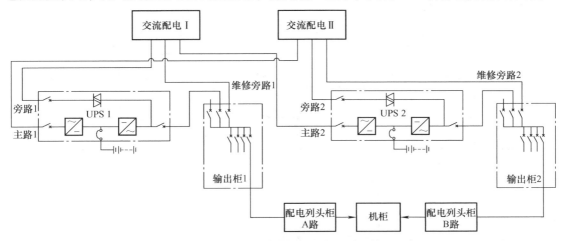

图 5-13　2N UPS + UPS 单机系统交流不同源输入示意图

5.3.2.4　交流不间断电源系统的维护

1. 基本要求

1) 多台并机系统的总负载功率不宜长期运行在额定容量的 20% 以内。

2）并机系统负载电流不均衡≤5%。

3）根据《电能质量　公用电网谐波》GB/T 14549—1993 标准，对谐波采取相应的整治措施，减少对数据中心电网的干扰，以及影响柴油发电机组实际带载功率。

4）零线电流大于相线电流 10% 时，须对 AC UPS 系统负载三相平衡性进行调整，或采用相应设备进行治理。

2. 预防性维护

交流不间断电源系统的维护内容见表 5-6。

表 5-6　交流不间断电源系统的维护内容

序号	维护作业内容	工作要求	周期
1	系统设备、机房环境清洁	交流不间断电源系统设备及其周围地面清洁无积灰	日常
2	运行数据记录	记录输入和输出的电压、电流、频率、功率因数、有功功率	日常
3	工作状态检查	记录 UPS 工作模式（双变换、蓄电池放电、旁路、节能模式），异常状态及时检查处理	日常
4	测量电气连接处、断路器温升	红外热成像仪测试温升 <50K	月度
5	UPS 输出总电流均衡度测试	UPS 输出三相电流平衡，并机系统各台负载电流不均衡≤5%	月度
6	UPS 负载数据测量统计	UPS 交流负载分路、配电列头总电流数据统计	月度
7	机柜用电量数据统计	机柜用电量（功率、电量）数据统计	月度
8	并机系统负载均分	并机系统负载均分符合要求	月度
9	2N 供电的电源系统	单系统负载率建议不大于配置容量的 45%	月度
10	UPS 滤网清洁和风扇检查	清理并保证 UPS 进、排风口畅通，风扇运行正常	季度
11	测试 UPS 设备停电告警信号	现场声光告警、电源监控告警数据正常	季度
12	系统转维修旁路测试	负载不间断供电的情况下，系统转维修旁路测试	半年
13	系统电能质量测试	系统输入端谐波、功率因数、零线电流等数值	年度
14	输入断路器保护整定值检查	交流配电断路器整定值按系统配置容量进行设置	年度
15	接地电阻测试及机壳接地检查	符合接地规定要求值	年度
16	UPS 参数检查调整	蓄电池管理参数检查调整，UPS 时钟校准	年度
17	交、直流电容实际容量检查	交、直流电容实际容量检查或及时更换	五年

3. 预防性测试

（1）UPS 三相负载平衡管控

1）测量 UPS 输出柜 I_a、I_b、I_c 总电流。

2）各相总电流差大于两个单机柜负载额定电流时。

3）下次上架时，应首先选择相总电流小的机柜。

4）最终保证 UPS 三相负载平衡。

（2）并机系统 UPS 电流均衡度管控

1）操作各台 UPS 显示屏，记录输出 I_a、I_b、I_c 电流。

2）对比测算同相各台 UPS 电流偏差。

3）当同相各台 UPS 电流偏差大于 5% 时，尽快通知厂方技术人员，对 UPS 并机均流性能重新调整。

（3）模拟停电测试

测试目的：测试 UPS 停电，状态转换指示正确，蓄电池短时放电测试，告警派单正常。

测试步骤：

1）核对交流配电上的 UPS 主路输入断路器。

2）分断 UPS 主路输入断路器。

3）UPS 转换为蓄电池逆变工作输出，并告警。

4）关注 UPS 显示页面中蓄电池总电压变化。

5）运维人员手机接收告警单，要求 3min 之内。

6）合闸 UPS 主路输入交流配电断路器。

7）UPS 恢复整流工作，显示页面状态恢复为双变换输出正常。

（4）维修旁路测试

测试目的：测试 UPS 维修旁路可用性，检验运维人员不间断切换维修旁路操作技能。

测试步骤：

1）核对 UPS、输出柜、UPS 主路输入、UPS 旁路输入、UPS 系统维修旁路输入。

2）操作 UPS 控制面板"正常"模式转"旁路"模式，确认 UPS 进入旁路供电。

3）万用表测量维修旁路断路器同相两端压差，轮回测试两遍，压差 <3V 确认同源，断路器推进工作位置并合闸。

4）此时维修旁路和 UPS 旁路已并联工作。

5）分闸 UPS 输出断路器。

6）操作 UPS 关机，维护人员接收告警工单。

7）分闸 UPS 主路输入、旁路输入断路器。

8）此时 UPS 全部脱离系统，可以进行清理或维修。

9）恢复，执行 UPS 开机（并机）流程。

10）首先启动"旁路"工作模式。

11）万用表测量 UPS 输出断路器同相两端压差，轮回测试两遍，压差 <3V 确认同源，UPS 输出断路器合闸。

12）此时维修旁路和 UPS 旁路已并联工作。

13）分闸 UPS 系统维修旁路断路器。

14）退出 UPS 系统维修旁路断路器，挂警示牌。

15）启动 UPS "整流和逆变"工作模式。

16）维修旁路测试完毕。

（5）输入输出断路器整定值设置

1）检查并设定每台 UPS 主路输入断路器长延时、短延时、瞬断整定值。

2）检查并设定每台 UPS 旁路输入断路器长延时、短延时、瞬断整定值。

3）检查并设定 UPS 系统维修旁路断路器长延时、短延时、瞬断整定值。

4）每台 UPS 按单台额定容量的 1.5 倍设置长延时，系统维修旁路断路器按系统配置容量的 1.5 倍设置长延时。

5）上述断路器整定值与变配电系统总进线断路器整定值必须梯级设置，原则先保护动作变配电系统输出分路断路器。

（6）UPS 后备蓄电池核对性测试

测试目的：测试蓄电池组核对性放电性能（额定容量的 30% ~ 40%），测试单体蓄电池放电数据，掌握蓄电池实际放电能力和全程线路压降。

测试步骤：

1）检查 UPS 设置蓄电池维护测试容量参数，以放出额定容量的 30% ~ 40% 设置。

2）进入 UPS 菜单，进入"测试命令"→"蓄电池维护测试"。

3）按"确认"键，进入放电测试。

4）蓄电池向负载放电，监控管理平台做好蓄电池单体电压和温度的数据记录。

5）当蓄电池任一单体电压低于 1.75V 时，终止放电测试。

6）等待测试完毕，UPS 自动进入整流逆变供电模式。

（7）UPS 系统谐波、中性线电流、零地电压测试

1）每年对 UPS 系统谐波测试，年度同期负载和谐波对比分析，根据《电能质量　公用电网谐波》GB/T 14549—1993 要求，考虑谐波整治。

2）每年对 UPS 系统中性线电流测试，年度同期对比分析。

3）每年对 UPS 系统零地电压测试，年度同期对比分析。

（8）UPS 年度预检

1）由 UPS 厂方技术人员专业预检测试。

2）设置参数核对。

3）散热风扇性能测试。

4）整流电路检查，元器件颜色和电路板是否正常。

5）逆变电路检查，元器件颜色和电路板是否正常。

6）连接器件检查。

7）出具预检报告。

（9）UPS 交、直电容失效性测试

1）由 UPS 厂方技术人员专业测试。

2）交、直电容失效性测试，必要时及时更换。

3）整流电路检查，元器件颜色和电路板是否正常。

4）逆变电路检查，元器件颜色和电路板是否正常。

5）出具测试报告和更新确认记录。

5.4　直流不间断电源

5.4.1　直流不间断电源系统原理和组成

不间断电源系统（Uninterruptible Power System，UPS）。直流不间断电源系统英文缩写为 DC UPS。

直流不间断电源系统由交流配电柜、整流电源柜、直流配电柜和蓄电池组成，如图 5-14 所示，图示中 DPJ 表示交流配电柜，DZ 表示整流电源柜，DPZ 表示直流配电柜。整流电源柜输出与蓄电池在直流配电柜汇接，当交流输入中断时，由蓄电池承担负载设备的不间断供电。

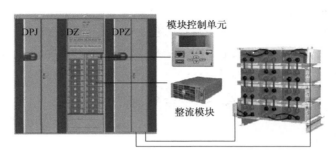

图 5-14　直流不间断电源系统组成示意图

直流不间断电源系统是一种高等级的电源系统，用于重要设备的不间断供电，如电信级传输设备和数据中心高等级服务器。

1. 交流配电柜

交流配电柜由交流输入、交流输出、控制与保护、监控采集等部分组成，数据中心交流配电柜一般采用双路交流输入，具备自动或手动切换功能。

交流输入配电各断路器符合负载额定电流的 1.5 倍；防雷器符合二级防雷要求。

2. 整流电源柜

整流电源是将正弦波交流电压变换成直流电压的电源设备，实现整流功能。整流电源柜由交流配电单元、高频开关型整流电源模块、模块控制单元组成。交流配电单元通过空气开关对每个整流模块供电，整流模块输出的直流电汇流到整流柜内的正、负铜排，整流电源柜内的正、负铜排输出至直流配电柜。

整流模块配置数量的要求如下：

1）额定模块数量需满足负载设备额定总功率和 $0.1C_{10}$ 蓄电池充电功率。

2）备用模块数量按额定模块数量的 1/10 配置，零数取整。

3）整流模块配置总数量为额定模块数量和备用模块数量之和。

3. 直流配电柜

直流配电柜由整流电源柜输入、蓄电池输入、直流配电输出和监控采集组成。整流电源柜输出正、负铜排和蓄电池正、负铜排在直流配电柜中通过直流熔断器直接相连，并经过输出直流熔断器或直流断路器后直接输出至负载设备。

4. 蓄电池组

蓄电池组由单体铅酸蓄电池串联组成 48V 或 240V 直流系统，蓄电池组正极、负极输入至直流配电柜。直流电源系统蓄电池容量配置如下：

$$C = \frac{KIT}{\eta\left[1 + \alpha(t - 25)\right]} \tag{5-4}$$

式中　C——选用的蓄电池容量（Ah）；

　　　K——安全系数，取1.25；

　　　I——负荷电流（A）；

　　　T——放电小时数（h）；

　　　η——放电容量系数，见表5-1；

　　　t——实际蓄电池所在地最低环境温度数值，数据中心可按25℃；

　　　α——蓄电池温度系数，当放电小时率≥10时，取α=0.006；当10>放电小时率≥1时，取α=0.008；当放电小时率<1时，取α=0.01。

5.4.2　直流不间断电源系统运行与维护

5.4.2.1　直流不间断电源的种类

数据中心直流不间断电源系统（DC UPS）根据电压种类主要分为-48V直流不间断电源系统和240V、336V高压直流不间断电源系统。

1.-48V直流不间断电源系统

由交流配电柜、48V整流电源柜、48V蓄电池组、-48V直流配电柜组成，如图5-15所示。

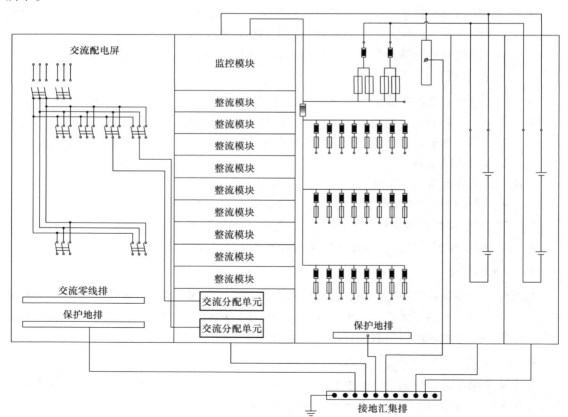

图5-15　-48V直流供电系统示意图

（1）交流配电柜　交流配电柜完成交流电源的输入，以及整流电源柜的交流供给。

（2）48V整流电源柜　整流电源柜将交流电源整流输出为48V电压等级，根据蓄电池设置相应的浮充电压和均充电压。

（3）48V蓄电池组　蓄电池组为24只单体2V蓄电池串联输出48V电压等级。为保证不间断电源系统的供电可靠性，每套系统至少配置两组蓄电池组。

（4）-48V直流配电柜　-48V直流配电柜完成整流电源柜和蓄电池组的汇接，以及负载的输出分配。-48V直流不间断电源系统中整流电源柜和蓄电池组的正极汇接至直流配电柜正极铜排并与直流工作接地连接，整流电源柜和蓄电池组的负极通过直流熔断器汇接至直流配电柜负极公共铜排后，再由分路熔断器控制输出，从而形成-48V直流不间断电源系统。

2. 高压直流不间断电源系统

高压直流不间断电源系统是整流电源输出电压为240V或336V等级，通常称为高压直流系统（HVDC）。高压直流不间断电源系统由交流配电柜、240V/336V整流电源柜、240V/336V蓄电池组、240V/336V直流配电柜组成，如图5-16所示。

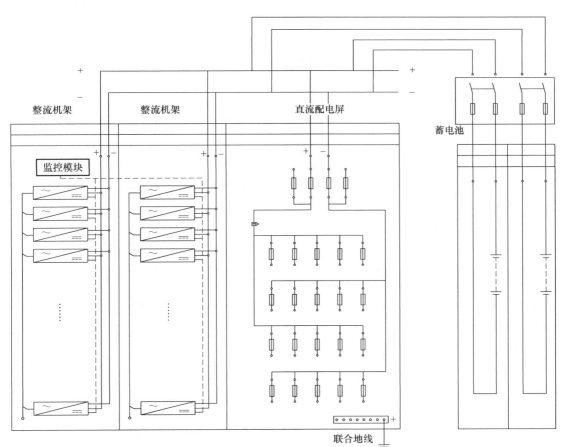

图5-16　240V直流供电系统示意图

（1）交流配电柜　交流配电柜完成交流电源的输入，以及整流电源柜的交流供给。

（2）整流电源柜　整流电源柜将交流电源整流输出为240V/336V电压等级，根据蓄电池设置相应的浮充电压和均充电压。例如，240V电压等级，浮充电压为270V，均充电压为282V。

（3）蓄电池组　根据240V/336V电压等级，配置相应的单组蓄电池数量，例如，240V电压等级，蓄电池组为120只单体2V蓄电池串联输出240V电压等级。为保证不间断电源系统的供电可靠性，每套系统至少配置两组蓄电池组。

（4）直流配电柜　直流配电柜负责整流电源柜和蓄电池组的汇接与负载的分配。HVDC直流不间断电源系统中整流电源柜和蓄电池组的正极或负极通过直流熔断器汇接至直流配电柜，形成正极或负极回路，由正、负极分路熔断器控制成对输出。正极或负极都不接地，绝缘监测负责检测成对输出熔断器正、负极分路与地排之间的绝缘。

（5）绝缘检测仪　实时监测正负母排、各输出分路正负极对地绝缘数据。

5.4.2.2　直流不间断电源系统的运行操作

1. 操作

（1）直流不间断电源系统开机

1）先检查机柜已可靠接地，接线连接是否正确，机柜内配线、螺钉是否紧固。

2）断开交流配电柜和整流电源柜所有断路器。

3）交流配电柜送入市电，用万用表测量三相电压，以确认电网状况，如果正常，再依次合上交流配电屏的交流输入刀开关或断路器及对应整流电源柜的断路器。

4）整流电源柜确认得电后，合上整流电源柜交流分配单元上断路器，相应模块上的电源指示灯（绿色）应点亮且风扇开始转动。延迟一段时间，交、整、直的监控单元开始工作，各柜的指示灯开始正常点亮，直流电压显示为相应电压值（48V、240V、336V系统相应的浮充电压值）。关闭该模块的交流断路器。通过闭合、断开整流模块输入断路器依次检查其余各个模块是否能正常工作。

5）用万用表测量蓄电池总电压，并做好记录。

6）仅开启一个整流模块，通过监控模块将模块电压设定与蓄电池总电压一致。

7）用万用表测量确认直流配电柜母排电压与蓄电池总电压压差<1V，确认连接处正负极性一致，即可闭合蓄电池分路熔断器或开关。

8）开启余下整流模块，通过监控模块将电源电压调整到蓄电池要求的浮充电压值（此时模块应不在限流状态）。

（2）设置监控模块参数

1）根据实际连接的交流配电屏、直流配电屏和绝缘监测的地址和数量设置监控模块参数。

2）根据实际连接的蓄电池组数、蓄电池组的容量设置监控模块参数。

3）依据蓄电池厂家的要求设置温度补偿系数，默认值为$-360mV/℃$。

4）设置蓄电池限流点，默认值为$0.1C_{10}$。

5）根据蓄电池供应商推荐的浮充电压和均充电压设置监控模块。例单体2V/只，浮充电压默认值为$N*2.25V$；均充电压默认值为$N*2.3\sim2.35V$。

（3）绝缘监测功能测试

1）最好选择未起用的分路，断开其开关。在其输出端任一极对设备接地点间模拟接一个低于绝缘电阻告警值的功率电阻，建议至少5W以上。

2）合上此分路开关。若设置绝缘监测功能为自动监测模式，监控模块将会产生绝缘异常告警，同时面板会显示出侦测到的母排不同极绝缘电阻值。若设置绝缘监测功能为手动监测模式，启动手动监测，监控模块仍将产生绝缘异常告警，同时面板会显示出侦测到的母排不同极绝缘电阻值。如果设备有配置分路绝缘定位功能，分路绝缘异常时，监控单元会显示出定位分路的绝缘异常。

3）断开模拟分路开关，系统绝缘告警自动消失，取消掉模拟电阻。

2. 运行

（1）整流供电运行　交流输入正常的情况下，直流不间断电源系统的整流电源设备按浮充或均充方式运行，整流电源设备保证负载供电的同时为蓄电池充电，如图5-17所示。

（2）蓄电池供电运行　交流输入停电的情况下，整流电源设备停止工作，直流不间断电源系统的负载由蓄电池供电，从而实现供电不间断，如5-18所示。

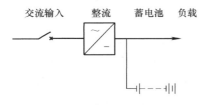

图 5-17　整流供电运行示意图

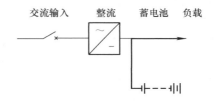

图 5-18　蓄电池供电运行示意图

5.4.2.3　直流不间断电源系统的供电模式

1. $N+X$ 供电

$N+X$ 供电系统模式如图5-19所示，同一负载区域的 A、B 路配电列头柜由一套直流不间断电源系统的直流配电柜两个输出分路供电。

$N+X$ 供电系统由整流电源柜的整流模块数量配置实现系统容量的冗余。

1）交流输入正常时，整流模块工作带载，并实现负载均分。直流配电柜的两个输出分路为机柜负载供电。

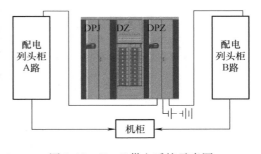

图 5-19　$N+X$ 供电系统示意图

2）整流模块故障时，由于整流模块数量配置的冗余，故障模块退出系统，负载由其他整流模块正常带载。整流模块故障数量大于 X 冗余配置数量时，整流控制单元执行稳压限流，此时蓄电池同时参与带载。

3）交流输入停电时，整流模块停止工作，蓄电池供电运行。

2. $2N$ 供电

（1）$2N$ HVDC + HVDC 供电　$2N$ HVDC + HVDC 供电模式如图5-20所示，同一负载区

域的 A、B 路配电列头柜分别由两套直流不间断电源系统的直流配电柜输出分路供电。2N 供电模式具备容错能力。

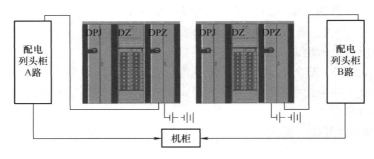

图 5-20   2N HVDC + HVDC 供电示意图

1）交流输入正常时，两套直流不间断电源系统的整流模块工作带载，并实现负载均分，每套系统各自承担 50% 的总负载。

2）整流模块故障时，由于整流模块数量配置的冗余，故障模块退出系统，负载由其他整流模块正常带载。整流模块故障数量大于 X 冗余配置数量时，整流控制单元执行稳压限流，此时蓄电池同时参与带载。

3）交流输入停电或严重故障，造成单套系统丢失供电能力的情况下，由另一套系统承担 100% 的总负载供电。交流输入停电影响两套系统时，两套系统蓄电池供电运行。

（2）2N HVDC + 市电供电   2N HVDC + 市电供电模式如图 5-21 所示，同一负载区域的 A、B 路配电列头柜分别由一套直流不间断电源系统的直流配电柜输出分路和一路交流市电供电。

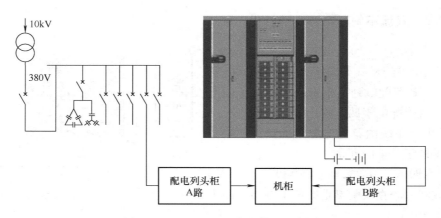

图 5-21   2N HVDC + 市电供电示意图

1）交流输入正常时，直流不间断电源系统和交流市电同时带载，各自承担 50% 的总负载。

2）整流模块故障时，与 $N + X$ 模式相同。

3）交流输入停电时，如果停电的是交流市电供电侧，此时由直流不间断电源系统承担 100% 的总负载供电。如果交流输入停电同时影响直流不间断电源系统时，直流不间断电源系统蓄电池供电运行。

5.4.2.4 直流不间断电源系统维护

1. 基本要求

1）整流模块均流性能，在30%负载以上时，整流模块不平衡度不大于5%。

2）直流设备负载不宜长期工作在20%额定容量以下，如负载较低，可启用整流模块休眠模式，或轮流关闭整流模块。冷备整流模块放置在机房安全位置。

2. 预防性维护

直流不间断电源系统维护内容见表5-7。

表5-7 直流不间断电源系统维护内容

序号	维护作业内容	工作要求	周期
1	系统设备、机房环境清洁	直流不间断电源系统设备及其周围地面清洁无积灰	日常
2	运行数据记录	直流不间断电源系统总电压、总电流	日常
3	检查系统设备告警信息	直流不间断电源系统运行状态正常，无告警，防雷设备正常	日常
4	测量电气连接处、熔断器温升	红外热成像仪测试温升<50K	月度
5	直流负载数据测量统计	直流负载分路、配电列头柜总电流数据统计	月度
6	机柜用电量数据统计	机柜用电量（功率、电量）数据统计	月度
7	2N供电的电源系统	单系统负载率建议不大于配置容量的45%	月度
8	测试系统设备停电告警信号	现场声光告警、电源监控告警数据正常	季度
9	检查清理整流模块、断路器、风扇	整流模块下电外置清理、风扇运行正常	半年
10	检查系统设备各设置点的正确性	系统参数、蓄电池管理参数、设备配置数据和设置点正确	年度
11	直流放电回路全程压降测量	全程压降：48V系统应小于3V、HVDC系统应小于12V	年度
12	系统电能质量测试	系统输入端谐波、功率因数、零线电流等数值	年度
13	接地电阻测试及机壳接地检查	符合接地规定要求值	年度
14	高压直流系统模拟绝缘告警测试	高压直流系统模拟正对地、负对地绝缘下降，绝缘检测仪应能正常告警	年度
15	输入断路器保护整定值检查	交流配电断路器整定值按系统配置容量进行设置	年度

3. 预防性测试

（1）模拟停电测试

测试目的：交流倒换性能测试；蓄电池短时放电测试；告警派单流程测试。

测试步骤：

1）交流输入主用侧断路器分闸，备用侧断路器自动合闸或ATS自动倒换供电正常。

2）交流输入配电备用侧断路器分闸，整流机柜停电。

3）蓄电池放电中，关注蓄电池总电压下降情况。

4）随时做好送电准备，在测试期间关注负载总电流和电压下降情况；如有电压突降，需针对蓄电池进行测试。

5）监控告警核对正常，运维人员告警接单正常。

6）自动派单过程超过 2min，须核查派单系统。

7）运维人员告警接单后，交流输入配电主用侧断路器合闸，整流机柜得电，整流模块起动正常。

8）交流输入配电备用侧断路器合闸，恢复正常。

（2）核对性放电测试

测试目的：测试蓄电池组核对性放电性能，放出额定容量的 30% ~ 40%，单体蓄电池放电数据，掌握蓄电池实际放电能力，掌握全程线路压降。

测试步骤：

1）根据实际负载量计算时间：

$$T = \frac{(30\% \sim 40\%)\eta C_{10}}{I} \tag{5-5}$$

式中　C_{10}——蓄电池额定容量（Ah）；

η——放电容量系数，见表 5-1；

I——负荷电流（A）；

T——放电小时数（h）。

2）整流机柜控制单元选择放电测试或者将电压调整至 46V（ – 48V 系统）或 222V（240V 系统）。

3）蓄电池向负载放电，监控平台做好蓄电池单体电压和温度记录（1 次/分钟）。

4）蓄电池放电结束任意依据：

① 任一单体电压低于终止电压值。

② 蓄电池总电压达 46V（222V）。

③ 达到放电测试时间。

5）测试结束，恢复参数设置。

（3）核实直流电源系统参数设置

1）浮充电压 2.23 ~ 2.25V/单体、均充电压 2.30 ~ 2.35V/单体，根据蓄电池厂家提供参数设置核实。

2）自动浮充、均充转换功能，转换周期 6 个月，均充时间 8h 设置。

3）限流值、温度补偿设置。

4）蓄电池组数、单组蓄电池容量核实设置。

5）高压告警 57V、288V，过电压停机 58V、289V 核实。

6）整理模块数量核实。

（4）容量测试

测试目的：测试蓄电池组放电性能，放出额定容量的 80%，单体蓄电池放电数据，掌握蓄电池实际放电能力，掌握全程线路压降。

测试步骤：

1）根据实际负载量计算时间：

$$T = \frac{80\% \, \eta C_{10}}{I} \qquad (5\text{-}6)$$

式中　C_{10}——蓄电池额定容量（Ah）；

　　　η——放电容量系数，见表5-1；

　　　I——负荷电流（A）；

　　　T——放电小时数（h）。

2）整流机柜控制单元选择放电测试或者将电压调整至45V、216V。

3）蓄电池向负载放电，监控平台做好蓄电池单体电压和温度记录（1次/分钟）。

4）蓄电池放电结束任意依据：

① 任一单体电压低于终止电压值。

② 蓄电池总电压达45V、216V。

③ 达到放电测试时间。

5）测试结束，恢复参数设置。

5.4.3　新技术产品（巴拿马不间断电源系统）简述

巴拿马电源是直流不间断电源系统的衍生产品，是高效整合的直流不间断电源系统。如图5-22所示，巴拿马电源集成了10kV输入、降压变压器、低压配电、整流和输出配电等环节，如图5-23所示，采用移相变压器取代原变配电系统的变压器，并从10kV交流到240V（或336V）直流整个供电链路做到了优化集成的整体架构电源。

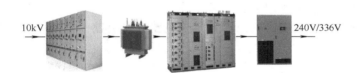

图5-22　常规10kV～240V系统组成示意图

图5-23　巴拿马电源示意图

1. 巴拿马电源的原理与组成

巴拿马电源的原理与组成示意图如图5-24所示。

（1）中压柜　中压柜即10kV高压配电柜，内部安装有负荷断路器，完成10kV交流电源输入、输出及保护控制。

（2）移相变压器柜　中压柜10kV交流输出至移相变压器，移相变压器次级输出36相380V交流电源。

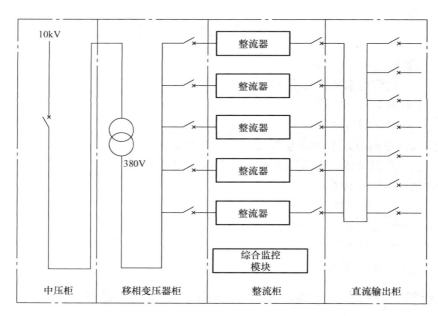

图 5-24 巴拿马电源的原理与组成示意图

（3）整流柜　整流柜将移相变压器次级低压线圈输出 36 相低压交流电源通过断路器分配输入至每个整流模块，每个整流模块输出 240V（或 336V）高压直流电源经过冗余并联至正、负电压母排。

（4）直流输出柜　直流输出柜将整流柜输出的高压直流正、负电压母排进行分路输出控制，每个输出分路正、负成对输出，并实现总路和各分路的电压电流采集，对每个分路正、负绝缘监测。

（5）综合监控模块　综合监控模块负责蓄电池管理、整流模块工作模式管理、配电管理、绝缘监测、告警管理、效能管理等，收集处理系统的所有数据，判断定位系统故障，通过 RS232 和 RS485 通信口与远程监控系统完成"四遥"功能。

（6）交流分配柜　移相变压器单独输出 380V 交流电源，由交流分配柜控制和输出单相和三相交流电源。

2. 巴拿马电源的日常运维

巴拿马电源的日常运维整合了 10kV 配电系统、变配电系统、直流不间断电源系统的日常运维和预防性测试等工作内容。

5.5　IT 机柜供配电

5.5.1　IT 机柜供配电原理和组成

5.5.1.1　IT 机柜

1. 标准机柜

美国电子工业协会（EIA）规定服务器的宽为 19in（48.26cm），服务器的高为 1.75in

（4.445cm）的倍数。U 是 unit 的缩略语，1U = 1.75in。标准机柜是能容纳安装标准服务器 19in 宽度和 42U 高度的机柜。

标准机柜采用电源分配单元（Power Distribution Unit，PDU）供电，PDU 安装于服务器电源方向的机柜内部两侧，每条 PDU 供电容量满足标准机柜总用电功率，实现标准机柜 2N 供电能力，如图 5-25 所示。

2. 非标准机柜

数据中心非标准机柜通常是指整机柜服务器，没有 U 位的分隔，是整体规划于一个机柜内的服务器设备整体。

整机柜采用工业连接器供电，预留 2N 供电的电缆工业连接器公端，与外部工业连接器母端对接，如图 5-26 所示。

图 5-25 机柜 PDU 示意图

图 5-26 整机柜和工业连接器示意图

5.5.1.2 分布式供电

分布式供电是根据负载功率，配置相应容量的电源设备，就近安装于负载侧的供电方式。

1. 单机柜供电

根据单机柜服务器负载功率，每个机柜配置独立的不间断电源系统，电源设备和蓄电池一体化整合，如图 5-27 所示。每列机柜的一端设置交流配电屏，提供交流电源供电。

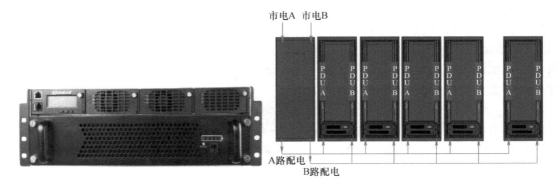

图 5-27 单机柜电源和机柜组合示意图

（1）单机柜供电的特点 单机柜供电机柜电源相对独立，不受其他机柜用电干扰；机柜布置灵活快速；不间断电源和蓄电池设备占用单机柜空间。通常实现 $N + X$ 或不间断电源 + 交流市电的供电模式。

（2）单机柜供电的运维　按不间断电源系统的维护要求，做好运维工作。

2. 列机柜供电

根据每列机柜服务器负载总功率，配置满足列机柜总功率的不间断电源设备，如图 5-28 所示。每列机柜的一端设置交流配电屏、不间断电源架、蓄电池架，满足整列机柜电源的供给。

图 5-28　列机柜电源示意图

（1）列机柜供电的特点　列机柜供电可以实现 *N* + *X* 或不间断电源 + 交流市电的供电模式；机柜布置灵活快速；电源和蓄电池设备占用数据机房空间。

（2）单机柜供电的运维　按不间断电源系统的维护要求，做好运维工作。

5.5.1.3　集中式供电

集中式供电是电源系统设备集中安装于电力室，电源系统配电分配屏输出分路，通过电缆或密集母线送至数据机房的配电列头柜或者机房小母线，配电列头柜或者机房小母线负责分路输出给服务器机柜供电的方式。

1. 配电列头柜

配电列头柜是数据机房的电源接入和分配，是不间断电源系统输出分路的二级配电，完成向机柜供电的分配功能，以及各分路的状态数据采集和监控。配电列头柜根据电源输入和分配有以下两种：单电源输入的配电列头柜和双电源输入的配电列头柜。

（1）单电源输入的配电列头柜

配电列头柜由一路电源输入，分路输出供电至机柜 A 路或 B 路，如图 5-29 所示。配电列头柜根据机柜用电功率和每列机柜数量，配置总输入断路器和机柜分路断路器额定容量。

（2）双电源输入的配电列头柜

配电列头柜由两路电源输入且独立分配输出，输出分路承担某机柜的 A 路或 B 路供电，如图 5-30 所示。配电列头柜根据机柜用电功率和每列机柜数量，配置总输入和分路断路器额定容量。

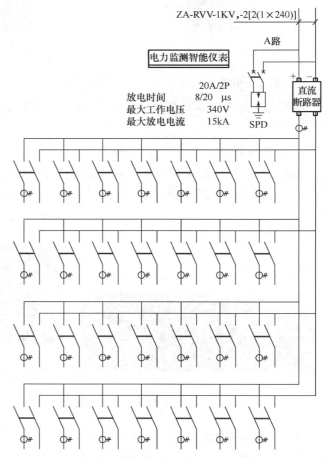

图 5-29　单电源输入的配电列头柜示意图

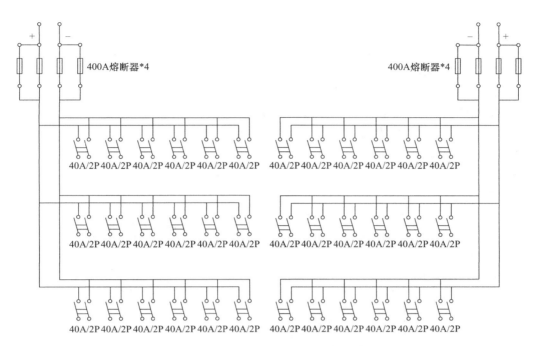

图 5-30　双电源输入的配电列头柜示意图

2. 配电列头柜供电

（1）单边型　单边型供电方式由一个配电列头柜、一列机柜、走线桥架、电缆等组成。配电列头柜负责电源 A、B 路总输入和各机柜 A、B 路的分路输出控制，如图 5-31 所示。

配电列头柜单边型供电方式的特点如下：

1）架构简单，配电列头柜完成各机柜 A、B 路供电。

2）建设成本少。

3）配电列头柜中某个分路故障，可能会影响整个配电列头柜供电。

4）供电架构不属于容错型。

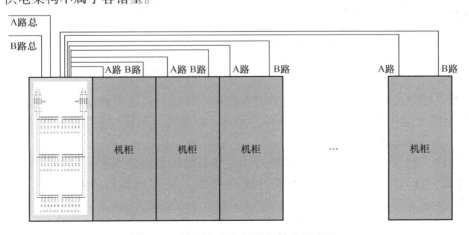

图 5-31　单配电列头柜机柜供电示意图

（2）双边型　双边型供电方式由每列机柜左右各一个配电列头柜、一列机柜、走线桥架、电缆等组成。两个配电列头柜分别负责电源 A 或 B 路的总输入和各机柜 A、B 路的供电控制，如图 5-32 所示。

配电列头柜双边型供电方式的特点：

1）配电列头柜独立，A、B 路输出独立，具备容错能力。

2）设置独立的两个配电列头柜，占用数据机房空间。

3）建设成本高。

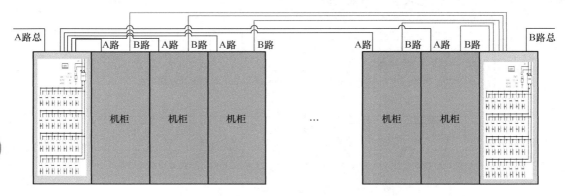

图 5-32　双配电列头柜机柜供电示意图

3. 机房小母线供电

（1）机房小母线　机房小母线有别于变配电系统密集母线，机房小母线属于空气绝缘型母线，完成机柜供电分配。

机房小母线可分为固定直列式和滑轨式，如图 5-33 和图 5-34 所示。

图 5-33　固定直列式示意图

图 5-34　滑轨式示意图

1）固定直列式机房小母线。固定直列式机房小母线直线段类似密集母线，区别在于机房小母线铜排无绝缘层，所以铜排间要保持距离，利用空气绝缘。插接箱的导体插口采用 Y 型结构，与密集母线插接箱插口相同。

2）滑轨式机房小母线。滑轨式机房小母线直线段各铜排固定于母线外壳内壁，插接箱的导体插口采用柱形结构，柱形插口插入母线，旋转后插口导体与铜排紧密接触，如图 5-35 所示。

（2）供电方式　机房小母线 2N 供电方式由两条不同方向供电的小母线、一列机柜、电缆等组成。两条不同方向供电的小母线通过汇接箱和插接箱分别负责电源 A、B 路总输入和

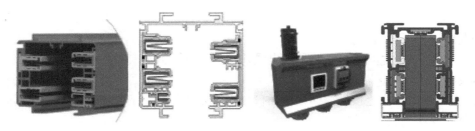

图 5-35　滑轨式直线段截面与插接箱插入后的示意图

各机柜电源 A、B 路的分路输出控制，如图 5-36 和图 5-37 所示。

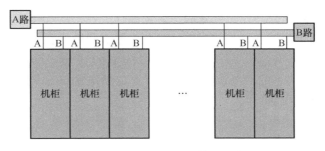

图 5-36　机房小母线 2N 供电示意图

图 5-37　机房小母线 2N 供电实装图

（3）架构特点

1）两条独立路由的小母线，A、B 路输出独立，具备容错能力。

2）省去了配电列头柜，提升空间利用率。

3）省去了走线桥架和部分电缆。

4）机柜负载功率变化，插接箱调整灵活。

5）建设成本和长期收益综合测算更优。

5.5.2　IT 机柜供配电运行与维护

1. 预防性维护

1）分布式供电电源按不间断电源系统章节运维要求执行。

2）巡视并记录各机柜电压、电流，2N 供电时单路负载达到 45% 额定值需重点关注。

3）巡视并记录配电列头柜总负载电压、电流，有监视单元的需核对数据的准确性。

4）检查核对配电列头柜分路标签，检查上架运行机柜断路器状态是否正常，未上架运行机柜断路器不得合闸。

5）点温测试配电列头柜断路器及电缆连接处温升，温升突变则负载突变或者连接处松动，需及时紧固。

6）点温测试母线连接处、插接箱插口、PDU 输入输出、各服务器电源插头处温升，并连续记录，同期比较。

7）检查和记录、统计单电源模块的服务器，并做好现场重视标注。

8）机柜开通上架前，配电列头柜输出分路断路器需进行控制可靠性测试。

2. 预防性测试

1）配电列头柜分路断路器连接处紧固，避免弹性失效松动（年度/周期）。

2）机房小母线插接箱锁扣检查并紧固，避免碰触或弹性卡扣导致插接箱接头松动（年度/周期）。

3）针对 2N 供电架构下的双电源服务器进行单路断电测试，测试双电源服务器单路供电能力的可靠性（年度/周期）。

3. 应急操作

1）标准机柜单路掉电应急操作流程如图 5-38 所示。

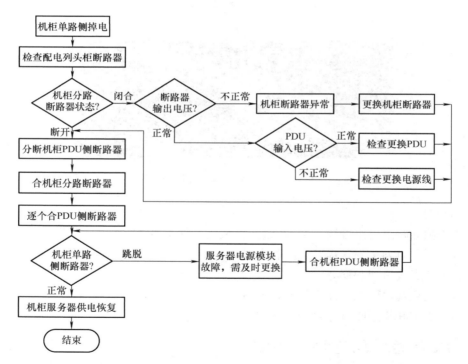

图 5-38　标准机柜单路掉电应急操作流程

2）整机柜单路掉电应急操作流程如图 5-39 所示。

3）配电列头柜单路侧负载掉电应急处理流程如图 5-40 所示。

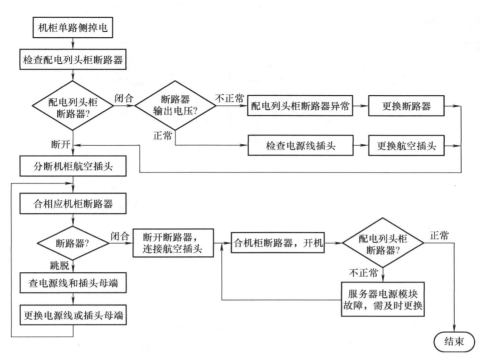

图 5-39　整机柜单路掉电应急操作流程

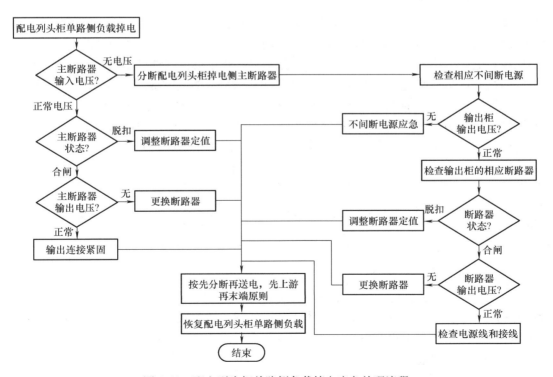

图 5-40　配电列头柜单路侧负载掉电应急处理流程

第6章

数据中心水冷系统运行维护及应急

空调系统的运行,直接关系到数据中心的安全稳定和绿色节能,如何确保空调系统稳定运行,是数据中心运维的重要职责。本章主要介绍数据中心空调系统相关设备的原理组成、操作方法、运行模式、维护及故障应急。

6.1 冷机

制冷主机简称冷机,也称为冷水机组(包含风冷冷冻水机组和水冷冷冻水机组),是数据中心空调系统的重要组成部分,冷机制取的冷量一般通过载冷剂输送到机房冷却设备,通常采用水作为载冷剂,其冷凝器的冷却也采用水进行换热降温。

6.1.1 冷机分类

数据中心一般以制冷为主,而且需要冷机起动快捷、响应及时和具有高可靠性等特点,除了在冷热电三联供的场所可以选用溴化锂空调,其余场合一律选用电力驱动的蒸气压缩式冷水机组。电制冷按照制冷方式不同,可以分为离心式压缩机、螺杆压缩机、涡旋压缩机和活塞压缩机,机组在额定制冷工况和规定条件下,性能系数需要满足 GB 50189—2015《公共建筑节能设计标准》的规定,同等条件下选用性能系数高的。从数据中心实际应用来看,涡旋压缩机一般应用在数据中心风冷直膨系统中,螺杆机用于中小型数据中心,大型数据中心基本选用离心式压缩机。不同类型冷水机组制冷性能系数见表6-1。

表6-1 冷水机组制冷性能系数

冷水机组	类型	活塞式/涡旋式			螺杆式			离心式		
	额定制冷量/kW	<528	528~1163	>1163	<528	528~1163	>1163	<528	528~1163	>1163
	性能系数/(W/W)	3.8	4	4.2	4.1	4.3	4.6	4.4	4.7	5.1

1. 活塞式冷水机组

活塞式冷水机组就是把实现制冷循环所需的活塞式制冷压缩机、辅助设备及附件紧凑地组装在一起的专供空调制冷目的用的整体式制冷装置。活塞式冷水机组单机制冷量从60kW到900kW,适用于较小工程。由于活塞式制冷压缩机能效较低,目前应用较少。

2. 螺杆式冷水机组

螺杆式冷水机组是由螺杆制冷压缩机组、冷凝器、蒸发器以及自控元件和仪表等组成的一个完整制冷系统,如图6-1所示。螺杆式压缩机属于容积式制冷压缩机,它利用一对互相啮合的阴阳转子在机体内做回转运动，周期性地改变转子每对齿槽间的容积来完成吸气、压缩、排气过程，如图6-2所示。它具有结构紧凑、体积小、重量轻、占地面积小、操作维护方便、运转平稳等优点，因而获得了广泛的应用。其单机制冷量从150kW到2200kW，适用于中、小型数据中心的空调系统。

图6-1　螺杆式冷水机组外观　　　　图6-2　螺杆压缩机结构

3. 溴化锂吸收式冷水机组

溴化锂吸收式冷水机组如图6-3所示，是以热能为动力，以水为制冷剂，以溴化锂溶液为吸收剂，制取0℃以上的冷媒水，可用作空调或生产工艺过程式的冷源。溴化锂吸收式以热能为动力，常见的有直燃型、蒸气型、热水型三类，其制冷量范围为230kW到5800kW，适合于冷热电三联供的数据中心。

4. 离心式冷水机组

离心式制冷压缩机是一种回转式速度型压缩机，外观如图6-4所示，最适宜于压缩大容量的气体或蒸气，离心式冷水机组利用电作为动力源，制取7～12℃冷冻水。经过70多年的发展历程，已经广泛应用于各种民用场合和工业场合，2000年后在美国开始用于数据中心制冷，目前已经成为大型数据中心空调制冷主机的首选。

图6-3　溴化锂吸收式冷水机组　　　　图6-4　离心式制冷压缩机外观

离心式冷水机组是由离心式制冷压缩机和配套的蒸发器、冷凝器和节流控制装置以及电气系统组成整台的冷水机组。单机制冷量大，适用于大、特大型数据中心。

数据中心冷量需求大，选用离心式冷水机组可以获得较好的能效，离心式冷水机组是一种速度型压缩机，它依靠叶片高速旋转之后的速度变化产生的压力对制冷剂进行压缩。

6.1.2　离心机组原理和组成

离心压缩机通过吸气管将要压缩的气体引入到叶轮入口；气体在叶轮叶片的作用下跟着叶轮做高速旋转，通过叶轮中的叶片对叶轮槽道中的气体做功，提高气体的速度后引出叶轮出口处，然后导入扩压腔；由于气体从叶轮流出后，具有较高的流速，为了将这部分速度能转化为压力能，在叶轮排气口外侧设置了流通截面逐渐扩大的扩压器，进行能量的转换，以提高气体的压力；扩压后的气体在蜗壳里汇集起来后，进入机组的冷凝器进行冷凝，以上这一过程就是离心压缩机的压缩原理，如图6-5所示。

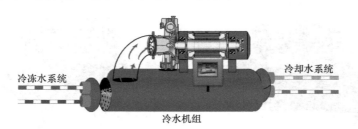

图6-5彩图

图6-5　离心压缩机的压缩原理

1. 离心机组组成

离心机组组成包括离心压缩机、冷凝器、蒸发器、节流装置、供油装置、控制柜等，如图6-6所示。

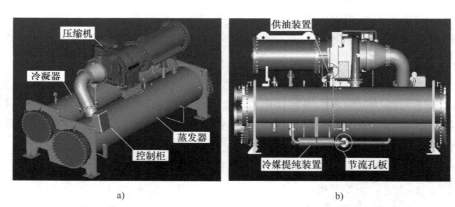

a)　　　　　　　　　　　　b)

图6-6　离心机组组成示意图

离心机组制冷量大，由于离心式压缩机的吸气量不能过小，因而离心式压缩机的单机制冷量都较大。在相同的制冷量下，离心式压缩机的重量只有活塞式压缩机的 $1/8 \sim 1/5$，冷量越大，越明显。离心式压缩机在运行过程中几乎无磨损，因而经久耐用，维修运转费用较低。离心式压缩机中的压缩部件为旋转运动，在径向受力平衡，因而运转平稳，振动小，无须专门的减振装置，能够经济地进行冷量调节。

（1）压缩机　主要由吸气室、叶轮、扩压器、弯道与回流器、蜗壳组成。只有一级叶轮的压缩方式叫单级压缩；有两级叶轮的压缩方式叫双级压缩；三级及三级以上的压缩方式叫多级压缩。

1）吸气室：用以把气体由进气管均匀地引导到叶轮。一般设计成收口的锥体状。

2）叶轮：叶轮处于高速旋转，通过叶片对叶轮槽道中的气体做功，使气体达到较高的速度。叶轮有开启式结构和闭式结构之分。

3）扩压器：扩压器的截面积不断变大，气体的速度会急剧下降，气体分子在此聚集，压力得到提高，从而实现气体速度能向压力能的转变。扩压器分为无叶扩压器、有叶扩压器和锥形隧道式扩压器。

4）弯道与回流器：主要用于多级压缩的装置中，其作用是把气体由前一个叶轮的排气口引导到下一个叶轮的进气口，同时对气体也有进一步扩压的作用。

5）蜗壳：是用来收集从最后一级扩压器排出来的气体，将气流收集并稳定压力后，将气体通过排气管道导入冷凝器。

6）增速器：主要由增速齿轮对、高速轴、低速轴和轴承等组成，如图 6-7 所示。增速齿轮对，通过齿轮对的不同传动比，通过与不同叶轮搭配，获得叶轮最佳的峰值效率；高速轴直接与叶轮连接，带动叶轮旋转。主轴承用以支撑高速轴、低速轴及叶轮，并承受径向力。电机作为压缩机动力的来源，分为开式电机和半封闭式电机两种。

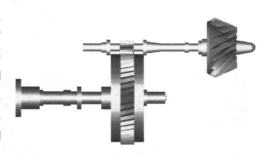

图 6-7　增速器结构

（2）冷凝器和蒸发器　数据中心冷机采用水冷冷凝器和水冷蒸发器。

冷凝器的作用是将压缩机排出的高温高压的制冷剂蒸气冷却成液体，在冷凝过程中，制冷剂放出的热量由冷却介质水带走并送往冷却塔冷却。

蒸发器的作用是利用液态低温制冷剂在低压下蒸发，转变为蒸气并吸收热量，达到制冷目的，制取的冷量通过冷冻水输送到各个末端设备。

离心机组一般采用满液式蒸发器，满液式蒸发器的特点是制冷剂走壳程，水走管程。换热过程中基本是液态制冷剂与液态水之间的换热，传热面基本上都与液体制冷剂接触，产生的制冷剂气体直接从压缩机吸气口进入压缩机内，换热面积可以被充分、有效地利用，提高了机组的换热效率。不利的是制冷系统蒸发温度低于 0℃ 时，管内水易冻结，导致蒸发管损坏，另外制冷剂充灌量大。

（3）节流装置　节流装置的作用是节流降压，它是将高压的制冷剂进行降压，为制冷剂蒸发提供条件。常采用的方式有孔板、节流阀带内置浮球阀、节流阀带热力膨胀阀等多种形式。

（4）能量调节　离心式制冷压缩机由于制冷量大，为了适应空调负荷变化和实现安全经济运行，需要对冷水机组的制冷量进行调节。常用的能量调节方法有以下几种：

1）变速调节，这是以改变压缩机的转速来调节排气量的方法。这种调节方法最经济，但必须在电动机转速可变时才能采用，而且转速变化允许的范围比较小，以免引起压头的变化。采用变速调节，制冷量可以在 50% ~100% 的范围内改变。

2）进口节流调节，用改变进口截止阀的开度来调节压缩机的排气量。这种调节方法简单，但不经济。采用进口节流调节时，制冷量可以在 60% ~100% 的范围内改变。

3）进口导流叶片调节，用设置在压缩机叶轮前的进口导流叶片，使进口气流产生旋转，从而使叶轮加给气体的动能发生变化。这种调节方法的经济性介于变速调节和进口节流调节之间，制冷量可以在 25% ~100% 的范围内改变。导流叶片全关如图 6-8 所示，导流叶片半开如图 6-9 所示，导流叶片全开如图 6-10 所示。

图 6-8彩图

图 6-8　导流叶片全关

图 6-9彩图

图 6-10彩图

图 6-9　导流叶片半开　　　　图 6-10　导流叶片全开

4）冷凝器冷却水量调节，通过调节冷却水量来改变制冷剂的冷凝温度，实现制冷量的调节。这种方法也不经济，只能用于排气量大于发生喘振条件下的情况，所以调节幅度并不大。

5）旁通调节，旁通调节也称反喘振调节，即通过进、排气管之间设置的旁通管路和旁通阀，使一部分高压气体旁通返回压缩机的进气管，这样可以避免排气温度过高。所以这种方法也不经济，只有在制冷量需要很小的时候才会采用这种方法。

2. 离心机组特点

离心式压缩机有一个特性，就是易发生喘振现象。

喘振是离心式压缩机特有的现象，当离心式冷水机组处在部分负荷运行时，压缩机的导叶开度减小，制冷剂的循环流量降低，压缩机排气量随之减少，当流量达到某最小值时，制冷剂通过叶轮流道的能量损失很大，流道内出现气流旋转脱离，流动状况严重恶化，导致气流发生周期性振荡现象，即喘振。喘振时压缩机在周期性增大噪声的同时，机体和出口管道会发生强烈振动，压缩机性能显著恶化，压力与排量大幅度脉动。发生喘振不但会增大噪声和振动，也会使高温气体倒流返回压缩机，严重情况下损坏压缩机及制冷装置。

叶轮出口的制冷剂速度 v 可分为切向速度 v_t 和径向速度 v_r，如图 6-11 所示，v_t 与转速和叶轮直径有关，径向速度 v_r 与制冷剂流量有关。当机组运行在部分负荷时径向速度 v_r 会随着负荷减小而相应减小，径向速度的减小导致了速度 v 与切向速度 v_t 的夹角 β 减小。当夹角 β 小到一定值时压缩机的气体无法被压出，在叶轮内造成涡流。此时冷凝器中的高压气体会倒流进叶轮，使压缩机内的气体在瞬间增加，气体被排出，然后气体又会倒流进叶轮，如此往复循环，此时压缩机进入了喘振状态。

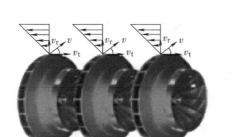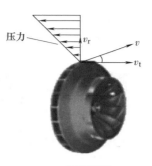

三级压缩机   单级压缩机

图 6-11 离心压缩机的制冷剂速度分解

离心式压缩机发生喘振现象的主要原因是排气量的减少。冷凝压力过高或吸气压力过低都会减少压缩机的排气量，出现气体来回倒流撞击现象。当调节压缩机制冷能力，其负荷过小时（一般当低于30%时），也会发生喘振现象。所以运行过程中，保持冷凝压力和蒸发压力稳定，是防止喘振现象发生的重要措施和手段。

6.1.3 冷机操作

目的：规范离心式冷水机组操作程序，确保正确地操作冷水机组。

1. 开机前的检查

1）检查电源电压的指示是否在额定值容许的范围内。

2）检查油位是否超过低位视镜，油温是否正常。

3）检查导叶是否在正常位置，控制位是否在自动位置上。

4）检查冷冻水温度设定值是否符合现场设置要求。

5）检查主电机电流限制设定值是否在合理位置（冷机默认90%，可根据数据中心具体要求确定）。

6）控制屏的各种显示是否正常。

2. 开机步骤

1）开启相应阀门。

2）起动冷却水泵。

3）起动冷却塔风扇。

4）起动冷冻水泵。

5）确认流量正常后，起动空调主机；开机流程如图 6-12 所示；如果采用 BA 系统开启，则只要在菜单上单击相应的冷机，选择开启，BA 系统就会自动执行开机程序。

3. 停机步骤

1）关闭导叶（减载停机）。

2）停空调主机。

3）停冷却塔风扇。

4）停冷却水泵。

5）停冷冻水泵。

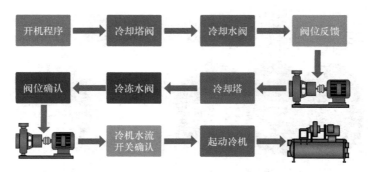

图 6-12　冷机开机流程

6.1.4　冷机运行

1）制冷机组应采取群控方式，根据系统负荷变化和机组特性制定运行策略。

2）在满足除湿和供冷需求的条件下，制冷机组供水温度宜适当提高。

3）根据室外气象条件进行自然供冷与冷机供冷模式的切换。

4）冷机工作时，需要巡视不少于下列内容：

① 定时巡视记录机组运行情况，检查运行数据是否正常，查阅机组报警内容。

② 定时巡视记录冷冻水进出水温、水压和水量情况。

③ 巡视蒸发温度和蒸发压力。

④ 定时巡视记录供油压力、油温是否正常；检查润滑油油位，根据需要补充合格的润滑油。

⑤ 根据数据中心负荷情况自动或手动执行加减机操作。

⑥ 根据冷却水出水温度和冷凝温度差（冷凝器小温差）判断冷凝器的污染情况，根据需要清洗冷凝器水垢。

巡视流程如图 6-13 所示。

6.1.5　冷机维护

1. 维护目的

通过不间断维护，确保空调系统运行的安全稳定和绿色节能。

2. 维护内容

1）每季度检查润滑油油位，根据需要补充合格的润滑油；每年清洗油过滤器并检查润滑油的质量，润滑油每两年更换一次；使用的润滑油应符合要求，使用前应在室温下静置 24h 以上，加油器具应洁净，不同规格的润滑油不能混用。

2）根据冷冻水出水温度和蒸发温度差（蒸发器小温差）判断蒸发器的结垢情况，根据需要清洗蒸发器水管内的结垢。

3）根据冷却水出水温度和冷凝温度差（冷凝器小温差）判断冷凝器的污染情况，根据需要清洗冷凝器水垢。

4）判断压缩机电机的三相电源和电流值是否正常，监视主电动机温度，关注主电动机冷却状况；判断压缩机和整个机组的振动是否正常，是否有异常噪声；离心机要巡视主轴承

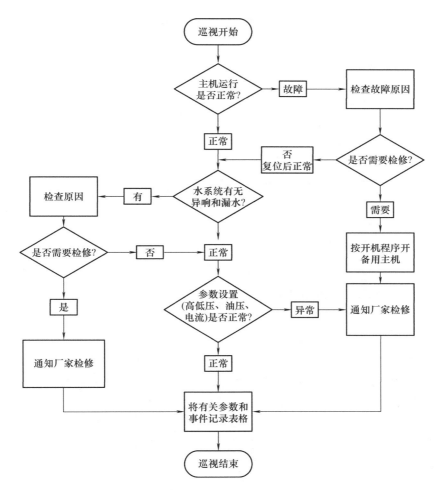

图6-13　冷机巡视流程

温度和轴位移是否正常。

5）每月定期对机组及周围环境进行清洁，及时消除油、水、制冷管路、阀门和接头等处的跑、冒、滴、漏现象。

6）每季度定期检查压缩机、电机和系统管路部件的固定情况，如有松动及时紧固。

7）每季度定期检查机组外部各接口、焊点是否正常，有无泄漏情况；每季度检查制冷剂液位是否正常，根据需要补充制冷剂。充注制冷剂、焊接制冷管路时应做好防护措施，戴好防护手套和防护眼镜，配备必要的灭火设备。

8）每年检查判断系统中是否存在空气，如果有要及时排放。

9）每年测量压缩机电机绝缘值是否符合要求。

10）每年检查压缩机接线盒内接线柱固定情况；检查电线是否有发热，接头是否有松动；定期检查控制箱内电气是否存在接触、振动等现象，防止元器件和电缆磨损损坏。

11）每年检查机组电磁阀和膨胀阀（孔板）工作是否正常。

制冷机组的检修须由具备相应资质的专业技术人员担当，并遵照厂家技术说明书进行。

12）制冷机组应定期进行预防性维护，维护内容不应少于表6-2所列内容。

表6-2　制冷机组定期预防性维护内容

维护项目	维护内容	维护周期
制冷机组	清洁设备表面 油位检查及处理 检查机组有无异常情况	月
	电流、吸气压力、排气压力检查及处理 功能性检查及处理 检查压缩机、电机和管路组件的固定螺钉 检查制冷剂液位是否正常，根据需要补充	季度
	拧紧机组固定螺钉 润滑系统保养 安全阀、仪表、传感器按照相关规范进行校准 检查系统是否存在空气，根据需要排除空气 检查冷凝器和蒸发器结垢情况，根据需要清洗 检查主轴承温度和轴位移是否正常 检查电机接线盒、接线柱固定是否可靠 测试电机绝缘情况 检查电磁阀和膨胀阀工作是否正常	年

13）制冷机组水冷冷凝器应根据端差进行预测性维护，板式换热器应根据运行温差或压差进行预测性维护，维护内容应符合表6-3的规定。

表6-3　冷水机组冷凝器和板式换热器预测性维护内容

维护项目	维护内容	判断条件
冷水机组冷凝器	清洗	冷暖小温差
板式换热器板片	清洗；变形、错位、渗漏检查及处理	换热温差
板式换热器垫片	密封性、老化、破损检查及处理	现场评估

3. 常见故障与对策

冷机运行中发生故障后，根据情况判断是否需要停止冷机运行，如果需要，先开启备用冷水机组；启用备用冷水机组时，注意开启或关闭相应阀门。值班人员将故障情况上报，并及时处理现场故障，处理不了的故障上报主管部门并联系设备厂家人员及时维修。设备厂家人员接到电话通知后，应迅速组织技术人员赶到现场维修，并在事后提交维修报告，有条件的可以组织现场分析会。

（1）蒸发压力过低

原因：

1）冷冻水量不足。

2）热负荷偏小。

3）节流孔板（膨胀阀）故障。

4）蒸发器的传热管因水垢等污染而使传热恶化。

5）冷媒量不足。

对策：

1）检查冷冻水回路，使冷冻水量达到正常运行水量。

2）检查自动起停装置的整定温度。

3）检查膨胀节流孔板（膨胀阀）是否畅通，根据情况进行检修或更换。

4）对蒸发器的传热管进行局部清洗。

5）补充冷媒至所需量。

（2）冷凝压力过高

原因：

1）冷却水水量不足。

2）冷却塔的冷却能力降低。

3）冷却水温度太高，使冷凝器负荷加大。

4）制冷系统有空气存在。

5）冷凝器管子因水垢等污染，导致传热恶化。

对策：

1）检查冷却水回路，调整至正常运行水量。

2）检查冷却塔，对冷却塔填料进行清洗或更换，恢复散热能力。

3）检查冷却塔散热情况，使冷却水出水温度尽可能接近逼近温度。

4）根据需要进行抽气运转或者放空气操作。

5）进行化学清洗，根据污染情况对冷凝器进行局部清洗。

（3）油压过低

原因：

1）油过滤器堵塞。

2）油压调节阀开度过大。

3）油泵的输出油量减少。

4）轴承磨损。

5）油压表或油压传感器失灵。

6）润滑油中混入的制冷剂过多。

对策：

1）更换油过滤器滤芯。

2）关小油压调节阀使油压升至额定油压。

3）对输油泵进行检查，根据情况进行维修或更换。

4）更换轴承。

5）检查油压表，重新标定压力传感器，必要时更换。

6）制冷机组停机后务必将油加热器投入工作，保持给定油温（确认油加热器无断线，油加热器温度控制整定值正确）。

（4）油温过高

原因：

1）油冷却器冷却能力降低。

2）因冷媒过滤器滤网堵塞而使油冷却器冷却用冷媒的供给量不足。

3）轴承磨损。

对策：

1）调整油温调节阀。

2）清扫冷媒过滤器滤网。

3）修理或更换轴承。

（5）流量开关告警

原因：

1）冷却水量不足。

2）流量开关异常。

对策：

1）检查水泵、过滤器及冷却水回路，调至正常流量。

2）调整或更换流量开关。

（6）主电机过负荷

原因：

1）电源相电压不平衡。

2）电源线路电压降大。

3）供给主电动机的冷却用制冷剂量不足。

对策：

1）采取措施使电源相电压平衡。

2）采取措施减小电源线路电压降。

3）检查冷媒过滤器滤网并清洗滤网；适当开大冷媒进液阀。

6.1.6 冷机应急

1. 冷机低压告警

故障现象：某数据中心一台冷机运行过程中发生制冷能力下降现象，后触发冷机低压告警，机组外部检漏正常，采用肥皂水溶液涂抹到怀疑有渗漏的部位，冷凝器、压缩机、蒸发器和温度传感器、压力变送器、维修角阀、安全阀等丝扣连口及其他部位未发现漏点，怀疑冷凝器或蒸发器泄漏，打开端盖检漏，确认为冷机蒸发器发生泄漏。

故障应急：开启备用冷机对应的冷塔、冷却泵和冷冻泵后，开启备用机组。

故障分析：现场检查发现蒸发器进水口处有金属环状物卡在蒸发器铜管处，如图 6-14 所示，在长时间水流流动的推力下，弹簧圈发生振动，蒸发器换热铜管被磨破，导致了系统的泄漏，如图 6-15 所示。冷机设计时，需要在冷凝器和蒸发器进水侧分别配置 Y 形过滤器，

图 6-14　断裂的弹簧圈　　　　　图 6-15　发现泄漏铜管

本案例冷冻水回路未配置 Y 形过滤器。恰巧水泵机械密封弹簧断裂，由于缺少过滤器的保护，断裂弹簧直接进入机组蒸发器，并停留在换热铜管和管板结合处，在水流的长时间冲击下，断裂弹簧和铜管发生摩擦，磨穿了铜管管壁，导致冷机发生泄漏。

故障解决：考虑只有一根铜管泄漏，就在该铜管两端进行了封堵，经保压查漏、抽空重新加注制冷剂调试后，冷机恢复正常运行。

心得体会：正常情况下冷机的蒸发器和冷凝器进水侧都需要设置过滤器，本案例就是因为设计单位认为冷冻水侧过滤器用处不大，设计时图省事，取消了过滤器配置，运行中机封弹簧断裂进入冷机蒸发器内，长时间和铜管管壁摩擦发生泄漏。所以在水系统细节设计上，不能图省事，否则会带来不必要的麻烦。

2. 冷机导叶故障

故障现象：某冷机运行过程中发现导叶故障，实际工作位置与控制中心显示位置存在较大偏差，如图 6-16 所示，无法正常工作。

故障应急：开启备用冷机对应的冷塔、冷却泵和冷冻泵后，开启备用机组。

故障分析：导叶故障，常见故障为导叶电动机断轴，或导叶启闭不到位，考虑该冷

图 6-16　导叶执行器发生异常

169

机搬运中被拆卸和重新组装过，所以重点检查装配问题，检查传动链条松紧度，检查齿轮锁紧螺钉是否牢固，检查驱动电动机主绕组工作电压（AC 24V）是否正常等，发现均正常。

故障解决：考虑执行器工作电压正常，传动链条松紧度正常，齿轮锁紧螺钉牢固无松动，尝试着更换执行器后，故障消失，故障确诊为执行器工作异常。现场对导叶执行器进行重新校正并测试，确保开度信号与导叶电动机实际开度基本同步。

心得体会：本案例故障并不复杂，是执行器工作异常导致，由于冷机被拆卸过，所以重点怀疑导叶驱动和执行器的组装问题，走了点弯路。

3. 冷机喘振故障

故障现象：某数据中心 3 号机房楼采用某品牌冷机，4 号机房楼另一品牌冷机同年投入使用，但在使用中发现，同样的维护方法和频次，冷机运行状况相差较大。如同样每三个月一次化学清洗，3 号机房楼内的冷机仍旧会发生小温差过大情况，主要表现在机组的冷凝温度偏高，尤其在夏季运行时，由于冷却水的出水温度较高，达 35℃，小温差过大，机组的冷凝温度易超过临界点，机组会产生喘振现象、效率降低、甚至保护停机，由于机房楼负荷较大，影响运行安全。

故障应急：开启备用冷机对应的冷塔、冷却泵和冷冻泵后，开启备用机组。

故障分析：经过多次比较，发现该品牌冷机的冷凝器相比较另一品牌冷机冷凝器换热能力明显要弱，相同的水处理方法和处理频次，但小温差温升变化情况明显要快，从侧面也验证了换热能力较差这种可能。

问题解决：和厂家多次交涉，最后给出的方案是由厂家负责冷机的局部清洗。冷机停机关闭阀门卸压后，厂家技术人员打开冷凝器端盖，采用机械通刷法清洗，现场经过物理清洗

后，冷凝器换热不良导致小温差过大问题暂时解决。

心得体会：增加局部清洗频次，虽然解决了小温差过大的问题，但增加了换热铜管损伤的次数，降低了冷凝器的寿命。事后了解，该冷机换热铜管采用内外螺纹技术，可以提升换热效果，新机情况下可以减少部分换热面积，但是使用一段时间后铜管结垢，由于没有额外的换热面积导致冷机提前出现换热不良的情况，建议在冷机采购时给予关注。

4. 冷机低流量告警

故障现象：某冷机运行中，突然发生低流量告警，导致冷机停机，制冷中断，尝试消除故障，发现低流量告警故障一直存在，冷机无法开启。

故障应急：开启备用冷机对应的冷塔、冷却泵和冷冻泵后，开启备用机组。

故障分析：现场检查水泵运行情况、冷机阀门开启情况和流量情况，均正常，而流量开关触点始终呈现开路，无法闭合，怀疑流量开关存在问题。

故障解决：现场停泵，关闭流量开关两端阀门，拆卸流量开关，发现靶式流量开关已经折断损坏，更换流量开关后，冷机正常开启和运行。

心得体会：流量开关，也称水流开关，是保障空调机组正常运行的重要措施，其中靶式流量开关如图6-17所示。当水泵或阀门故障时水流开关能及时切断机组的控制回路防止蒸发器压力过低及冷凝器压力过高；水流量开关是机组重要的保护器件，水流量开关损坏要及时更换；另外日常维护中注意检查，避免水流量开关、高低压开关、安全阀等保护装置的失灵而引起的故障或事故。

图6-17 靶式流量开关

小知识：磁式流量开关，流量开关壳体内部的流体通道上，装有一个内部装有永久磁铁的活塞。当活塞被液流所引起的压力差推动时，磁性活塞便会使设备内部的密封簧片开关动作。当液流减少时，不锈钢弹簧会推动活塞复位。要注意的是不容许采用人工短接水流量开关的方法去运行机组。

5. 数据中心停水

故障现象：某数据中心发生市政停水，导致水系统补水中断，只能利用蓄水池补水，由于蒸发量大，蓄水池在连续8h补水后，即将用完，后果不堪设想；后来紧急求援应急用水才得以解决。

故障分析：数据中心需要多水源设计考虑，考虑停水影响，需要设计12h的水源储备，考虑到市政停水可能会超过这个时间，影响整个空调系统的使用，数据中心空调水源储备要求更长的时间，南方水源丰富区域可以考虑深井水或附近水源取水等应急方案，北方可以考虑蓄冷罐作为第三路后备水源的方案。

故障应急：水系统的补水以市政给水为主，给水管设有主备回路，蓄水池作为第一后备水源，深井水水源和蓄冷罐作为第二路后备水源。在南方可以考虑江河湖水源和深井水作为后备；缺水地区需要和消防、环卫签订应急供水合同，如图6-18所示。另外蓄冷罐的容水量也可以应急，停电时放冷，停水时放水，在蓄冷罐两段配置截止阀和补水管，停水放出蓄冷罐的冷冻水，来水后及时进行补充，重新进行蓄冷。

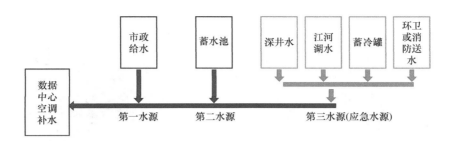

图6-18 数据中心空调系统应急水源

6.2 水泵

6.2.1 水泵原理和组成

1. 水泵原理

用电动机带动泵轴使叶轮旋转产生离心力，在离心力作用下，液体沿叶片流道被甩向叶轮出口，液体经蜗壳收集送入排出水管。液体从叶轮获得能量，其压力和速度不断提高，最后以很高的流速和压力流出叶轮进入泵壳内，并依靠此能量将液体输送到工作地点。

在液体被甩向叶轮出口的同时，叶轮入口中心处形成了低压，在入口和叶轮中心处的液体之间就产生了压差，入口中的液体在这个压差作用下，不断地经吸入管路及泵的吸入室进入叶轮中，如图6-19所示。

2. 水泵组成

离心泵的基本构造主要包括泵壳、转子、轴封装置、轴承、泵座等部分。

1）泵壳：包括进水流道、导叶、压水室和出水流道。

2）转子：包括叶轮、轴、轴套及联轴器等，如图6-20所示。其作用是将原动机的机

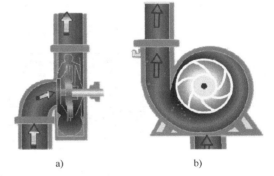

a)   b)

图6-19 水泵工作原理图

a）侧面 b）正面

械能传给液体，使流体的动能和压力能增加。叶轮有开式、半开式和封闭式三种，开式叶轮两侧均无盖板，半开式只有一侧盖板，而封闭式叶轮两侧均有盖板，封闭式叶轮泄漏少、效率高，因而应用最多，空调用叶轮一般采用封闭式，如图6-21所示。

3）轴封装置：因为在转子和泵壳之间需留有一定的间隙，所以在泵轴伸出泵壳的部位应加以密封。水泵吸入端的密封可防止空气漏入，破坏真空而影响吸水，出水端的密封则可防止水漏出。

4）轴承：是用来支持水泵转子重量的，以保证转子的平稳运转。常见的水泵轴承为滚动轴承，可用润滑脂或润滑油来润滑。

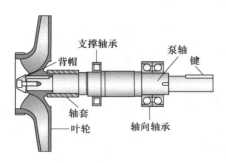

图6-20　水泵转子　　　　　　　　　　　　图6-21　水泵叶轮

5）泵座：是用来承受水泵及进出口管件全部重量的，并保证水泵转动时的中心正确。泵座一般由铸铁制成，且大多与原动机的底座合为一体。

3. 水泵参数

不论什么水泵，在工作时都具有一定的参数，通常在水泵的铭牌中给出，如图6-22所示，主要有以下参数：

1）流量：单位时间内抽送水的数量叫流量，用 Q 表示，单位为 m^3/h。

2）扬程：水在通过水泵后所获得的能量称为扬程，用 H 表示，单位为 m。

3）转速：指泵叶轮每分钟的转数，以 n 表示，单位为 r/min（转/分）。

4）轴功率：指原动机传到水泵轴上的功率。

5）效率：指被输送的液体实际获得的功率与轴功率的比值。

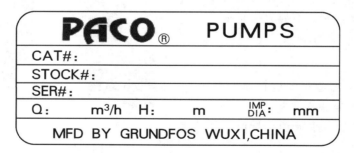

图6-22　水泵铭牌参数

4. 水泵的选择

（1）循环泵流量选择　如果系统设置为一级泵，也叫单级泵，则循环泵的流量一般根据冷机的流量来选择，在确定好冷机后，就可以选择水泵的流量；如果系统设置为二级泵，一次泵的流量为对应的冷水机组流量；二次泵的流量根据分区内最大负荷计算出的流量。在选择水泵时，必须考虑一定的富裕量，一般为上述流量的1.05～1.1倍。

（2）循环泵扬程选择　冷冻水系统中，水泵的扬程为管路阻力、制冷机组蒸发盘管阻力、末端机房空调和管件阻力之和。冷却水系统中，水泵扬程为管路阻力、制冷机组冷却盘管阻力、冷却塔阻力和冷却塔底盘到冷却塔上部之间的高差之和。同样地，在设计水泵的扬程时，也需要乘以1.05～1.1的安全系数，作为最终的选择结果。

（3）循环泵的选型要求 从目前的数据中心空调系统来看，冷冻水部分均选用的是闭式系统，水泵的流量较大，需要考虑水泵的流量，扬程需要克服管道系统、冷机和末端阻力，此外数据中心需要连续制冷，一般选择质量较好的离心泵。

（4）水泵形式 根据水泵吸入方式的不同，水泵可以分为单吸泵和双吸泵，在相同流量和压头的运行条件下，从吸水性能、消除轴向不平衡力和运行效率方面比较，双吸泵均优于单吸泵，在流量较大时更明显；当然双吸泵结构复杂，一次投资更大。

（5）水泵的性能曲线 性能曲线是液体在泵内运行规律的外部表现形式，它反映了水泵的流量、压头、功率和效率之间的关系。每一种型号水泵，厂家都通过性能试验给出了三条基本性能曲线：流量—扬程曲线（L—P）、流量—功率曲线、流量—效率曲线，如图6-23所示。

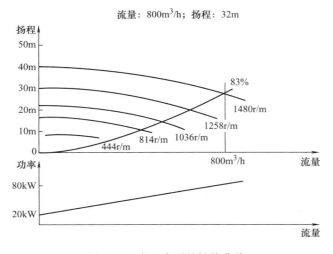

图6-23 离心水泵的性能曲线

各种型号水泵的 L—P 曲线随水泵压头（扬程）和比转数而不同，一般有三种类型：

1）平坦型。

2）陡降型。

3）驼峰型。

具有平坦型 L—P 曲线的水泵，当流量变化很大时压头变化较小；具有陡降型 L—P 曲线的水泵，当流量稍有变化时压头就有较大变化。具有以上两种性能的水泵可以分别应用于不同调节要求的水系统中。至于具有驼峰型 L—P 曲线的水泵，当流量从零逐渐增加时压头相应上升；当流量达到某一数值时压头会出现最大值；当流量再增加时压头反而逐渐减小，因此 L—P 曲线形成驼峰型。当水泵的工作参数介于驼峰曲线范围时，系统的流量就可能出现忽大忽小的不稳定情况，使用时应注意避免。

6.2.2 水泵操作

目的：安全操作水泵，延长设备的使用寿命。

1. 开机前检查

1）检查系统注水情况，进出水阀门开闭状态。

2）检查水泵控制柜电压表、信号灯等仪表指示是否正常。

3）检查水泵机组是否有空气，有的话应予以排除。

4）检查水泵轴转动情况，应灵活无阻滞。

5）用手盘转联轴器，检查是否平衡轻便，安全罩是否盖好。

6）检查水泵固定螺栓是否紧固。

7）确定水泵旋转方向是否正确。

8）水泵附近不得放置任何杂物。

2. 水泵起动

1）合上水泵控制柜的电源开关，本地或者远程起动水泵。

2）水泵起动时，注意观察起动电流，如有异常，需排除故障后才能再起动。

3. 水泵停止

1）本地或者远程停止水泵。

2）如果需要长时间停止运转或检查，应拉下电源开关，关闭水泵的进出水阀门。

3）水泵在检修和维修时要关掉电源，并挂上维修警示牌。

6.2.3 水泵运行

1）冷冻水泵、冷却水泵应采取群控方式，根据水系统压力、压差或者温差变化和水泵特性制定运行策略。

2）采用变频控制的水泵，当电机无独立散热措施时，频率不宜低于30Hz。

3）巡视记录水泵电流和进出压力表读数，检查水泵有无异响或振动，检查水泵轴封处有无漏水情况，检查水泵运行参数是否符合要求，具体不应少于下列内容：

① 电机电流不允许超过铭牌额定电流，如超过额定电流应关小泵出水管上阀门，限制负荷。

② 电机电压波动范围控制在额定电压的5%，短时间可在±10%范围内运行。

③ 电机温升不得超过70℃。

④ 泵轴承温度不得超过65℃。

⑤ 巡视出水管上压力变化情况，波动幅度应保持在规定范围内，压力表指示稳定。

⑥ 巡视电机和水泵机组在运行中有无异常杂音和振动，振动值应符合有关规定。

4）检查水泵过滤器两端进出压力情况，根据需要清洗过滤器。

5）检查水泵进出水管各接头处有无泄漏现象，如发现有漏水现象，应进行修理。

6）如果发现运行过程中水泵有明显振动或异常声响，或者水泵电流波动异常，电流超过额定值时，需要停泵检修。

6.2.4 水泵维护

1. 维护目的

通过维护，确保系统安全稳定和绿色节能。

2. 维护内容

1）每天巡视记录水泵电流和压力表读数，检查有无异响或振动，检查水泵漏水情况。

2）每月清洁泵组外表及环境卫生。

3）每季度补充润滑油，若油质变色，有杂质，应予检修。

4）每季度检查水泵密封情况，若有漏水应进行检修。

5）每年对联轴器同心度进行测试和校准，检查联轴器的联接螺栓和橡胶垫，若有损坏应予以更换。

6）每年紧固机座螺栓并对泵组做防锈处理。

7）每年一次对水泵检修，对叶轮、密封环、轴承等重点部件进行检查，并根据情况清洗叶轮和叶轮通道内的水垢。

8）各电机运行正常，轴承润滑良好，绝缘电阻在2MΩ以上；所有接线牢固，负荷电流及温升符合要求。

9）各变频器、启动器和开关的规格应符合要求，温升不应超过标准。

10）各种电器、控制元器件表面清洁，结构完整，动作准确，显示及告警功能完好。

11）水泵应定期进行预防性维护，维护不应少于表6-4所列内容。

表6-4　水泵预防性维护内容

维护项目	维护内容	维护周期
水泵	清洁泵组外表卫生 壳体及基座腐蚀、密封泄漏、泵体固定、联轴器与轴的磨损情况检查及处理	月
	补充润滑油	半年

12）水泵电机应每年进行一次预防性维护，维护不应少于表6-5所列内容。

表6-5　水泵电机预防性维护内容

维护项目	维护内容	维护周期
水泵电机	清洁；补漆 三相对地绝缘电阻检查及处理 加注润滑脂 连接牢固性检查及处理	年

3. 常见故障与对策

运行中的水泵如果发生异常，应先停该泵对应的主机，后停异常水泵，开启备用水泵，并起动备用主机继续供冷。维修操作人员检查维修时，可当场解决的问题即时修复并做好记录。泵故障较严重时，应报告维修主管人员，由其安排组织维修或通报厂家维修人员及时到场处理，并在事后做好维修报告。

（1）水泵不上水或出水无力

原因：

1）水泵内存在空气并形成气塞，水泵无法连续吸水而造成水泵不出水。

2）Y形过滤器堵塞。

3）水泵叶轮密封环损坏。

对策：

1）检查并及时排出故障泵体及吸水管内的空气。

2）清洗 Y 形过滤器。

3）根据需要对水泵进行修理。

（2）水泵轴承过热　在水泵运转时，轴承温升不宜超过 60℃，如超过需要及时查明原因。

原因：

1）轴承缺油或缺水运行。

2）泵与电机轴不同心。

3）轴承间隙太小，填料压得过紧。

对策：

1）检查轴承，定期加油或者更换轴承；确保系统充满水。

2）检查调整同心度。

3）调整填料压盖松紧度，调整或者更换轴承。

（3）水泵运转振动及噪声过大

原因：

1）水泵同心度偏差过大。

2）水泵地脚螺栓、底座螺栓松动。

3）减振或隔振装置工作异常。

对策：

1）校准同心度。

2）检查并拧紧螺栓。

3）检查减振或隔振装置安装是否正确，重新安装或更换。

6.2.5　水泵应急

1. 过滤器选择不当导致水泵受损

故障现象：某数据中心水泵运行过程中，发现水泵变频器过电流停机，冷机低流量停机，检查水泵，发现水泵变频器过载，复位后重新起动，发现水泵无法转动，变频器再次过载，尝试手动转动水泵，转动困难并有严重异响声。

故障应急：开启备用水泵。

故障分析：马上停机停水，对水泵解体，发现水泵前级的 Y 形过滤器的过滤网被吸入水泵中，导致水泵叶轮卡住并发出异响。现场检查发现，管路中杂质较多，水泵试运行时，杂质堵塞了 Y 形过滤器，刚好 Y 形过滤器的过滤网和过滤器尺寸不完全匹配，加上过滤网材质较软，刚性不够，在负压情况下被吸入水泵，导致水泵发生严重故障。

故障解决：现场更换 Y 形过滤器和过滤网，并对受损的水泵进行拆卸检修，如图 6-24 和图 6-25 所示，叶轮返厂维修后，返回现场重新装配后，水泵恢复运行。

心得体会：水系统组成比较复杂，部件多，任何一个部件不合格都会导致水系统发生异常，故在采购设备时，要严把质量关。

图 6-24　水泵拆卸中

图 6-25　水泵解体中

2. 空转导致机械密封损坏

故障现象：某数据中心进行水泵调试中，发现其中一台冷却水泵机械密封处出现较严重漏水现象。

故障应急：由于系统调试阶段，没有真实负荷，不需要应急。

故障分析：现场断电关阀后，拆卸该水泵机械密封装置，发现机械密封烧毁，并有严重焦糊味，初步判断机械密封烧毁。通过对调试现场情况的了解，该水泵有误操作情况，在缺水情况下被人为起动，水泵进行了一定时间的空转，后来发现异常就停止了水泵运行，正是这一短时间缺水运行，导致了水泵机械密封装置损坏。

故障解决：更换机械密封装置后，水泵运行正常，损坏的机械密封装置如图 6-26 所示，更换后的机械密封如图 6-27 所示。

177

图 6-26　损坏的机械密封装置

图 6-27　更换新的机械密封装置

心得体会：机械密封装置的作用如图 6-28 所示，组成如图 6-29 所示，缺水情况下，机械密封的密封面没有得到水流的润滑和冷却，形成了密封面的干摩擦，导致密封面不够光洁平整，使得密封面失效。同时，由于电机的高速运转，机械密封干摩擦使得机械密封快速升

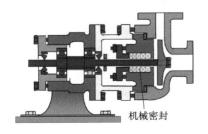

图 6-28　机械密封装置示意图

图 6-29　机械密封装置实物图

图6-28彩图

温，温度很快就超过机械密封上 O 形圈能够耐受的温度，使得 O 形圈部分或者全部损坏。更换机械密封时，要检查元件是否完整，特别是动静环检查，不能有碰伤或者缺陷，发现问题及时更换，杜绝二次维修。

3. 水泵轴承故障

故障现象：某冷却水泵变频器显示过载故障，现场断电恢复后，重新起动，发现水泵卡轴，变频器再次过载保护，停机，启用备用水泵。

故障应急：开启备用水泵。

故障分析：现场用管子钳扳动水泵联轴器，发现扳动非常困难，初步确认为水泵发生卡轴现象。关闭水泵进出两端的阀门，通过水泵排污阀防水后，对水泵解体大修，拆卸水泵叶轮和轴承，发现轴承卡滞严重，另外机械密封也存在一定程度的磨损情况，建议一起更换。

故障解决：新购水泵轴承和机械密封装置，拆卸旧的轴承和旧的机械密封装置，换上新轴承和机械密封装置后，水泵恢复正常。

心得体会：检修水泵时，需要掌握一些诀窍，拆卸轴承要使用拉马，如图 6-30 和图 6-31 所示，安装轴承时，可以用轴承加热器或者热风枪将轴承均匀加热到 120℃ 左右时装入轴颈处，如图 6-32 和图 6-33 所示，用铜棒轻轻敲打轴承内圈，安装到位后，用塞尺检查轴承与轴间处的间隙，确认没有间隙即可，简单方便。另外检修水泵前，一定要断开水泵电源，并悬挂警示牌，必要时上锁，确保人身安全。

图 6-30　用拉马拆卸水泵轴承

图 6-31　更换机械密封

图 6-32　轴承安装前涂抹润滑脂

图 6-33　用热风枪加热轴承

4. 水泵轴承过热

故障现象：某数据中心地处西北，购置了一批某品牌水泵，该品牌的水泵轴承采用单独的水冷却循环，在使用中发现，水泵轴承经常过热发生损坏，更换轴承后，不久又发生类似故障，故障概率明显偏高。

故障应急：开启备用水泵。

故障分析：现场检查，发现水泵运行过程中，水泵轴承温度普遍偏高，进一步检查，发现该水泵轴承采用独立的冷却水冷却，该水泵蜗壳处装设一根独立的出水管，该水管的作用是将水泵压出的部分水返回到轴承处，冷却轴承后再送回吸入侧，解剖该水管，发现由于该地水质非常硬，水泵内部特别是冷却水管内部结垢严重，导致冷却水管管径变细，通流量变小，冷却轴承的水流量不够，轴承冷却不良，长时间高温导致轴承提前损坏。

故障解决：找到轴承损坏的原因后，对冷却轴承的管路进行了更换，确保了冷却轴承的水流量正常，水泵恢复正常运行。

心得体会：由于水质关系，导致水泵轴承散热不良损坏，中间的前因后果值得大家深思和借鉴。

5. 水泵异常振动

故障现象：水泵运行过程中，发生剧烈振动情况，并伴有异常声音。

故障应急：开启备用水泵。

故障分析：水泵异常振动，一般情况为：水泵安装不牢固，基础不稳或固定螺丝有松动，减振垫或弹簧损坏；水泵主轴弯曲或与电机主轴不同心、不平衡；轴承间隙过大或静平衡不好。

故障解决：现场检查测试，发现为电动机与水泵轴承不同心，同心度测试如图6-34所示；现场进行同心度调整，如图6-35所示，具体方法就是采用在垂直方向加减电动机支脚下面的垫片，在水平方向移动电动机位置的方法来实现同心度的调整。调整之后水泵振动现象消失。

图6-34 同心度测试　　　　　　　　图6-35 同心度调整

心得体会：水泵对中非常重要，水泵和电机的联轴器所连接的两根轴的旋转中心应严格同心，联轴器在安装时必须精确地找正、对中，否则将会在联轴器上引起很大的应力，并将严重地影响轴、轴承和轴上其他零件的正常工作，甚至引起整台机器和基座的振动或损坏等。因此，泵和电机联轴器的找正是安装和检修过程中很重要的工作环节之一。

6.3 冷却塔

6.3.1 冷却塔原理和组成

冷却塔是循环冷却水系统中的一个重要设备，它是利用水作为循环冷却剂，把从数据中心服务器吸收到的热量排放至大气中，以降低水温的装置。

1. 冷却塔分类

1）按通风方式分：自然通风冷却塔、机械通风冷却塔、混合通风冷却塔。

2）按热水和空气的接触方式分：湿式冷却塔、干式冷却塔、干湿式冷却塔。

3）按热水和空气的流动方向分：逆流式冷却塔、横流式冷却塔、混流式冷却塔。

4）按用途分：一般空调用冷却塔、工业用冷却塔、高温型冷却塔。

5）噪声级别分：普通型冷却塔、低噪型冷却塔、超低噪型冷却塔、超静音型冷却塔。

冷却塔按照冷却水与空气是否直接接触可以分为开式塔和闭式塔。由于闭式塔投资大，数据中心普遍选用开式塔。开式冷却塔按照水和空气的流动方向，可以分为横流式冷却塔、逆流式冷却塔两种，如图 6-36 和图 6-37 所示，考虑检修维护的方便性，建议南方地区选用横流塔，体积大、便于检修，北方由于防冻、防风沙要求，可以选用逆流塔。

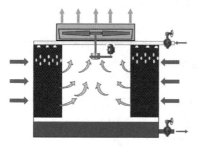

图 6-36　横流式冷却塔

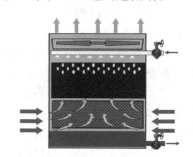

图 6-37　逆流式冷却塔

2. 冷却塔的组成

冷却塔组成主要有电机、风车、填料、喷头和塔体等，如图 6-38 所示。

3. 冷却塔布置

冷却塔可根据总体布置要求，设置在室外地面上或屋面上，由冷却塔的集水盘存水，直接将自来水补充到冷却塔，在布置中，系统管路最高水位尽可能不超过冷却塔进水，以防止管路上空气积聚。在实际情况中，数据中心多以 4～5 层设计，冷机和水泵放置在地上一层或者地下一层，冷却塔布置在屋顶为主。

风车

电机

喷头

填料

图 6-38　冷却塔组成

4. 冷却塔的冷却水量

在民用空调上，冷却塔不用考虑最大负荷和最恶劣气候，否则会带来投资上和运行上的浪费；而数据中心要考虑夏季工况和冬季免费制冷工况，为了安全性必须按极端湿球温度来选配，从冬季的自然冷却角度出发，冷却塔散热量也尽可能放大一些，即冷却塔留有一定的余量，才能保证数据中心空调系统的正常运行和合理的节能效果，这和民用空调有着较大的区别。虽然这样做会导致投资成本增加，但是这些投资相比较数据中心的安全和节能来说是值得的。

5. 冷却塔并联

冷却塔的数量与主机一一对应时，利于操作和管理，这种情况下的冷却塔备份可以采用系统冗余来解决。如果多台冷却塔并联，各冷却塔易出现冷却塔之间管道阻力不平衡问题，导致部分冷却塔一直补水、部分冷却塔一直溢水的情况，需要冷却塔之间增加平衡管解决。此外，为使各冷却塔的出水量均衡，出水干管宜采用比进水干管大两号的集管并用 45°弯管与冷却塔各出水管连接，如图 6-39 所示。

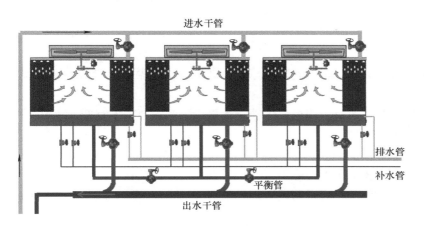

图6-39彩图

图 6-39　冷却塔并联示意图

注意事项：数据中心冷却塔尽量选用效率高、衰减小的。填料材质要好，保证较长寿命，并把阻燃填料作为第一优选。冷却塔位置应考虑不受季风影响；考虑冷却塔使用过程对冷却塔水盘的腐蚀作用，特别是水质处理时对水盘的影响，可以选用不锈钢水盘；另外，由于数据中心是全年连续运行，还要设计冬季防结冰措施。

6. 冷却塔的配管

为保证空调系统的运行可靠安全，又利于维护保养，在冷却塔水池的底池内应设有自动控制的补给水管、溢水管和排污管，排污管就近接入下水道或就近雨水管。当多台冷却塔并联使用时，要特别注意避免因并联管路阻力不平衡造成水量分配不均或者冷却塔底池的水发生溢流的现象。为此，各进水管上都必须设置阀门，借以调节进水量；同时，在各冷却塔的底池之间，用与进水干管相同管径的均压管（即平衡管）连接。

6.3.2　冷却塔操作

1. 开机

1）检查冷却塔安装情况，冷却塔外观完整无异常。

2）风机、传动轴、电机安装符合要求。

3）收水器安装正确，配水管道连接正确，淋水填料完好。

4）挡水板、围护板安装到位。

5）水盘无滴水、漏水情况。

6）检查冷却塔运行情况；风机轴承润滑良好无异常。

7）皮带松紧度正常。

8）开启后电机和风车运行正常。

9）冷却塔进出水温差和流量符合要求。

2. 关机

1）本地或者远程停止冷却塔。

2）如果需要长时间停止运转或检查，应关闭冷却塔电源开关。

3）检修和维修时要关掉电源，并挂上维修警示牌。

6.3.3 冷却塔运行

1）冷却塔应采取群控方式，根据室外湿球和冷却塔进出水温度等参数和设备特性制定运行策略。

2）采用变频控制冷却塔风机，当电机无独立散热措施时，频率不宜低于30Hz。

3）巡视不应少于下列内容：

① 定时巡视记录冷却塔运行电流。

② 定时巡视冷却塔进出水温度情况。

③ 每天两次实地检查冷却塔运行情况：风叶转动应平衡，无明显振动、刮塔壁现象；水盘水位适中，无少水或溢水现象。

6.3.4 冷却塔维护

1. 维护目的

确保冷却塔安全高效节能运行。

2. 维护内容

1）每天定时巡视记录冷却塔运行电流。

2）每天两次实地检查冷却塔运行情况；风叶转动应平衡，无明显振动、刮塔壁现象；水盘水位适中，无少水或溢水现象。

3）使用齿轮减速的，每季度停机对齿轮箱油位检查、补油；皮带传动的每月对皮带及皮带轮检查，必要时进行调整；每季度检查风机轴承温升并补加润滑油。

4）定期清洗冷却水塔、塔盘。

5）每季度检查布水装置是否正常。

6）每季度检查凉水塔补水装置是否正常。

7）每季度检查填料使用情况，是否有堵塞或破损。

8）每年检测冷却塔电机绝缘情况。

9）每年检查冷却塔管路及结构架、爬梯等锈蚀情况，及时进行处理。

10）冬季情况下冷却塔要做好防冻措施；停用的冷却塔要放光水盘内的水，风机叶片要防止因积雪导致变形。

11）五年左右更换冷却塔填料，可根据具体使用条件确定冷却塔填料更换周期。

12）冷却塔应定期进行预防性维护，维护不应少于表6-6所列内容。

表6-6　冷却塔预防性维护内容

维护项目	维护内容	维护周期
冷却塔	检查冷却塔冷却水是否清洁 接水盘腐蚀检查及处理；补水阀功能检查及处理	月
	结垢、堵塞、老化破损检查及处理 起动、调速功能检查及处理 调整风机皮带张紧度，对风机轴承和齿轮箱补加润滑油 检查冷却塔布水和补水装置是否正常；检查填料使用情况	季度
	清洗冷却水塔、塔盘	半年
	检查和紧固所有固定螺钉 对冷却塔管路、机构架和爬梯去锈刷漆 冬季来临前检查电加热是否正常，并做好防冻措施	年

3. 常见故障与对策

多机多塔并联的冷却塔如果发生异常，应投入备用冷却塔，确保系统充足的散热能力，再进行检修和维护，常见故障及对策如下：

（1）出水温度过高

原因：

1）循环水量过大。

2）布水管（配水槽）部分出水孔堵塞，造成偏流。

3）进出空气不畅或短路。

4）通风量不足。

5）进水温度过高。

6）冷却空气短路。

7）填料部分堵塞造成偏流。

8）室外湿球温度过高。

对策：

1）调阀门至合适水量或更换容量匹配的冷却塔。

2）清除堵塞物。

3）查明原因并进行改善。

4）参见冷却塔通风量不足的解决方法。

5）检查冷水机组方面的原因。

6）改善空气循环流动，防止气流短路。

7）清除堵塞物，或者更换填料。

8）减小冷却水量。

（2）冷却塔通风量不足

原因：

1）风机转速降低，传动皮带松弛，轴承润滑不良。

183

2）风机叶片角度不合适。

3）风机叶片破损。

4）填料部分堵塞。

对策：

1）查找转速降低原因，调整电机，张紧或更换皮带，加油或更换轴承。

2）调至合适角度。

3）修复或更换。

4）清除堵塞物。

（3）集水盘（槽）水位偏低

原因：

1）浮球阀开度偏小，造成补水量小。

2）补水压力不足，造成补水量小。

3）管道系统有漏水的地方。

4）冷却过程失水过多。

5）补水管径偏小。

对策：

1）开大到合适开度。

2）查明原因，提高压力或加大管径。

3）查明漏水处，堵漏。

4）参见冷却过程水量散失过多的解决方法。

5）更换大管径补水管。

（4）冷却过程水量散失过多

原因：

1）循环水量过大或过小。

2）通风量过大。

3）填料中有偏流现象。

4）挡水板安装位置不当。

对策：

1）调节阀门至合适水量或更换容量匹配的冷却塔。

2）降低风机转速或调整风机叶片角度或更换合适风量的风机。

3）查明原因，使其均流。

4）重新安装调整。

（5）布（配）水不均匀

原因：

1）布水管（配水槽）部分出水孔堵塞。

2）循环水量过小。

对策：

1）清除堵塞物。

2）加大循环水量或更换容量匹配的冷却塔。

（6）有异常噪声或振动

原因：

1）风机转速过高，通风量过大。

2）轴承缺油或损坏。

3）风机叶片与其他部件碰撞。

4）风机叶片螺钉松动。

5）皮带与防护罩摩擦。

6）齿轮箱缺油或齿轮组磨损。

对策：

1）降低风机转速或调整风机叶片角度或更换合适风量的风机。

2）加油或更换轴承。

3）查明碰撞原因，予以排除。

4）重新紧固。

5）张紧皮带，紧固防护罩。

6）加油或更换齿轮组。

6.3.5 冷却塔应急

1. 冷却塔选型和运维不当

故障现象：某数据中心采用单机对单泵对单塔设计，当冷机负荷达到70%时，就发生喘振现象，运行安全性差。

故障应急：开启备用冷却塔。

故障分析：现场检查，发现冷却塔趋近度偏大，湿球温度较高时，冷却水冷幅不够，出水温度偏高，冷机运行效率较低，而且容易发生喘振现象。进一步检查，发现冷却塔实际的冷却能力比选型的标称值要小；采购的冷却塔在制造生产过程中有填料片数和尺寸缩水现象；加上冷却塔使用过程中，由于水质影响、风机风量和填料老化等因素影响，冷却能力衰竭下降，众多因素共同作用，导致水量和冷幅无法满足冷机运行要求，冷机负荷高于70%情况下，发生冷机喘振，浪费冷机的投资并影响制冷系统安全。

故障解决：通过定期清除填料结垢物，恢复冷却塔的换热能力，图6-40和图6-41是填料清洗前后的对比，随着冷却塔的运行，填料上的结垢会越来越多，运行两年后填料上的结垢厚度和负载重量比新填料大三倍以上，填料的严重结垢速度会呈累积递增现象发展。结垢的厚度和重量达到一定程度后，会因为承受不了循环水的重量和压力最终导致填料破损，冷却塔运行三年后清除下来的填料结垢物如图6-42和图6-43所示。

部分品牌的冷却塔实际冷却能力和样本相差较大，在冷却塔设计选型时，在无法预知采购品牌情况下，建议放大一个规格，也就是预留一定的余量，虽然会增加一定的投资，但有利于系统运行的稳定，对节能减排也是有好处的；采购时要采购口碑较好的品牌，以防冷量缩水；日常运行中确保冷却塔维护质量和维护频次，确保良好的散热效果。

心得体会：由于数据中心一年365天制冷，需要满足所有时间的可用性；在整个制冷系统中，冷却塔的投资占比并不高，但是降低冷却水的水温可以带来明显的节能效果，如降低冷机的电流和延长板换使用时间，自然冷却的使用时间也可以延长，而且对于水系统的安全有着很大的帮助。故建议数据中心业主和设计院在进行设计选型时，冷却塔设计需要预留一定的余量。

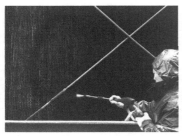

图 6-40　填料清洗中

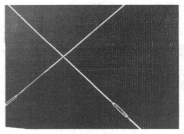

图 6-41　清洗后的填料

图 6-42　清理下的污垢

图 6-43　污垢装袋

2. 冷却塔水力不均

故障现象：某数据中心冷却塔并联运行，运行过程中，其中一个冷却塔始终处于溢水状态，另外一个塔一直处于补充水状态，水资源浪费比较严重。

故障分析：现场检查，发现并联运行的冷却塔之间没有平衡管，冷却塔出水管路也没有进行放大处理，属于典型的水力不均现象。冷却塔并联运行中，由于管道阻力不同，导致了严重的水力不均，出现一个塔一直溢水，一个塔一直补水的现象。

故障解决：在冷却塔之间增设平衡管，如图 6-44 所示，第一次增加的平衡管为 DN100 的，

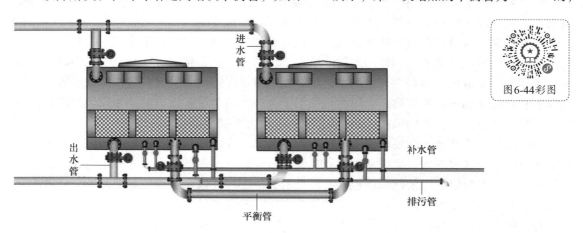

图6-44彩图

图 6-44　多塔并联需要安装平衡管（红色）

使用中发现水力平衡有所改善,但溢水情况仍然存在;后将平衡管改用DN250的管子,水力不均现象消失。

心得体会:根据伯努利方程,流体的流向不会轻易改变,如果要改变,就会产生不同的阻力,由于管道布置的原因,冷却塔的出水管道阻力不同,阻力大的水塔出水少,造成溢流,阻力小的就不停地补水,在设计时要加装平衡管或者放大冷却塔出水管径的方法避免这种情况的发生,另外考虑检修的需要,需要在平衡管上装设阀门,便于冷却塔隔断单独检修。

3. 冷却塔变频器过电流保护

故障现象:某数据中心一台冷却塔变频器频繁发生过电流保护,复位后一切正常,重新开机运行一段时间后,变频器又发生过电流保护。

故障应急:开启备用冷却塔。

故障分析:该冷却塔电机变频器运行中经常发生过电流保护,停电测试电机绕组阻值正常,对地绝缘正常,电缆绝缘也正常,变频器测试正常,变频器复位后开启正常,冷却塔风机电流也正常,但运行一天后,变频器再次显示过电流保护。怀疑变频器故障,将两台变频器互换,换到该台冷却塔的变频器也显示过电流告警。重点怀疑电缆问题,用绝缘电阻表测试,电缆绝缘阻值正常。最后顺着电缆彻底检查一遍,才发现冷却塔电机接头下部转弯处电缆有破损,局部铜缆有外露情况,如图6-45所示。由此故障原因才真相大白,测试时,电缆是干燥的,所以电缆三相阻值和对地绝缘正常,当冷却塔工作时,电缆开始潮湿,发生了局部短路或者对地现象,导致变频器过电流保护。

故障解决:对破损电缆重新进行绝缘处理,如图6-46所示,恢复风机运行后,变频器不再故障告警,故障解决。

图6-45　电缆破损处　　　　　　图6-46　修复后的电缆

心得体会:本案例的故障原因并不复杂,但是故障表现非常复杂,由于冷却塔工作时高温高湿,停运时又恢复干燥状态,导致电缆局部破损形成的短路呈现间歇性状态,冷却塔运行一段时间后电缆潮湿发生短路故障,冷却塔停止工作后,电缆恢复干燥,短路点消失,故障原因不能及时定位和发现,该故障前后持续将近一个月,所以处理故障要胆大心细和具有突破性思维。

4. 冷却塔电机故障

故障现象:某冷却塔运行中发生变频器保护,冷却塔停止工作,切换到备用冷却塔。

故障应急:开启备用冷却塔。

故障分析:现场检查,发现冷却塔电机三相阻值相等,但对地绝缘阻值异常,判断为冷却塔电机绝缘故障。

故障解决：现场更换冷却塔电机，如图6-47所示，更换电机时发现，原先的接线盒处未进行防水处理，由于电机长期工作在高温高湿的环境中，故判断为潮气进入导致冷却塔电机绝缘故障，更换电机后，如图6-48所示，冷却塔恢复工作。

心得体会：电机接线时要保证良好的密封性，防止潮气进入，现场对其他七个冷却塔进行绝缘测试，发现绝缘电阻普遍小于2MΩ，故对所有冷却风扇电机电气盒进行了密封处理，如图6-49和图6-50所示，处理后，电机绝缘恢复正常。

图6-47　电机更换中

图6-48　更换电机后

图6-49　电气盒打密封胶

5. 冷却塔风机轴承故障

故障现象：某冷却塔运行中发生严重异响，值班人员停止冷却塔运行，切换到备用冷却塔工作。

故障应急：开启备用冷却塔。

故障分析：现场检查，发现冷却塔风机轴承故障，需要更换风机轴承，如图6-51所示。

故障解决：现场更换风机轴承，更换下的废旧轴承如图6-52所示，更换完成的新轴承如图6-53所示，新轴承添加润滑脂如图6-54所示，开启冷却塔后，冷却塔恢复工作。

图6-50　电气盒防潮处理

图6-51　异常的冷却塔风机轴承

图6-52　拆卸下的轴承

图6-53　更换完成的新轴承

图6-54　新轴承添加润滑脂

心得体会：由于风机轴承长时间工作在高温高湿环境下，如果缺油，水分很容易进入轴承内部，导致轴承生锈并很快损坏，所以需要定期加注润滑脂来保证轴承的性能。另外也需要定期对皮带进行调整，确保良好的张紧度，如图 6-55 和图 6-56 所示。

图 6-55　皮带调整前　　　　　　　　图 6-56　皮带调整后

6.4　板式换热器

6.4.1　板式换热器原理和组成

数据中心冬季环境情况下，可以使用板式换热器工作获得自然冷却，从而提升全年能效。板式换热器是由一系列具有一定波纹形状的金属片叠装而成的一种高效换热器，如图 6-57 所示，板式换热器是液—液热交换的理想设备，它具有换热效率高、热损失小、结构紧凑轻巧、占地面积小、应用广泛、使用寿命长等特点。

图6-57彩图

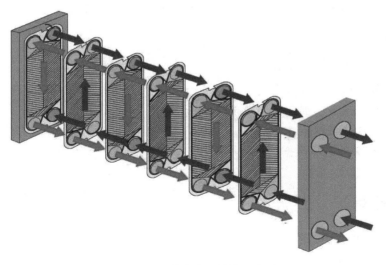

图 6-57　板式换热器结构示意图

在相同压力损失情况下，板式换热器的传热系数比管式换热器高 3 ~ 5 倍，占地面积为管式换热器的三分之一，热交换效率高，板式换热器的具体组成如图 6-58 所示。

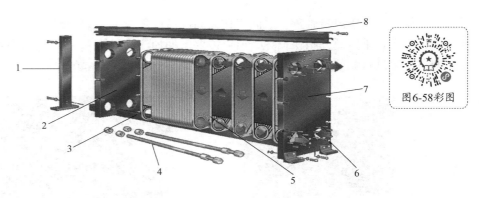

图6-58　板式换热器的具体组成

1—支撑导杆　2—压紧板　3—下导杆　4—旋紧螺杆　5—通道板片组　6—连接螺栓　7—框架板　8—上导杆

6.4.2　板式换热器操作

1）根据冷却水水温情况，当满足自然冷却条件时，正确开启板式换热器。

2）运行期间每天定时监视换热器的运行情况，如水压、水量、进出水温度并做好记录。

3）运行期间每月定期分析换热器进出水质情况，防止换热器结垢影响换热效果。

4）根据需要打开换热器、检查板片的腐蚀、结垢情况、仔细检查板片是否有渗漏现象、检查板片胶垫是否老化。

6.4.3　板式换热器运行

1）板式换热器设备在过渡季和冬季运行时，应根据室外气象条件进行自然供冷与冷机供冷模式的切换。

2）在设备运行情况下，定期巡视，巡视不应少于下列内容：

① 检查板式换热器的压力降是否正常。

② 检查板式换热器的温度和设计温度是否有偏差。

③ 检查板式换热器有无窜液、泄漏和渗水现象。

④ 检测板式换热器水质是否达标。

3）对换热机组运行相关的系统数据进行定期查询，及时调整运行参数保证设备的正常运行。

6.4.4　板式换热器维护

1. 维护目的

确保板式换热器高效节能运行。

2. 维护内容

1）根据冷却水水温情况，当满足自然冷却条件时，正确开启板式换热器。

2）每天定时监视换热器的运行情况，如水压、水量、进出水温度并做好记录。

3）每月定期分析换热器进出水水质情况，防止换热器结垢影响换热效果。

4）根据需要打开换热器、检查板片的腐蚀、结垢情况、仔细检查板片是否有渗漏现象、检查板片胶垫是否老化。

5）板式换热器应定期进行预防性维护，维护不应少于表6-7所列内容。

表6-7 板式换热器预防性维护内容

维护项目	维护内容	维护周期
板式换热器	分析换热效果，根据结果决定是否进行板式换热器清洗 检查板式换热器板片情况，根据情况进行清洗或者更换	半年

3. 常见故障与对策

（1）板式换热器换热效率下降

原因：

1）板式换热器表面结垢。

2）板式换热器堵塞。

对策：

1）对板式换热器进行清洗、除垢，如图6-59所示。

2）清洗疏通板式换热器，根据现场情况选择采用反冲洗或者拆装清洗等手段。

图6-59 板式换热器清洗

（2）板式换热器渗漏

原因：

1）板片夹紧力不够。

2）密封胶垫损坏。

3）安装时A、B板排错。

对策：

1）适当拧紧调整夹紧螺钉。

2）检查，根据需要对密封胶垫进行更换。

3）重新调正安装。

6.4.5 板式换热器应急

板式换热器换热效率下降

故障现象：板式换热器换热效果差。

故障应急：开启备用板式换热器或者直接开启冷机制冷。

故障分析：板片表面结垢，导致板式换热器性能下降。

故障解决：进行板式换热器清洗后，板式换热器恢复换热效果。

小知识：板式换热器在线清洗

无须打开板式换热器就可以除去污垢，增加和延长板式换热器的使用寿命，让停运时间降到最低，有效控制成本。

在线清洗方法：关闭板式换热器两端阀门，使用化学药剂在换热器里循环让污垢溶解，当 pH 值维持在某个固定数值不上升时，表明污垢已经清洗干净，如图 6-60 所示。

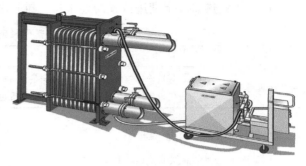

图 6-60　板式换热器的免拆清洗

6.5　蓄冷罐

6.5.1　蓄冷罐原理和组成

在电力系统发生故障时，需要备用柴油发电机组提供后备电力，从柴油发电机组起动至稳定供电的过程中，空调系统会有一段供冷不足的时段。为了解决这一安全隐患，在空调系统中可通过设置蓄冷设施，储备备用冷量来解决这一问题。

蓄冷罐利用斜温层原理，采用分层式蓄冷技术，充分利用蓄水温差，输出稳定温度的冷冻水供给空调。

蓄冷罐使用水流分布器布水，水流分布器可使水缓慢的流入和流出蓄冷罐，以尽量减少紊流和扰乱温度剧变层。当蓄冷时，随着冷水不断从进水管送入蓄冷罐和热水不断从蓄冷罐的出水管抽出，斜温层稳步下降。反之，当取冷时，随着冷水不断从蓄冷罐的进水管抽出和热水不断从蓄冷罐的出水管流入，斜温层逐渐上升，如图 6-61 所示。相同体积条件下，立式蓄冷罐的斜温层比卧式蓄冷罐更为稳定。

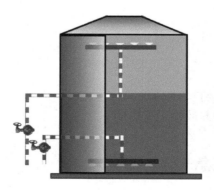

图6-61彩图

图 6-61　斜温层原理

蓄冷罐分为闭式罐和开式罐，开式罐相对容量较大，蓄冷用的水和大气接触，一般采用立式设计；闭式罐相对容量较小，蓄冷用的水不和外界发生接触，可以采用立式设计，也可以卧式设计，如图 6-62 和图 6-63 所示。

蓄冷罐用于储存空调用水，罐内设有布水装置，可以将不同温度的空调水平稳地引入罐内，在罐内形成温度分层。罐体配置了进、出水孔，人孔，排气口，罐体下部配置了泄水口，同时配置了压力传感器、温度传感器和控制箱，随时对蓄冷罐的蓄冷状态实时监控。

水流分布器放置于蓄冷罐的两端。它的作用是使水平稳地流入或引出水罐，以便使水按不同温度相应的密度差异依次分层，形成并维持一个稳定的斜温层，以确保水流在储罐内均匀分布，扰动小。

布水器孔口应根据不同形式选用，一般有花管孔口形、连续缝隙形、蜗壳渐扩形等，为使水流均匀，相应布管形状也很多。花管布水器和圆形布水器分别如图 6-64 和图 6-65 所示。

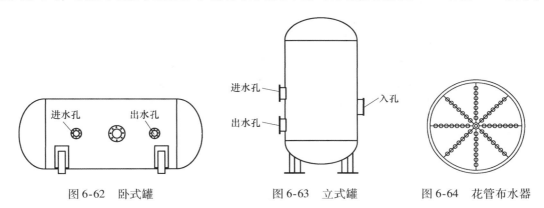

图 6-62　卧式罐　　　　　　图 6-63　立式罐　　　　　　图 6-64　花管布水器

为了检测蓄冷罐的工作情况，需要安装温度传感器和压力传感器，如图 6-66 和图 6-67 所示。

图 6-65　圆形布水器　　　　图 6-66　温度传感器　　　　图 6-67　压力传感器

6.5.2　蓄冷罐操作

在一级泵系统里，把蓄冷罐和冷机串联在同一回路中工作。当冷机正常供冷时，冷机通过电控阀和蓄冷罐向末端供冷，水泵电源由 UPS 提供。一级泵串联有三种工作模式，分别是保冷、充冷和放冷模式。

1）保冷模式：也就是正常运行状态，水泵和冷机处于正常运行，电控阀 1 打开，电控阀 2 关闭，冷机产生的冷量通过电控阀 1 送到末端设备，回水通过水泵回到冷机，完成一个循环；蓄冷罐处于保冷状态。蓄冷罐保冷模式如图 6-68 所示。

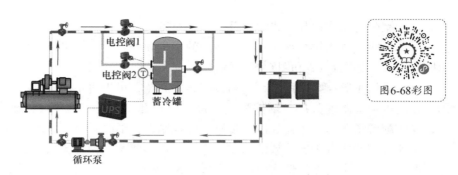

图 6-68　蓄冷罐保冷模式

2）充冷模式：如果检测到蓄冷罐温度上升，就关小电控阀 1 的开度，部分打开电控阀 2，使得部分冷水流经蓄冷罐进行充冷，如图 6-69 所示。

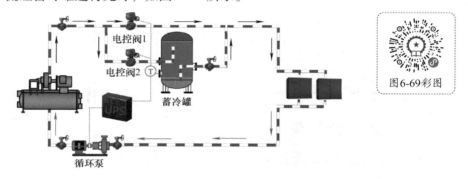

图 6-69　蓄冷罐充冷模式

3）放冷模式：断电后，冷机停止工作，UPS 继续为冷冻泵提供电源，这时关闭电控阀 1，全开电控阀 2，蓄冷罐直接向末端释放冷量，如图 6-70 所示。

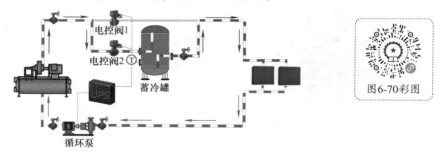

图 6-70　蓄冷罐放冷模式

当市电恢复，冷机重新起动后，关小电控阀 2，开大电控阀 1 的开度，控制流量，冷水机组向末端设备供冷的同时向蓄冷罐进行蓄冷。

6.5.3　蓄冷罐运行

蓄冷罐运行过程中，巡视不应少于下列内容：

1）蓄冷罐工作温度、工作压力和液位是否正常。

2）巡视罐体、基座是否稳固可靠，无异常倾斜和下沉现象；检查爬梯、踏板、护栏是否牢固，无松脱情况。

3）人孔密封面无腐蚀渗漏，螺栓齐全、紧固，无腐蚀。

4）检查罐体与基座无结露现象。

5）蓄冷罐相关阀门操作灵活，无异常情况。

6）保护层无破损，无渗水。

6.5.4　蓄冷罐维护

1. 维护目的

确保蓄冷罐安全可靠运行。

2. 维护内容

1）每天检查液位是否正常，蓄冷罐内温度分布是否正常。

2）每季度检查蓄冷罐相关阀门工作是否正常。

3）每季度检查蓄冷罐罐体有无变形、腐蚀、开裂或沉降等异常情况。

4）每年检查蓄冷罐基座有无沉降等异常情况。

5）每年检查蓄冷罐和管道连接的波纹管（或软接头）有无拉伸或变形等异常情况。

6）蓄冷罐应定期进行预防性维护，维护不应少于表6-8所列内容。

表6-8　蓄冷罐预防性维护内容

维护项目	维护内容	维护周期
蓄冷罐	液位是否正常，温度分布是否正常	天
	蓄冷罐放空阀、排污阀有无异常，如有及时更换 检查罐体，有无变形、腐蚀、开裂或倾斜	季度
	基座有无沉降 波纹管（或软接头）有无拉伸或变形等异常情况 蓄冷罐保温材料有无破损，如有及时修复	年

3. 常见故障与对策

（1）蓄冷罐液位异常

原因：

1）泄漏。

2）压力波动。

对策：

1）查漏。

2）调整运行模式。

（2）温度/压力传感器故障

原因：

1）设置问题。

2）损坏。

对策：

1）调整参数。

2）更换。

6.5.5 蓄冷罐应急

1. 蓄冷罐放冷时间不足

故障现象：蓄冷罐放冷时间达不到设计要求，某数据中心实际负荷只有设计负荷30%情况下，放冷时间仅13min左右，而按照理论计算蓄冷量应能满足实际负荷至少50min以上。

故障原因：现场排查问题发现蓄冷罐在制造时，内部布水器的设计未能达到水温自然分层的效果，高温回水对底部低温水的扰动明显，导致蓄冷罐放冷时间明显变短，影响数据中心安全。

故障解决：对布水器重新制作，蓄冷时间略有增加。

2. 蓄冷罐没有独立补水装置

故障现象：蓄冷罐在使用过程中，需要检修和维护，检修中需要先排空蓄冷罐内部的水源，检修完成后，蓄冷罐需要接入系统，由于蓄冷罐没有设计独立补水装置和设施，导致蓄冷罐无法补充水，只能空罐情况下被直接接入系统，水系统的冷冻水大量进入蓄冷罐内造成水系统失压，机房出现严重高温，影响数据中心的安全。

故障应急：临时新增补水管路和阀门，对蓄冷罐进行补水。

故障原因：蓄冷罐无独立补水设施。

故障解决：蓄冷罐增加独立补水设施。

3. 蓄冷罐沉降事故

故障现象：某数据中心冷冻水系统配置750m³的大型立式蓄冷罐，并布置在主楼外侧，室外部分管道采用埋地方式，由于蓄冷罐和主楼沉降不同，导致蓄冷罐和系统相连的管道被剪断，导致工程事故；某数据中心125m³闭式蓄冷罐也由于沉降原因，导致进出水管路发生位移，软接头被拉开。

故障应急：临时增加蓄冷罐防倾斜设施。

故障原因：蓄冷罐沉降。

故障对策：关闭系统阀门，对管路进行检修，并设置软接解决沉降问题。

6.6 水系统管网

6.6.1 基础知识

数据中心冷冻水系统一般采用闭式系统，冷却水系统一般采用开式系统。

1. 开式系统的特点

1）开式系统有一个水箱，如图6-71所示，水箱有一定的蓄冷能力，可以减少冷冻机的开启时间，增加能量调节能力，让水温度的波动可以小一些。

2）水与大气接触，循环水中含氧量高，易腐蚀管路。

3）末端设备与冷冻站高差较大时，水泵则须克服高差造成的静水压力，增加耗电量。

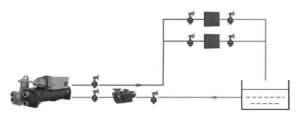

图6-71彩图

图6-71 开式系统

2. 闭式系统的特点

1）管路不与大气相接触，仅在系统最高处设立膨胀水箱，水箱的水不参与循环，如图6-72所示。因为空气无法进入系统，所以管道与设备不易腐蚀，冷量衰减也较少。

2）不需为高处设备提供静压，循环水泵的压头较低，从而水泵的功率相对较小。

3）由于没有回水箱、不需重力回水、回水不需另设水泵等，因而投资省、系统简单。

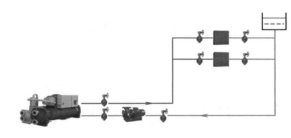

图6-72彩图

图6-72 闭式系统

6.6.2 操作和运行

水系统的定压设施、补水箱、软化水箱、管道、阀门附件应进行日常巡检，巡检不应少于下列内容：

1）每天巡视管道、阀门等处有无滴水、漏水情况。

2）管道保温良好，管路、分集水器等表面无漏水和冷凝水现象。

3）检查补水箱和定压膨胀设施运行是否正常，确保无漏水等异常情况。

6.6.3 水系统管网维护

1. 维护目的

确保管网和系统高效节能运行。

2. 维护内容

1）每天检查管道、阀门等处有无滴水、漏水情况；管道保温材料上是否有鼓胀、漏水迹象。

2）每季度检查管道有无异常位移、下沉、弯曲和变形情况，发现情况及时上报。

3）每季度检查阀门表面，看有无渗漏、锈蚀等异常情况，发现漏水情况及时处理；定期对阀门进行操作，确保启闭灵活。

4）每季度检查管道法兰有无腐蚀、松动、漏滴水等异常情况。

5）每季度检查水系统管路，管道及各附件（软接、止回阀、水处理器）外表整洁美观、无裂纹，连接部分无渗漏，发现问题及时处理。

6）每年对水管管路和阀门去锈刷漆，保证油漆完整无脱落；保温层破损的及时进行修补。

7）每季度检查管网吊支架安装是否牢固，有无脱离、变形等异常情况；检查管道木托有无腐蚀变形等异常情况。

8）每月检查冷却水是否清洁，根据需要进行水质更换；定期进行水质分析，根据需要进行水质处理，如定期加入杀菌灭藻剂、阻垢剂和缓蚀剂等。

9）每季度检查冷冻水系统软化水水质情况，检查软化水系统。

10）每月检查膨胀水箱（定压系统），水质应干净，箱体无积垢；水箱水位适中，无少水和溢水现象。

11）每月检查压力表和温度计指示是否准确，表盘需清晰，损坏的及时进行更换。

12）每月检查冷却塔和膨胀水箱补水浮球阀是否正常。

13）每季度清洗水管管路上的过滤器（过滤器两端压差不宜超过 0.05MPa）。

14）冬季情况下室外管路要做好防冻措施。

15）环网上和分水器、集水器上的压力表以及温度计计量准确。

16）膨胀水箱水质干净，箱体无积垢。

17）每年进行管网泄漏和停水应急演练。

18）空调水系统阀门、管道宜每年进行一次预防性维护，维护不应少于表6-9所列内容。

表6-9 空调水系统阀门、管道预防性维护内容

维护项目	维护内容	维护周期
水系统	检查冷却水水质，根据需要进行水质处理和水质更换，根据需要加药 检查定压膨胀水箱工作是否正常 检查压力表、温度计、放空阀是否正常，损坏的及时更换 检查膨胀水箱补水装置是否正常	月
	清洗水管管路上的过滤器 检查管道是否正常，有无渗漏现象 检查阀门工作情况，对涡轮机构进行润滑 检查定压膨胀设施相关阀门、仪表、配套水泵工作有无异常情况	季度
	检查水系统阀门工作是否正常，对阀门进行保养 对水管管路和阀门去锈刷漆 冬季做好防冻措施	年

6.6.4 水系统应急

1. 主管道爆裂

故障现象：主管道爆裂，并严重漏水，如图6-73所示。

应急措施：

1）应迅速对系统进行紧急补水，同时关闭漏点前后阀门，隔离爆裂点，根据现场情况判断是否需要关闭空调机组和冷冻水、冷却水水泵。

2）现场用沙包拦住电梯口和相应的走廊口，防止水浸入电梯井和相邻机房，并将水引入地漏。

3）在漏水点制作挡水板并进行必要固定，或对可能被水流喷溅的设备进行覆盖，防止水流喷溅到电器设备上。

4）打开排污阀或泄压阀卸压排水，关注污水泵排水是否正常，如果发现集水坑水位过高，则适当降低排水速度。

5）及时组织人员进行抢修。

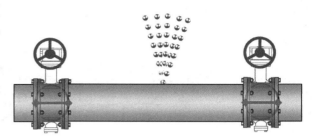

图 6-73　主管道爆裂

2. 空调机房管道（或软接头）破裂

故障现象：发现空调机房内管道（或软接头）破裂，如图 6-74 所示。

应急措施：

1）应迅速对系统进行紧急补水，关断漏点前后阀门，根据现场情况判断是否需要停止冷水机组和循环水泵运行；将配电房内可能受漏水影响的空调机组电源断开，防止电气短路，注意操作过程中要防止冷机换热管发生冻结等事故。

2）将破裂管道（或伸缩节上）的阀门关闭。

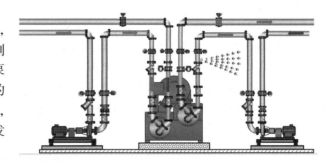

图 6-74　空调机房管道破裂

3）在裂口制作挡水板并固定，防止水流向四周喷溅；用沙包拦住附近楼梯间门口以防水浸；开启机房内对应管道底部的排水口进行排水。

4）漏水停止后，启动供冷方案，开启备用泵和冷水机组。

5）组织人员进行现场抢修。

3. 自来水管爆裂

故障现象：自来水水管受外力发生爆裂。

应急措施：

1）关闭主供水管上的阀门。

2）联系供水公司进行抢修。

3）启用应急供水方案。

4. 末端管道漏水

故障现象：末端管道漏水。

应急措施：

1）停止该末端空调运行，并将可能受漏水影响的末端电源断开，防止电气短路。

2）关闭末端管路进出阀门，在裂口制作挡水板并固定，防止水流向四周喷溅。

3）用沙包等堵漏设施拦住附近楼梯间门口以防水浸，开启机房内对应管道底部的排水口进行排水。

第7章

数据中心空调末端系统
运行维护及应急

数据中心空调末端系统安装在机房内，提供稳定可靠的工作温度、相对湿度和空气洁净度，确保计算和存储设备的正常运行，具有全年制冷、较高显热比、较高能效比和高可靠性等特点。按照布置形式和位置的不同，可以分为房间级、列间级和机柜级等几种形式。

7.1 房间级末端

房间级末端是数据中心冷却最传统的末端方式，技术成熟度最高，应用最为广泛，可以适用标准机柜和绝大多数非标机柜。房间级末端根据送风方式分为下送风和上送风两种，末端的冷量可以通过架空地板或风管送到服务器，地板下送风为最典型布置方式，如图7-1所示，根据冷源方式，房间级末端系统可以分为风冷直膨和冷冻水型等多种形式。

图7-1彩图

图7-1 地板下送风

在房间级末端中，需要设置专门的空调间或机房空调区域，空调冷气流通过地板下送风或者风管送到IT设备区域。地板下送风为最典型布置方式，为了气流组织的合理性，机柜采用面对面、背对背的冷热气流分离方式，即冷热通道方式，如图7-2所示，也可对冷热通道进行隔离或封闭。为提升气流均衡性和降低风机功耗，地板下断面风速控制在2.5m/s以内，常规的架空地板高度为500~800mm，相应地面应做好保温。

图7-2彩图

图7-2 冷热气流分离

7.1.1 风冷直膨末端

风冷直膨末端，是一种专供机房使用的高精度末端系统，对温度、湿度控制的精度高，也称机房精密空调或机房空调。风冷直膨系统由室内机和室外机通过氟管路连接而成，室内机由压缩机、膨胀阀和蒸发器等组成，可以实现制冷和气流输送等功能，室外机则用来散热，风冷直膨末端架构简单，通常一个室内机对应一个室外机或两个室外机，如图 7-3 所示。

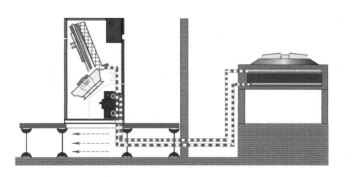

图 7-3彩图

图 7-3 风冷直膨系统架构

风冷直膨系统由压缩机、冷凝器、膨胀阀、蒸发器组成，制冷剂在压缩机的作用下循环流动，经历了液体—气体—液体的两相相变，完成了一个制冷循环，如图 7-4 所示。制冷剂在蒸发器中吸收机房热量后沸腾汽化成蒸气，与之相对应的压力称为蒸发压力，温度称为蒸发温度；压缩机不断地抽吸蒸发器中产生的蒸气并将其压缩到冷凝压力，然后送往室外冷凝器，制冷剂在冷凝压力下冷凝成液体，并将其放出的热量传给了室外空气。

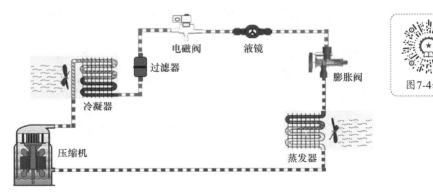

图 7-4彩图

图 7-4 风冷直膨系统原理

风冷直膨系统结构简单，布置灵活方便，由于每个系统之间相互独立，只需要采用 $N+X$ 方式进行设计和布置，就可以满足 A 级机房制冷的要求。采用风冷直膨系统时，室内机和室外机布置水平距离和垂直距离应尽可能短，防止冷量衰减；室外机布置要利于散热，可根据室外现场安装要求，适当放大冷凝器散热量，改善散热并降低空调能耗。

7.1.2　冷冻水型末端

冷冻水型末端,也称冷冻水机房专用空调,主要器件为水换热盘管、电动二通阀、风机以及控制系统。工作原理如下:制冷站输出的低温冷冻水进入空调换热盘管内,与室内侧空气进行换热后降低机房温度,变成高温冷冻水经回水管路送回到冷机进行换热,重新降温完成循环。室内风机为气流组织循环提供动力;电动二通阀控制开度来控制冷冻水流量,调节系统制冷量。冷冻水型末端的连续耗能运转部件主要为风机,出于节能考虑,主流厂家均配置 EC 风机,实现节能控制。

房间级冷冻水型末端系统的施工容易实施,维护难度较低,使用风险较低。冷冻水一般只进入空调区域,且只在空调区域维护,不需要进入机柜区域,防水容易实现。但由于需要设置专用空调区域,占用机房面积较大,采用房间级空调末端的装机率较低。此外房间级空调末端远离机柜热源,气流输送距离较长,风机全压需要较大,能耗较高,使用中会出现冷热掺混局部热点问题。

7.2　列间级末端

列间级末端,也称列间空调,常与机柜并排放置,正面出冷风、背面回热风的柜式冷却方式,使用中可以封闭冷通道,也可以将设备旋转 180°,实现热通道封闭。冷热通道布置如图 7-5 所示。列间级末端一般可分为风冷型列间末端、冷冻水型列间末端、热管板换型列间末端等,单台列间末端供冷能力在 10 ~ 50kW 不等。

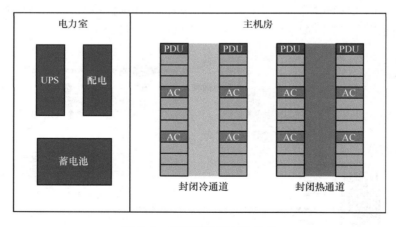

图 7-5　列间级末端布置方式

列间末端的气流组织,冷风从冷通道送风,热风从热通道返回,解决了冷热气流组织短路的问题,可以有效地缩短气流的路径,消除局部热点,提升冷却效果,降低不必要的消耗。

优点:采用列间制冷架构,无须依靠高架地板就可以实施制冷。列间制冷架构简单,布局时受机房几何形状或其他机房制约因素的影响相对较少;列间末端缩短了气流路径的长度,可以降低风机的功耗,节能效果显著;安装时可直接利用现场条件,基本不改动建筑及管道。

缺点：与其他制冷方式相比，它需要末端设备的数量较多，相关的管道铺设较为复杂。

7.2.1　风冷直膨列间末端

风冷直膨列间空调原理和普通风冷直膨机房末端类似，也是由一个完整的氟制冷系统组成，通过与现有标准机柜并柜，实现近端制冷，可以降低数据中心制冷能耗及机房的 PUE，风冷列间末端内机外观如图7-6所示，风冷列间末端布置效果如图7-7所示。

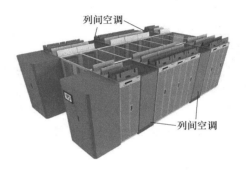

列间空调

列间空调

图7-6　风冷列间末端内机外观　　　　图7-7　风冷列间末端布置效果图

优点：空调安装在机柜旁边，近端制冷，解决了局部高热问题，不需要额外的架空地板，气流组织短，降低了风机功耗。

缺点：同等冷量下，台数比机房级末端数量多，管路复杂；和服务器并柜安装，维修空间小，维护操作困难。

7.2.2　冷冻水型列间末端

冷冻水列间末端和风冷列间末端一样，和服务器机柜并柜安装，只是换热器里走的不再是制冷剂，而是冷冻水，冷冻水列间末端内机外观如图7-8所示，冷冻水列间末端安装示意图如图7-9所示。

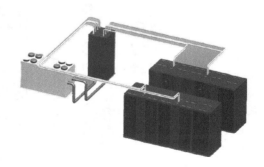

图7-8　冷冻水列间末端内机外观　　　　图7-9　冷冻水列间末端安装示意图

在设计中，冷冻水供回水管及冷凝水管铺设在特制的泄水槽内，并设计适当坡度，管道或冷凝水漏水可通过泄水槽一直流到空调区的地漏排出；在泄水槽内设置带状漏水报警绳，一旦水槽内有水，传感器会触发告警，引导维护人员检修；列间末端前侧送风处设有挡水装置，一旦机组内管道出现故障，水会排至列间末端底部的积水盘，通过排水管排至机房外。

优点：冷冻水列间末端，直接采用集中冷源供冷，实现高热密度散热，制冷效率高，由于没有压缩机部分，末端系统故障率低，维护成本低；动态控制方便，可以实时调整制冷量输出，并能精确控制机柜进风温度。

缺点：水直接进入机房，并直接到达机柜附近，存在爆管可能性，漏水的危险性很大。

7.2.3　热管列间末端

使用热管技术，冷冻水不直接进入机柜，而是通过换热器和制冷剂进行换热，冷却后的制冷剂进入列间末端，带走热量回到换热器换热，这种方式可以解决漏水对 IT 设备造成的影响。

优点：安全性高。如果管路发生泄漏，泄漏的制冷剂会汽化在空气中，不会直接对 IT 设备造成损坏。另外，系统显热比高，减少了焓差损失，降低空调能耗。

缺点：在普通冷冻水列间末端基础上，增加了中间换热系统，系统复杂性高；换热器会导致 2～3℃换热温差的损失，牺牲了部分效率。

7.3　机柜级末端

机柜级末端是指在每一个设备机柜的下部、背面或者前门安装一个换热器，通过换热器将设备排出的热空气进行冷却，完成机柜内的空气循环。机柜级末端包括热管背板空调和水冷背板等形式。由于机柜级末端安装在机柜前门或背板处，不占用机房地面面积，机房装机率较高；并且采用机柜级末端无须设置架空地板，可节省机房空间及投资。为保证空调末端气流组织的均匀性，机柜级末端上一般需敷设多个直流风机，每个风机风量较小。机柜级末端的全部额定制冷量都是可利用的，可实现最高的功率密度；缩短气流路径的长度可以降低风机功耗，提高空调效率。

机柜级末端布置方式如图 7-10 所示。

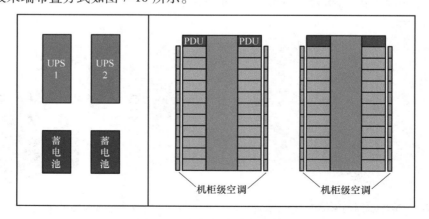

图 7-10　机柜级末端布置方式

背板末端与机柜紧密结合，安装在机柜后门，直接冷却机柜排风，在背板末端与机柜之间自成封闭热环境，机柜外部为开放冷环境。相比列间级末端，其更加靠近热源制冷。根据冷媒不同，可将背板空调末端分为热管型背板空调末端和冷冻水型背板空调末端。

7.3.1 热管背板末端

热管是一种依靠自身内部工作液体相变来实现传热的传热元件，常用的热管由三部分组成：主体为一根封闭的金属管（管壳），内部空腔内有少量工作介质（工作液）和毛细结构（管芯）。将热管安装在设备机柜背面，就组成了柜级热管末端，通过热管的相变将设备排出的热空气冷却，完成机房空气循环，如图7-11所示。

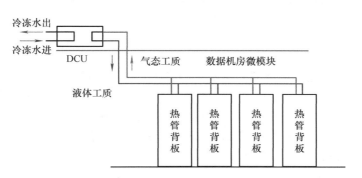

图7-11彩图

图7-11 热管背板末端系统示意图

优点：采用热管末端，杜绝了水进入服务器机柜，热管背板的循环气流距离非常短，可以大大降低空调的风机能耗，甚至可以直接使用服务器的冷却风扇。

缺点：背板末端一般不具有加湿功能，采用热管背板对机房湿度的调节能力较弱，需要单独配置加/除湿装置。

7.3.2 水冷背板末端

机柜级末端中，如果机柜换热器里面的载冷剂采用的是冷冻水，就称为水冷背板末端，机柜的后面安装一个具有冷冻水循环的背板。冷冻水送达到水冷背板内，循环风机将热风从服务器后部送到水冷背板进行降温，水冷背板内的冷冻水变热后，再回流到室外的循环制冷设备中重新进行降温，通过这一过程不断循环达到制冷效果，如图7-12所示。

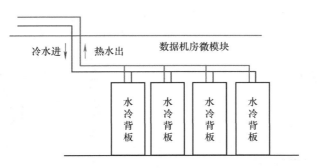

图7-12彩图

图7-12 水冷背板末端系统示意图

优点：采用水冷背板末端，不存在二次换热，空调能效高，比较节能。

缺点：存在水进机房隐患，空调无加湿功能。

7.4 服务器级末端（液体冷却技术）

矿物油是一种价格相对低廉的绝缘冷却液。单相矿物油无味无毒不易挥发，是一种环境友好型介质，但是矿物油黏性较高比较容易残留，特定条件下有燃烧的风险。氟化液由于具有绝缘且不燃的惰性特点，不会对设备造成任何影响，是目前应用中最理想、最广泛的浸没式冷却液，但价格较为昂贵。

按照液体与发热器件的接触方式，大致分为冷板式（间接接触）、喷淋式和浸没式（直接接触）。

7.4.1 冷板式

就是将液冷冷板固定在服务器的主要发热器件上，依靠流经冷板的液体将热量带走达到散热的目的；冷板液冷解决了服务器里发热量大的器件的散热，其他发热量小的器件还得依靠风冷，所以采用冷板式液冷的服务器也称为气液双通道服务器；冷板的液体不接触被冷却器件，中间采用导热板传热，安全性高，如图7-13所示；不利的是采用冷板液冷后，机房还继续需要安装房间级空调保证机房温度。

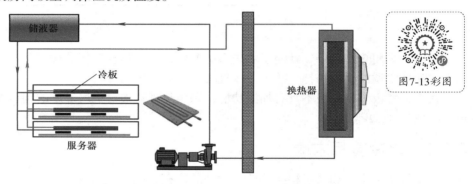

图7-13彩图

图 7-13 冷板式液冷技术

7.4.2 喷淋式液冷

就是在机箱顶部储液和开孔，根据发热体位置和发热量大小不同，让冷却液对发热体进行喷淋，达到设备冷却的目的，如图7-14所示；喷淋的液体和被冷器件直接接触，冷却效

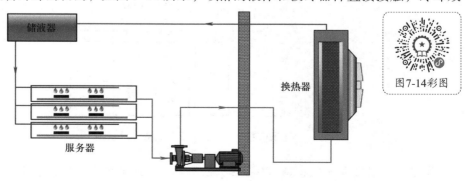

图7-14彩图

图 7-14 喷淋式液冷

率高；不利的是液体在喷淋过程中遇到高温物体，会有少量飘逸和蒸发现象，雾滴和气体沿机箱孔洞缝隙散发到机箱外面，造成机房环境清洁度下降或对其他设备造成影响。

7.4.3　浸没式液冷

将发热元件直接浸没在冷却液中，依靠液体的流动循环带走服务器等设备运行产生的热量。浸没式液冷由于发热元件与冷却液直接接触，散热效率更高，相对于冷板式液冷，噪声更低，可以解决更高热密度，是典型的直接接触型液冷。浸没式分为两相液冷和单相液冷，常用的为单相液冷，散热方式可以采用干冷器和冷却塔等形式。

两相液冷，冷却液在循环散热过程中发生了相变。两相液冷传热效率更高，但是控制相对复杂，相变过程中压力会发生变化，对容器要求很高，使用过程中冷却液易受污染，实际应用较少。

单相液冷，冷却液在循环散热过程中始终维持液态，不发生相变，故单相液冷要求冷却液的沸点较高，这样冷却液挥发流失控制相对简单，与 IT 设备的元器件兼容性比较好，根据应用场景规范，可以采用氟化液配合干冷器，如图 7-15 所示，或者配合冷却塔 + 板式换热器散热，如图 7-16 所示。

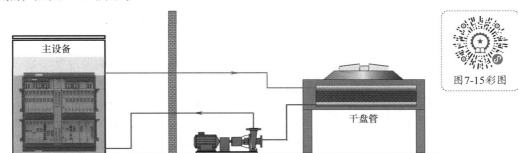

图 7-15　浸没液冷 + 干冷器散热

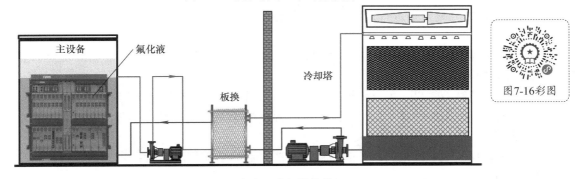

图 7-16　浸没液冷 + 冷却塔散热

7.5　末端设备选择、操作、巡视和维护

7.5.1　末端设备选择

空调末端应结合冷源形式、单机柜功耗、建设周期、客户需求等因素综合考虑，再确定

207

采用何种末端冷却方式。

1）房间级末端适用于单机柜功耗 5kW 以下场景，当采用地板下送风 + 封闭冷通道气流组织形式时，地板下截面风速宜控制在 1.5 ~ 2.5m/s 以内，送风距离不应超过 15m。当采用热通道封闭时，宜采用弥漫送风，不设置地板，可吊顶内回风。

2）列间末端适用于单机柜功耗 5 ~ 15kW 场景，宜优先采用封闭热通道。

3）热管背板适用于单机柜功耗 5 ~ 25kW 场景，机柜宜采用"面对面、背对背"的方式设置。机房设置独立的恒湿机。

4）机房有不同热密度机柜时，不同热密度机柜宜分区布置，并配置相应的末端设备。

5）机房内空调末端采用房间级末端时，应对送风管道、送风地板架空层的楼板或地面采取必要的保温措施。保温层材料与厚度需要满足现场实际需求。

6）末端空调布置时宜遵循"先冷设备、后冷环境"的原则，宜将冷风直接送达服务器的进风口，回风气流应能够顺畅回至末端设备，减少在机房内的滞留时间。

7）采用风冷直膨式末端机组时，空调室内机和室外机布置水平距离和垂直距离应尽可能短。

8）末端室内机宜采用送风温度控制方式来控制机房温度。

7.5.2 末端设备操作

1）根据机房（冷热通道或者微模块）要求，合理开启末端设备的数量；开启末端设备时，先开启相对应的阀门。

2）根据机房（冷热通道或者微模块）要求，合理设置末端设备的温湿度参数。

3）定期更换或清洁空气过滤网。

4）巡检发现运行中的空调末端发生故障或异常时，应先关闭该故障末端，后开启备用末端，维修人员到现场检查维修应及时；如果空调末端故障无法及时修复，应报告维修主管，由其安排组织维修或通报厂家维修人员及时到场处理，并在事后做好维修报告。

7.5.3 末端设备运行

维护人员应对末端设备进行定期巡检，巡检人员应具有一定的维修能力和现场故障处理水平。

1）定期巡视机房（冷热通道或者微模块）温度情况，巡视进回风温度和湿度是否合理，现场有无告警情况。

2）检查末端制冷效果，可以根据末端的进回风温差判断末端设备工作是否正常。

3）检测、校准末端的显示温度与空调实际温度的误差，每月检查、清洁末端表面和过滤网、冷凝器等。

4）风冷直膨末端可以根据设备的高低压和蒸发器的结露情况进行综合判断，根据需要给空调补充制冷剂。

5）每年检查空调室外机电源线部分的保护套管防护措施，室外电源端子板的防水、防晒措施是否完好。

7.5.4 末端设备维护

1. 维护目的

确保末端设备正常运行。

2. 维护内容

（1）空气处理机的维护

1）检查风机皮带，根据皮带的松紧度和磨损情况进行调整或更换。

2）定期更换或清洁空气过滤网。

3）保持蒸发器翅片清洁，无明显阻塞和污痕现象。

4）保持翅片水槽和冷凝水盘清洁，冷凝水管应畅通。

5）送、回风道及静压箱无漏风现象；保持通道的完整性，减少冷热气流混合。

6）检查室内风机运行情况是否正常，定期测试风机运行电流。

7）检查空调机底部水浸工作是否正常。

8）定期测量出风口风速及温差。

（2）风冷冷凝器的维护

1）定期检查室外机组固定与锈蚀情况，确保固定牢固；风扇支座应紧固，扇叶转动无抖动、无摩擦、无异常噪声等情况。

2）定期检查风机、风机调速器工作是否正常，必要时测试风机的工作电流。

3）定期检查、清洁冷凝器的翅片，保证翅片清洁，无积灰和脏堵现象。

（3）制冷系统的维护

1）检测压缩机工作表面温度、压缩机表面有无凝露和压缩机回气口有无过热等现象。

2）检查压缩机的运行是否平稳，机械声是否正常；定期测试压缩机的高、低压压力及压缩机的工作电流是否正常。

3）定期观察视液镜内的制冷剂流动情况，判断系统制冷剂充注量是否正常，根据需要及时补充。

4）定期检查系统的干燥过滤器的进、出口有无温差，判断干燥过滤器有无堵塞现象，必要时更换干燥过滤器。

5）定期检测高低压保护开关整定值是否正常，必要时重新进行整定。

6）定期检查制冷剂管道固定情况，如有松动或振动，重新固定；检查管路上有无制冷剂泄漏痕迹、保温层有无破损，发现问题及时处理。

（4）加湿器部分的维护

1）定期清除水垢，保持加湿水盘和加湿罐的清洁。

2）定期检查供、排水电磁阀工作是否正常，供、排水路是否畅通。

3）定期检查加湿器电极、远红外管，测试加湿电流是否正常，保持其完好无损、无污垢。

（5）电气控制部分的维护

1）定期检查空调参数设置是否合理，查阅空调报警记录，并进行相应检修。

2）定期检查电器箱内空气开关、接触器、继电器等电器是否完好，断电情况下紧固各电器接触线头和接线端子的接线螺丝。

3）定期测试所有电机的负载电流，压缩机电流、风机电流测量数据与原始记录是否相符。

4）定期测量回风温度和相对湿度，偏差不得超出标准容许。

5）定期检查设备保护接地情况，测试设备绝缘状况。

（6）冷冻水盘管末端的维护

1）检查比例调节阀工作是否正常。

2）检查冷凝水排水情况及机组出风情况是否正常。

3）测试水浸功能是否正常。

（7）末端设备的维护

末端设备应定期进行预防性维护，维护不应少于表7-1所列内容。

表7-1 末端设备预防性维护内容

维护项目	维护内容	维护周期
送回风设备	检查风机皮带和轴承	月
	清洁或更换过滤器 清除冷凝沉淀物	季
	检查和清洁蒸发器翅片 检查室内风机运行情况，并测试风机电流	年
	检查水浸探测器情况	年
冷凝器	检查冷凝器翅片堵塞情况，根据需要进行清洗	季
	检查外机固定情况 检查风扇运行状况	年
制冷系统	检测压缩机表面温度和压缩机回气口有无过冷、过热等异常现象 通过视镜检查并判断制冷剂有无异常	月
	测试压缩机工作电流	季
	检测压缩机吸排气压力（高温季节前） 测试高低压保护装置 检查制冷剂管道固定情况 检查并修补制冷剂管道保温层	年
冷冻水盘管	检查比例调节阀 排污和排空气	年
加湿器	检查加湿水盘和加湿罐 检查给、排水路是否畅通	季
	检查加湿器电极、远红外管是否正常 检查供排水电磁阀工作是否正常，测试加湿电流是否正常	年
电气控制	检查空调报警内容，根据空调报警内容进行相应检查或维修	月
	检查空调参数设置是否合理 检查电器箱内空气开关、接触器、继电器等电器是否完好，紧固各电器接触线头和接线端子的接线螺丝 测试回风温度、相对湿度并校正温度、湿度传感器 检查设备保护接地情况 检查设备绝缘状况	年

3. 常见故障和对策

（1）制冷效果差（冷冻水型）

原因：

1）冷冻水温异常。

2）冷冻水压力异常。

3）自动水阀开度不够。

4）水过滤器堵塞。

5）空气过滤网脏堵。

对策：

1）检查冷冻水温度情况。

2）检查冷冻水压力情况。

3）检查自动水阀门开度情况和控制情况。

4）清洗水过滤器。

5）更换空气过滤网。

（2）送风温度/回风温度/回风湿度传感器故障

原因：

1）设置问题。

2）损坏。

对策：

1）调整参数。

2）更换。

（3）空调高压报警（风冷直膨）

原因：

1）由于换热造成：如室外机过脏、通风条件不好、风机损坏。

2）部件损坏：压力开关，风机。

3）电气原因：如室外机无电。

4）制冷剂原因：加注过多或者有不凝性气体。

对策：

1）改善或恢复换热性能，清洁室外机，改善室外通风条件，更换或维修风机。

2）更换或维修损坏部件。

3）检查或维修电气设备。

4）调整制冷剂或排出不凝性气体。

（4）低压报警（风冷直膨）

原因：

1）由于换热造成：过滤网脏、送回风通道不畅，风机运转不良。

2）由于供液问题造成的：缺氟、堵塞。

3）室外压力不足：调整设置不当。

4）气候原因：风、雨、雪天气导致制冷剂过冷，影响热力膨胀阀开度。

5）元器件损坏。

对策：

1）改善换热效果，维修相关设备，更换过滤网。

2）追加制冷剂，更换堵塞部件。

3）调整或重新设置室外风机转速。

4）防止制冷剂过冷对膨胀阀的扰动。

5）更换损坏的元器件。

7.5.5 末端设备应急

1. 案例1：末端设备制冷效果差

故障现象：某数据中心末端冷冻水空调使用中发现送回风温差过小，制冷效果明显较弱，无法正常工作。

故障应急：开启备用末端设备，确保机房温度正常。

故障分析：打开末端空调盘管上部的放空阀，发现正常无空气，手动打开二通阀，空调效果无明显改善，怀疑冷冻水流量不够，停该末端设备后，关闭进出水阀，拆卸过滤器，发现过滤器被堵塞，如图7-17所示。后来了解到管路焊接施工过程中，管路没有进行有效防护，导致淤泥直接进入污染管网，之后的管路冲洗又不彻底，在对过滤器清洗时，只清洗了水泵和冷机侧的过滤器，没有对末端设备过滤器进行拆卸和清洗，最后末端设备工作异常。

图7-17 堵塞的过滤器

故障解决：对所有末端过滤器进行彻底清洗，重新安装后，空调恢复正常工作。

心得体会：由于此次的过滤器堵塞情况比较严重，过滤器的孔洞基本被堵塞，怀疑管路清洗不够彻底，管路上部分污垢循环后停留在过滤器位置，导致空调工作异常，后来咨询施工队伍，在管路清洗时拆洗了水泵、冷机等大的Y型过滤器，对于末端空调，施工队伍觉得麻烦，没有拆洗，导致末端空调调试失败。

2. 案例2：末端空调无故远程关机

故障现象：某数据中心末端冷冻水空调无故显示远程关机告警，检查设置和数据配置情况，均正常。

故障应急：开启备用末端空调。

故障分析：由于控制面板上有少量凝结水，首先怀疑控制板受到潮气影响，检查无异常。检查远程关机端子的短接线是否正常，现场检查无松动，且没有拔出过的痕迹。现场检查参数设置，均正常。后来从电路图中入手，查找远程关机装置工作是否正常，发现前段保险管上方绿灯不亮，确认保险管出现问题。

故障解决：更换保险管，重新开机，正常，远程关机解除，告警消失。

3. 案例3：风冷直膨空调高压告警

故障现象：某数据中心空调运行过程中，一台风冷末端空调发生压缩机高压告警，需要处理。

故障应急：开启备用末端风冷空调。

故障分析：高压告警复位后，重启空调，马上出现高压告警，而这时候压缩机还没运行，如图 7-18 所示。如果是室外机脏等故障原因，故障不会马上出现。应该运行一段时间后，系统再高压告警。怀疑高压压力传感器出故障。拆开传感器后，用万用表测量两端接线端，阻值正常，怀疑传感器的连接线出问题，从线的开端剥开测量两根导线的阻值，为无穷大。最终发现是传感器接线的中间断了。

故障解决：准备更换传感器连接线，更换过程发现，高压开关接线中间有接头，接线在接头处断裂，由于这个接头在套管里面，普通检查无法发现，如图 7-19 所示，重新连接接线后，空调恢复正常。

图 7-18　高压开关传感器断线

图 7-19　高压开关接头处断线

4. 案例 4：风冷直膨末端低压

故障现象：某数据中心一台空调压缩机系统频繁报低压故障，现场测试系统低压为 $2.2.8 kg/cm^2$，高压为 $14.14.1 kg/cm^2$，低压偏低。由于近期室外气温较低，制冷剂容易过冷，空调低压故障很多，加上该系统夏天曾经发生过制冷剂泄漏，维护人员凭经验以为低压故障是制冷剂少或过冷引起的，故没有怀疑其他故障。现场对系统进行加液处理，处理后系统能运行一段时间，但不久又出现低压告警。

故障应急：开启备用末端风冷空调。

故障分析：一般来说系统低压压力过低，可能性有以下几种：1）制冷剂不足；2）干燥过滤器堵塞；3）空气滤网脏；4）电磁阀工作异常；5）膨胀阀工作异常。在连续三天低压报警后，到现场检查，发现系统压力始终偏低，低压 $2.8 \sim 3.0 kg/cm^2$，高压 $14.1 \sim 14.8 kg/cm^2$，同时发现压缩机中部温度为 48℃，压缩机过热严重。通过观察视液镜，发现制冷剂没有翻泡，而且追加制冷剂后，系统压力也没有明显改变，因此第 1 项可能被排除；检查干燥过滤器，两端温度一致，无明显温差，排除了第 2 项可能；通过更换空气过滤网和对电磁阀阀体的检查，也排除了 3、4 项的可能性；最后我们调节膨胀阀的调节螺杆，发现我们无论如何调节膨胀阀，系统低压始终无法改变，即使对膨胀阀的感温包加热，也无任何效果，膨胀阀失去调节作用，最后确定为膨胀阀工作异常故障。膨胀阀开启过小常见原因为阀针磨损、系统有杂质、感温包漏气、阀孔部分堵塞等。经过仔细观察，发现膨胀阀的感温毛细管和机器的外壳发生了相碰现象，导致毛细管被磨破，膨胀阀开启度不足。

故障解决：现场对膨胀阀进行了更换，抽空，重新调试系统后，低压为 $4.7 \sim 5.0 kg/cm^2$，高压为 $15.8 \sim 17.0 kg/cm^2$，制冷系统恢复正常工作。

213

7.6 自然冷源末端系统

数据中心一年四季都需要制冷，冬季及过渡季节室外温度低于室内温度时，自然界存在着丰富的冷源。合理开发利用自然冷源是降低数据中心能耗、降低机房 PUE 的关键性措施。在数据中心选址、确定技术方案时，应当因地制宜地利用开发自然冷源。根据自然冷源的载体，自然冷源技术方案大致分为新风自然冷却、间接自然冷却和蒸发冷却等方式，根据热量传递路径又分为直接自然冷却和间接自然冷却两种方式。

7.6.1 新风系统

新风系统是通过自然冷源冷却技术引入室外冷空气对数据中心设备进行冷却，从而有效降低空调的运行时间，降低数据中心电能消耗。

1. 自然通风新风系统的组成

（1）新风机组 完成一定量新风的引入，对引入的室外空气进行净化处理，在室外气温较低时混合一定比例的回风（室内空气），控制送入室内空气温度在合理范围。

（2）排风机组 依据引入室内的新风量，排出一部分室内空气，保证室内正压，有优化室内气流组织和排出室内热空气的功能。

（3）工作特点 当室外空气温度较低时，直接将室外低温空气送至室内，为室内降温；当室外温度较高，不足以带走室内热量时，则开启空调。该方式直接引入室外的空气，机房环境易受外界的影响。

（4）新风系统组成 新风系统组成如图 7-20 所示，可根据需要定制新风过滤、化学过滤、风扇墙、排风以及风机矩阵，新风系统的常见参数是送风量、制冷量、送风速度、机组尺寸等功能和参数。

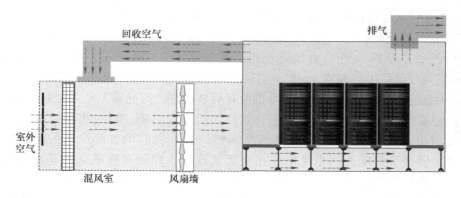

图 7-20彩图

图 7-20 新风系统组成

应用直接新风系统时，需要重点评估所在地区的全年空气质量，因为室外空气中包含有灰尘、二氧化硫、硫化氢、臭氧等有害成分，采用直接新风时存在污染机房、腐蚀机柜的风险，应用中需要考虑一定物理过滤、化学过滤、湿度控制等空气处理手段，以满足机房环境要求。

2. 新风系统运行

1）新风系统在过渡季和冬季运行时，应根据室外气象条件进行自然供冷与冷机供冷模式的切换。

2）在设备运行情况下，定期巡视，巡视不应少于下列内容：

①检查机组工作有无异常情况。

②检查过滤网情况，根据需要进行更换。

③检查新风机组进回风温度和风量是否正常，是否满足机房要求。

3）对新风机组运行相关的系统数据进行定期查询，及时调整运行参数，保证设备的正常运行。

3. 新风系统维护

1）清洁设备表面卫生。

2）检查、清洁或更换过滤网；如采用卷帘式等新型空气过滤器的，检查其工作是否正常。

3）检查加湿、给排水路是否通畅，管路保温是否良好。

4）检查清洁加湿器水盘。

5）检查防虫网是否完整，破损则进行更换或修补。

6）检查风阀转动是否灵活，有无异常。

7）检查新风机参数设置是否符合要求，室内外温度传感器显示有无异常，如有异常及时调整或更换。

8）检查新风机和空调的联动功能是否正常，发现问题及时处理。

9）新风机组应定期进行预防性维护，维护不应少于表7-2所列内容。

表7-2　新风机组预防性维护内容

维护项目	维护内容	维护周期
新风机	清洁机器表面 检查、清洁或更换过滤网 检查加湿、给排水路是否通畅，管路保温是否良好 检查清洁加湿器水盘	季
	检查防虫网是否完整 检查风阀工作是否正常 检查新风机参数设置是否正常，室内外温度传感器是否正常 检查控制功能是否正常	年

7.6.2　空气板换系统

通过空气板换隔绝室外空气进行换热，让冷却后的空气送入机房，如图7-21所示。由于室外空气无法直接进入机房，空气板换适合在空气污染的环境下使用，冷却效率要低于新风系统，适合在有空气污染，不适合安装新风系统的环境下使用；当室外气温较高时，需要机械制冷。

1. 空气板换的组成

1) 空气板换系统主要由空/空板换、内循环风机、外循环风机、过滤网和控制系统组成，如图 7-21 所示。

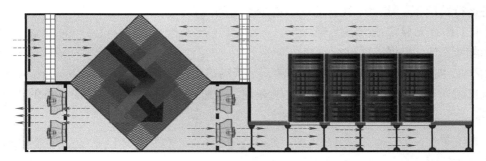

图7-21彩图

图 7-21　空气板换冷却示意图

2) 工作特点：当室外空气温度较低时，室外低温空气和室内空气通过空气板换进行热量交换，冷却后的空气回到室内降温；当室外温度较高，空气板换停止工作，重新开启空调。该方式下室外的空气不会直接进入室内，室内环境不会受到外界空气影响，可以在空气质量较差的环境下使用。

2. 空气板换运行

1) 空气板换系统在过渡季和冬季运行时，应根据室外气象条件进行自然供冷与冷机供冷模式的切换。

2) 在设备运行情况下，定期巡视，巡视不应少于下列内容：

① 检查系统工作有无异常情况。

② 检查滤网情况。

③ 检查空气板换进回风温度和风量是否正常。

3) 对机组运行相关的系统数据进行定期查询，及时调整运行参数，保证设备的正常运行。

3. 空气板换维护

1) 清洁设备表面卫生。

2) 检查、清洁或更换过滤网。

3) 检查、清洁空气板换。

4) 检查空气板换系统参数设置是否正常，室内外温度传感器是否正常。

5) 检查空气板换系统对空调的控制功能是否正常。

6) 空气板换系统应定期进行预防性维护，维护不应少于表 7-3 所列内容。

表 7-3　机组预防性维护内容

维护项目	维护内容	维护周期
空气板换系统	清洁机器表面 检查、清洁或更换过滤网	季

（续）

维护项目	维护内容	维护周期
空气板换系统	检查防虫网是否完整 检查空气板换工作情况 断电情况下拧紧所有紧固螺丝 检查参数，检测和校准室内外温度传感器	年

7.6.3　转轮系统

1. 转轮系统原理

这是一种全热交换技术，早期在日本东京都使用，所以也叫京都转轮，它不仅可以交换热量，还可以交换湿度，作用和空气板换换热相似，通过转轮的旋转，让室外空气和室内空气在转轮处进行热湿交换，原理如图 7-22 所示，这种方式冷却效率较高，适合在有空气污染，不适合安装新风系统的环境下使用，由于使用中有轻度的交叉污染，转轮全热交换和空气板换相比并没有明显优势。

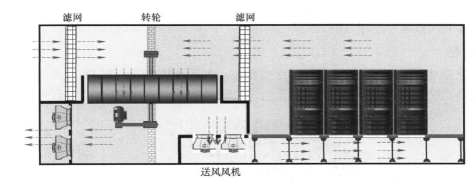

图7-22彩图

217

图 7-22　京都转轮换热技术

2. 转轮系统运行

1）转轮系统在过渡季和冬季运行时，应根据室外气象条件进行自然供冷与冷机供冷模式的切换。

2）在设备运行情况下，定期巡视，巡视不应少于下列内容：

① 检查机组工作有无异常情况。

② 检查过滤网情况，根据需要进行更换。

③ 检查转轮机组进回风温度和风量是否正常。

3）对系统运行相关的数据进行定期查询，及时调整运行参数，保证设备的正常运行。

3. 转轮系统维护

1）清洁设备表面卫生。

2）检查、清洁或更换过滤网。

3）检查、清洁转轮。

4）检查风阀工作是否正常。

5）检查机组参数设置是否正常，室内外温度传感器是否正常。

6）转轮机组应定期进行预防性维护，维护不应少于表7-4所列内容。

表 7-4　转轮机组预防性维护内容

维护项目	维护内容	维护周期
转轮机组	清洁机器表面 检查、清洁或更换过滤网	季
	检查防虫网是否完整 检查转轮工作情况 断电情况下拧紧所有紧固螺丝 检查参数，检测和校准室内外温度传感器	年

7.6.4　蒸发冷却系统

在气候干燥的地区，可以采用蒸发冷却技术，进一步延长自然冷却运行的时间，从而实现最大限度地降低数据中心空调系统的能源消耗，按照水和空气是否直接接触，蒸发冷却技术分为直接蒸发冷却和间接蒸发冷却两种方式。

1. 直接蒸发冷却

直接蒸发冷却原理是使空气和水直接接触，水蒸发后，空气的温度会下降，其特点是对空气实现等焓加湿降温过程，送风降温的极限温度为进风的湿球温度，如图7-23所示。

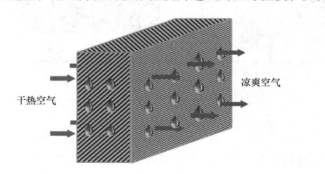

图7-23彩图

图 7-23　直接蒸发冷却原理

使用加湿后冷却的空气可以对设备进行降温。实际使用中，可以和新风系统配合使用，当室外温度较低时，直接利用新风降温；当室外温度升高时，开启加湿系统，水蒸发后空气温度降低，再进入室内冷却，这样可以延长自然冷却的时间和效率，适合在空气质量较好的情况下使用，如图7-24所示；要注意的是蒸发过程会影响室内湿度。

2. 间接蒸发冷却

间接蒸发冷却原理是通过非直接接触式换热器，将直接蒸发冷却得到的湿空气的冷量传递给室内循环空气，实现空气等湿降温的过程，如图7-25所示，在这个过程中，二次空气经处理后其干球温度和湿球温度都下降了，而含湿量不变，对送风气流实现减焓等湿降温过程，送风降温的极限温度为进风的露点温度。

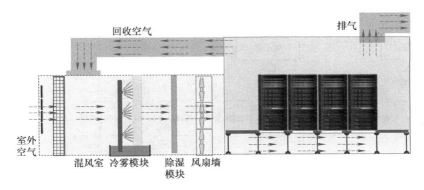

图 7-24　直接蒸发冷却技术

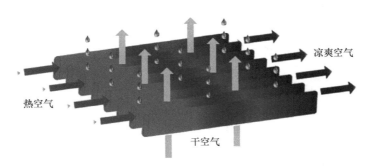

图 7-25　间接蒸发冷却原理

通过蒸发模块隔绝室外空气，室外空气无法直接进入室内，适合在空气污染的环境下使用，冷却效率虽然低于直接蒸发冷却技术，但是室外的污染物无法进入室内，另外蒸发过程不影响室内湿度，间接蒸发冷却技术如图 7-26 所示，间接蒸发的核心器件是蒸发模块，其气流组织包含两部分，分别为室内气流和室外气流。

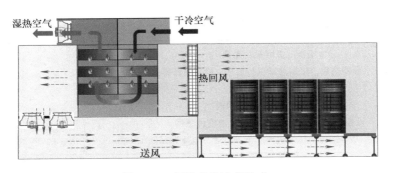

图 7-26　间接蒸发冷却技术

3. 间接蒸发应用场景

间接蒸发冷却是通过水的蒸发吸热来制冷，在西北、华北等干燥地区，夏季比较炎热，但空气比较干燥，干湿球温度相差大，可以采用直接蒸发冷却、间接蒸发冷却等技术。其中间接蒸发冷却系统以自然冷却为主，机械制冷作为补充，间接蒸发冷却系统主要的运行模式可以分为干工况、湿工况和混合工况三种工作模式，如图7-27所示。

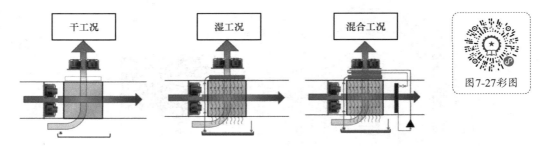

图 7-27　间接蒸发工作模式

4. 间接蒸发冷却系统维护

1）清洁设备表面卫生。

2）检查、清洁或更换过滤网。

3）检查、清洁蒸发盘管。

4）检查设定点是否正常。

5）检查间接蒸发模块是否正常。

6）检查参数设置是否正常，控制器和传感器工作是否正常。

7）检查控制功能是否正常。

8）低环境温度下做好防冻措施。

9）间接蒸发冷却系统应定期进行预防性维护，维护不应少于表7-5所列内容。

表 7-5　间接蒸发冷却系统预防性维护内容

维护项目	维护内容	维护周期
间接蒸发冷却系统	清洁机器表面 检查、清洁或更换过滤网 检查、清洁间接蒸换热管 检查、清洁间接蒸发循环水系统	季
	检查防虫网是否完整 检查蒸发器、冷凝器翅片，根据需要进行清洁；检查设备排水是否正常，排水管是否完好 断电情况下拧紧所有紧固螺丝 检查参数，检测和校准室内外温度传感器 检查模式转换是否正常，压缩机模式下测试运行电流和高低压压力	年

第8章

数据中心智能化及IT基础设施运行维护及应急

本章对数据中心智能化系统的运行维护及应急进行了详细的描述,内容包括基础设施综合管理系统、电力监控系统、空调群控系统、动力与环境监控系统、安全防范系统、综合布线系统、消防系统等。数据中心越建越庞大,所涵盖的基础设施及其背后的监控管理系统愈加复杂,单纯的以人工来进行运维协调开始出现沟通失真和低级故障的概率增大,运维人员对数据中心的各种基础设施管理也显得有些力不从心。现阶段数据中心的运行,大多还停留在各个平台被动告警的阶段,随着信息技术的发展和管理理念的提升,必然走向能让数据中心基础设施综合管理系统具备多系统综合预测预警等智能化的功能,在故障或告警还未发生但有趋势发生之时就提早进行接入和关注,能够大幅提高运维人员的监控运维能力,对数据中心运维具备更多的掌控权。

8.1 基础设施综合管理系统

为保障数据中心信息系统正常服务,需要配备完善的机房基础设施设备,包括供配电、UPS、发电机组、蓄电池组、空调、消防、安防、漏水检测等。机房基础设施的设备出现故障,会影响支撑的计算机系统运行,对数据传输、存储及业务系统的可靠性构成威胁。如故障严重又不能及时处理,就可能损坏硬件设备,引起系统瘫痪,造成严重后果。要达到有效管理机房环境设备的目的,就要构建数据中心基础设施综合管理系统,简称综合管理系统。

8.1.1 综合管理系统组成

综合管理系统通常由硬件和软件两部分组成。

综合管理系统硬件部分包括服务器、网络交换机、监控与管理终端、采集器、传感器等。服务器一般包括数据采集服务器、运算服务器、存储服务器、接口服务器,采用主备机模式、服务器集群、私有云等高可用形式,如图8-1所示。

综合管理系统软件由数据交互协议、采集程序、数据模型化处理、数据库总线、数据库、前端功能模块组成。其中数据库一般包括实时数据库、专家分析数据库、文件数据库、历史数据库、告警数据库等。前端应用模块包括数据可视化、运行与维护、告警与故障、能耗管理、资源管理、智能控制、智能报表等,如图8-2所示。

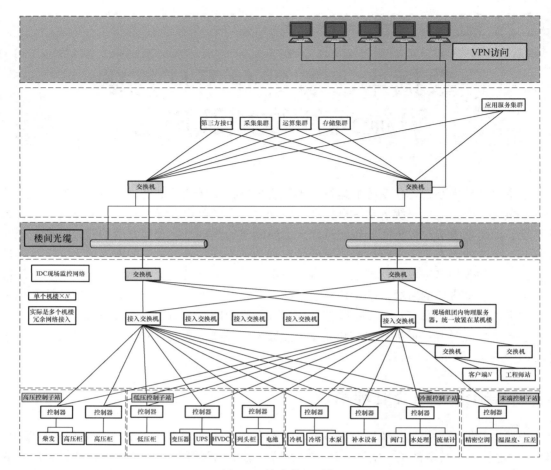

图 8-1　综合管理系统

图 8-2　综合管理系统软件组成

8.1.2 综合管理系统运行

综合管理系统是对基础设施进行管理的 IT 系统，系统运行时主要是对基础设施进行管理，包括能耗数据、告警数据、工单数据等导出报表与归档、数据分析及评价、基于系统的变更流程、IDC 业务工单等。

如图 8-3 所示，关于某大型 IDC 园区变更统计结果。

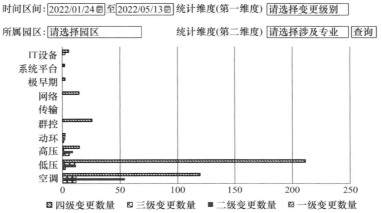

设备类型	一级变更数量	二级变更数量	三级变更数量	四级变更数量
空调	12	54	12	120
低压	1	12	11	212
高压	6	9	1	15
动环	1	2	2	2
群控	0	0	0	26
传输	0	0	0	0
网络	0	0	0	14
极早期	0	0	0	2
系统平台	0	0	0	2
IT设备	0	0	2	5

图 8-3　某大型 IDC 园区变更统计结果

综合管理系统的自诊断功能是对服务器、交换机、终端计算机、数据库、软件系统的监控与管理。

1）对硬件设备的巡检与定期关键数据汇总，具体内容可参考 8.8 小节关于 IT 基础设施相关内容。综合管理系统巡检附件示例见表 8-1，以及某综合管理系统 IT 监控页面如图 8-4 所示。

2）系统故障时，首先利用系统冗余配置进行主备机切换、数据库服务切换、应用服务切换等恢复业务系统。业务恢复后，再对故障系统（设备）进行处理，使系统恢复冗余状态。

表 8-1　综合管理系统巡检附件示例

序号	园区	主机名称/编号	IP 地址	虚机/实机	物理位置	CPU利用率	内有空间利用率	数据库盘已用容量/总容量	数据库已用容量/总容量	检查人	检查时间
1	×××	主服务器	10.141.8.13	主机	资源池	69.0%	82.0%	385G/409G	380G/409G	×××	2018-07-30 00:00:00.0
2	×××	备服务器	10.141.8.14	主机	资源池	0.0%	33.0%	385G/409G	380G/409G	×××	2018-07-30 00:00:00.0
3	×××	主服务器	10.141.8.2	虚机	资源池	3.0%	8.0%	/	/	×××	2018-07-30 00:00:00.0
4	×××	备服务器	10.141.8.4	虚机	资源池	1.0%	6.0%	233G/1024G	186G/500G	×××	2018-07-30 00:00:00.0
5	×××	主服务器	10.141.8.5	虚机	资源池	4.0%	4.0%	/	/	×××	2018-07-30 00:00:00.0
6	×××	备服务器	10.141.41.100	主机	资源池	51.0%	97.0%	/	/	×××	2018-07-30 00:00:00.0
7	×××	备服务器	10.141.41.100	主机	资源池	0.0%	9.0%	/	/	×××	2018-07-30 00:00:00.0
8	×××	ASCS1-PRI 系统服务器	172.20.4.1	虚机	资源池	1.0%	44.0%	/	/	×××	2018-07-30 00:00:00.0
9	×××	ASCS1-SEC 系统服务器	172.20.4.2	虚机	资源池	5.0%	31.0%	/	/	×××	2018-07-30 00:00:00.0
10	×××	CS1-PRI 系统服务器	172.20.4.3	虚机	资源池	3.0%	17.0%	/	/	×××	2018-07-30 00:00:00.0
11	×××	CS1-SEC 系统服务器	172.20.4.4	虚机	资源池	5.0%	14.0%	/	/	×××	2018-07-30 00:00:00.0
12	×××	CS2-PRI 系统服务器	172.20.4.5	虚机	资源池	4.0%	13.0%	/	/	×××	2018-07-30 00:00:00.0
13	×××	CS2-SEC 系统服务器	172.20.4.6	虚机	资源池	4.0%	23.0%	/	/	×××	2018-07-30 00:00:00.0
14	×××	HISTORY SEVER	172.20.4.7	虚机	资源池	1.0%	14.0%	/	/	×××	2018-07-30 00:00:00.0
15	×××	OPC1 数据服务器	172.20.4.8	虚机	资源池	5.0%	9.0%	/	/	×××	2018-07-30 00:00:00.0
16	×××	OPC2 数据服务器	172.20.4.9	虚机	资源池	10.0%	74.0%	/	/	×××	2018-07-30 00:00:00.0
17	×××	OPC3 数据服务器	172.20.4.10	虚机	资源池	10.0%	70.0%	/	/	×××	2018-07-30 00:00:00.0
18	×××	OPC4 数据服务器	172.20.4.11	虚机	资源池	10.0%	55.0%	/	/	×××	2018-07-30 00:00:00.0
19	×××	OPC5 数据服务器	172.20.4.12	虚机	资源池	8.0%	12.0%	/	/	×××	2018-07-30 00:00:00.0
20	×××	电池收敛服务器	172.20.4.13	虚机	资源池	5.0%	9.0%	/	/	×××	2018-07-30 00:00:00.0
21	×××	主服务器	10.141.92.50	主机	资源池	54.0%	41.0%	/	/	×××	2018-07-30 00:00:00.0
22	×××	备服务器	10.141.92.51	主机	资源池	0.0%	32.0%	/	/	×××	2018-07-30 00:00:00.0
23	×××	系统服务器	10.141.70.211	主机	资源池	18.0%	80.0%	/	/	×××	2018-07-30 00:00:00.0
24	×××	系统服务器	10.141.97.206	主机	资源池	24.0%	82.0%	/	/	×××	2018-07-30 00:00:00.0

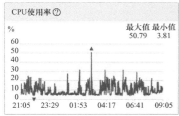
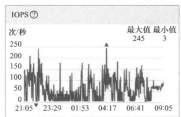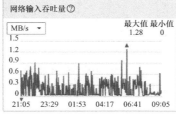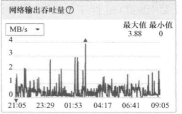

图 8-4　某综合管理系统 IT 监控页面

8.1.3　综合管理系统维护

综合管理系统维护，主要对硬件与软件进行维护，见表 8-2。

表 8-2　综合管理系统主要硬件与软件维护表

项目	内　　容
硬件维护	包括系统运行环境检查，设备连接状况检查、电源稳定性和线路检查、系统运行状态、性能检查和优化，包括 CPU、内存使用情况、网络的 IO 情况检查、设备扩容等服务支持、设备物理检查（包括机体、风扇、风道及过滤器等）与清洁、隐患部件的及时更换、系统硬件运行情况综合分析，详细内容可参考 IT 基础设施维护
软件维护	包括系统主备机状况、集群管理系统状态与运行数据分析、数据库健康度检查与问题处理、中间件状态分析与优化，系统与数定期备份，主备机切换演练，自动报表生成状态检查

8.1.4　综合管理系统应急

综合管理系统应急主要是系统本身应急处理和系统应急处理功能模块应用，见表 8-3。

表 8-3　综合管理系统应急处理

类型	内　　容
系统本身应急	系统本身出现突发异常，包括采集数据异常、系统服务器故障等问题，这种情况下的应急，并不影响现场系统监控，可采取登陆现场监控系统进行监控，管理流程类事务可线下进行，同时紧急通知系统工程师恢复系统
应急处理功能模块应用	管理系统处理应急事件的功能模块，按照系统功能与流程进行应急处理。需要严格按照操作规程执行，包括故障通报、紧急工单升级等，需要保证信息准确性、及时性

225

8.2　电力监控系统

电力监控系统通常由计算机、通信设备、测控单元等组成，对变配电系统进行实时数据采集、开关状态检测及远程控制，它可以和检测、控制设备构成任意复杂的监控系统，在变配电监控中发挥了核心作用，可以帮助企业消除孤岛、降低运作成本，提高生产效率，提高变配电运行过程中异常的响应速度。

8.2.1　电力监控系统组成

电力监控系统通常采用三层结构，分别是系统管理层（也称主站层）、通信网络层和现场控制层。系统管理层负责处理现场设备层实时采集的数据信息和告警信号，实现运维人员与监控对象的监控和自控。监控工作站安装在监控值班室内，方便运维人员实时查看。

系统管理层，采用专业的系统管理软件实现对 10kV 系统运行状态的监测、自动化控制过程的监视和后台报警管理。按高可靠性等级要求，配置两台双机热备服务器主机，当一台服务器出现故障时，将由另一台服务器快速自动接替故障服务器任务，从而在不需人工干预的情况下，自动保障系统能持续提供服务，保证系统的可靠运行。

通信网络层用于现场设备与系统后台之间的信号转换/传递，以实现远程监测，采用冗余双网络设计，主要网络设备冗余配置，上下连接采用交叉连接，使用两套 UPS 供电，确保网络可靠。通信网络层的主要设备是工业网络交换机，对通信网络划分不同子网，隔离网络广播、减少广播风暴，按策略实现网络汇聚和互通。

现场控制层与高压开关柜之间采用点对点连接方式采集信号，主站层和现场控制层之间通过以太网 TCP/IP 进行通信。现场控制层作为控制逻辑执行的核心机构，通常选用具有冗余 CPU 的可编程控制器（Programmable Logic Controller，PLC），实现自动化控制投切功能，由可编程控制器（PLC）完成控制逻辑的运算和处理。

电力监控系统具备机柜、电源、CPU、通信总线的冗余，满足系统的可靠性要求。

机柜冗余：配置两个机柜，用于部署两套完全相同冗余子系统，分别安装在 10kV 配电室的不同位置，采用独立组网。

电源冗余：每个子系统配置一块电源模块。

CPU 冗余：每个子系统配置一块 CPU 模块，用于完成逻辑运算及处理、CPU 之间实行在线冗余。

同步模块：每个 CPU 配置两个同步模块为一组，配置两组同步模块，通过同步光缆连接实现两个 CPU 之间数据同步交换，达到配置冗余的目的。

冗余以太网总线：配置两块以太网通信模块，实现与后台计算机的冗余以太网通信。

冗余总线：每个 CPU 模块通过冗余接口接入分布式 I/O 模块数据。

分布式 I/O：配置分布式 I/O 模块，双向组态，两个子系统可对模块单独寻址。用于采集本模组信号并完成相应的自动控制功能。

所有控制柜采用双路工作电源供电设计，其电源应取自就近的双路不间断 AC 220V 电源或 HVDC 240V 电源。

8.2.2　电力监控系统运行

在电力监控系统运行中，需要了解控制对象系统运行逻辑，并掌握电力监控系统运行时的检查内容。

1. 控制对象系统运行逻辑

针对数据中心通常的两路市电进线配置母联的情况，主要逻辑如下（本书此处主要说明针对一般10kV系统控制逻辑所包含的内容，实际工作中，需要结合实际系统，根据设计以及运维场景确定适合的控制逻辑），见表8-4。

表8-4　控制对象系统运行逻辑

项目	内　　容
一路市电停电，母联闭合	停电市电分闸（①无压、无流；②合闸，综保输出两个信号），延迟300ms，分闸，分闸成功，延迟300ms，闭合母联
一路市电恢复供电	收到市电恢复状态（有电压、无电流、分闸，综保一个干接点信号输出），延迟30min（时间可设定），指示灯亮，按钮确认后，执行自动恢复逻辑 断开母联，确认母联断开成功，延迟300ms，市电开关合闸
两路市电停电	市电进线分闸，母联分闸，向柴油发电机控制器发送市电断电信号，同时，断开市电母线段馈线开关 柴油发电机收到市电停电信号后，控制柴油发电机依次起动，柴油发电机起动成功一台，发送对应柴油发电机起动成功信号 柴油发电机具备并机条件，柴油发电机控制器向高压柜控制发送并机允许信号，高压控制器收到并机允许信号，闭合与柴油发电机对应高压柜 并机条件满足后（暂定并机数量达到六台或并机时间达到1min（时间可调）） 如果并机是按照时间成功输出的，闭合馈线过程人工确认，确认一个闭合一个（确认窗口弹出，可以选择先闭合哪一组，针对同一负载的两个开关算作一组） 高压控制器同时闭合柴油发电机两段目前的输出断路器，闭合成功后，延迟300ms，同时闭合市电母线段柴油发电机进线断路器，闭合成功后，两段市电馈线断路器每组同时闭合，各组依次闭合（延迟5s） 如果柴油发电机母线段，馈线、母联故障或异常断开等问题发生，市电断开对应柴油发电机进线断路器（同时断开本段柴油发电机进线和本段柴油发电机输出断路器），分闸成功，延迟300ms，闭合市电母联
两路市电恢复供电	两路市电同时恢复，同时切换 单路恢复，单路切换，闭合母联，另外一路恢复，分母联，闭合市电

2. 电力监控系统检查

电力监控系统运行时的检查内容，见表8-5。

表8-5　电力监控系统检查项

序号	内　　容
1	监控主机（服务器）运行状态，包括CPU、内存、网络、存储空间
2	系统软件运行状态，包括数据库、显示、控制交互，采集数据正常（电压、电流、频率、功率因数、有功、无功、有功电度、无功电度等信号采集。断路器分合状态、手车位置、弹簧储能状态、接地刀状态（出线）等），发出控制指令，在规定时间内，被控对象按照指令动作

227

（续）

序号	内　容
3	网络硬件巡检，包括交换机指示灯、定期查看日志
4	控制器巡检，控制柜内设备状态、外观巡检，控制器运行状态系统查看、异常状态登记与上报，包括运行状态指示灯、CPU、内存、I/O 接口运行状态等

8.2.3　电力监控系统维护

电力监控系统维护主要内容见表 8-6。

表 8-6　电力监控系统维护内容清单

序号	内　容
1	对服务器、交换机、控制器、控制柜等定期除尘、清洁
2	对信号线、电源线、网线等连接牢靠性检查，发现连接松动等异常，及时处理
3	对系统所涉及的线缆、桥架、控制柜、机柜等外端检查，对于异常变形等问题进行处理
4	对线缆、设备绝缘、电磁特性进行定期检查
5	对单点控制、专门逻辑进行定期校核

8.2.4　电力监控系统应急

电力监控系统应急处理主要内容见表 8-7。

表 8-7　电力监控系统应急处理内容

项目	内　容
系统应急处理	现象：这类故障是整个控制系统采集与控制异常，主要表现为系统页面出现大量报警、采集数据不更新、无法在上位机有效控制开关状态 应急处理：首先将系统与被控设备设置为手动模式，加强巡检，通常系统会设置就地触摸屏，仅是上位机故障时，触摸屏依旧可以查看监控设备的信息，可在触摸屏位置监控系统运行状态。这种情况通常是上位机服务器与网络出现异常引起，处理上位机以及网络故障，恢复系统状态
单设备或单模块应急处理	现象：这类应急是单个高压柜或几个高压柜采集与控制异常 应急处理：首先将系统与被控设备设置为手动模式，检查对应控制模块工作情况，以及集中的通信形式采集线路、端口等进行故障排查，找到原因，进行处理，恢复故障。这种情况一般是单个或多个通信采集的端口或设备出现问题，控制器扩展模块发生故障或异常引起，采用更换备件的方法处理，处理前需注意模块设置需要与故障模块相同
单点应急处理	现象：单个点位采集或控制异常 应急处理：将系统与被控设备设置为手动模式，检查单路采集设备、线缆、被控对象二次回路，排查故障，找到原因，这种情况一般是单点的继电器、接线等问题引起，进行处理，恢复故障

8.3　空调群控系统

空调群控系统（简称 BA），实现对空调参数检测、参数与设备状态显示、自动调节与控制、工况自动转换、设备联锁与自动保护、能量计量以及中央监控、节能与管理等功能。主机及终端设备能对系统的运行状态进行显示、报警、打印、存储和统计，并实现与消防系统联动等。

8.3.1　空调群控系统组成

空调群控系统通常采用直接数字控制（Direct Digital Control，DDC）或可编程控制，由主服务器、工作站、网络设备、若干现场控制分站和传感器、执行器等组成。控制系统的软件功能主要包括：启动与停止控制，比例积分微分控制（Proportional Integral Derivative，PID），时间通道，设备台数控制，动态图像显示，各控制点状态显示、报警及打印，能量统计，事件统计，各分站的联络及其通信等。

传感器主要类型与参数见表8-8。

表8-8　传感器主要类型与参数

传感器	主要类型与参数
温度传感器	管道、冷塔水盘、电伴热管壁等温度传感器，要求工业级传感器，性能要求：输出信号：4~20mA；校验范围：零点和测量区间；精度：优于0.2℃；风管型温度传感器应该至少插入风管深度的40%~60%；水管型温度传感器应该至少插入水管深度的40%~60%；水管温度传感器应该有可拆卸性，材质为304不锈钢的保温套管；温度探测器和套管直接采用热传感敏感的材质
室外干湿球温度传感器	室外干湿球温度传感器应该选用工业级产品，应该满足以下性能：湿度精度：±1.0% RH（相对湿度，Relative Humidity）；温度精度：在20℃时的精度为±0.2℃；传感器自身可以同时输出温度信号和湿球温度信号；输出信号：4~20mA
水管压差传感器	水管压差传感器应该选用工业级产品，应该满足以下性能：输出信号：4~20mA；供电：24V直流；精度：误差小于整个量程的0.25%；校验方式：零点和满量程；传感器自带截止阀，以方便维护时不影响冷冻水系统
水管压力传感器	水管压力传感器应该选用工业级产品，应该满足以下性能：输出信号：4~20mA；精度：误差小于整个量程的0.25%；安装时应底部加装球阀方便以后维护；校验方式：零点和满量程
压力型液位传感器	应该满足以下性能：输出信号：4~20mA；供电：DC 24V；精度：在探测范围内，精度为2.5%；校验方式：零点和满量程
冷媒泄漏传感器	应该满足以下性能：灵敏度：$0 \sim 1 \times 10^{-4}$（百万分数）$\pm 1 \times 10^{-6}$；工作温度：0~50℃；输出信号：4~20mA 和 DC 0~10V
空气质量检测传感器	应能检测的气体类型：SO_2、NO_2、H_2S、Cl_2、CO_2 等；零点漂移小于5%/年
房间温湿度传感器	测湿范围：0~100% RH；湿度精度：±1.0% RH；温度精度：在20℃时的精度为±0.2℃；传感器自身可以同时输出温度信号和湿度信号；输出信号：4~20mA；供电：DC 24V；安装校准零点和满量程

（续）

传感器	主要类型与参数
二氧化碳传感器	检测量程优于 $0 \sim 2 \times 10^{-3}$；精度不低于：$\pm$ （4×10^{-5} + 3% FS （精度和满量程的百分比）） （25℃时）；响应时间：<1min （$0 \sim 90\%$）
气体压差（微差压）传感器	测量范围：$0 \sim 25$Pa （帕斯卡）；精度：0.4%；零点/满程偏移：<0.06% FS/℃；最大线性压力：不小于70kPa；过载：正负向均不小于70kPa；预热漂移：±0.1% FS
定位式漏水控制器	具备对外提供开放的、标准的通信接口（RS485 （Recommended Standard，美国电子工业协会早期标准前缀）、以太网电口 10/100BASE （BASE 是 Baseband 的缩写，表示使用基带传输）） 和简单网络管理协议（Simple Network Management Protocol，SNMP）；测漏设备定位精确度为 0.5m 以内；具备漏水感应绳断线报警功能
空气腐蚀浓度传感器	能够连续监测由于污染气体所造成的腐蚀；可以实现电池驱动的数据存储系统或通过数据线与设施控制系统连接；可同时监测温度和相对湿度。精确度优于 1 度；检测结果对应美国标准 ISA S71.04—1985《过程检测和控制系统的环境条件——大气污染物》的环境分级；有液晶显示屏；电池、USB 等供电；USB 线直接连接计算机；可将数据集成至监控系统；自身可存储数据，需提供检测挂片，检测样品更换周期为三个月

8.3.2 空调群控系统运行

空调群控系统运行一般按照设定的程序进行系统操作控制。在满足空调系统的前提下，自动对整个空调系统冷（热）负荷进行计算，自动选择最合理的设备运行数量，同时对中央空调循环水泵、风机进行变频调节控制，以能耗最低为控制目标，进行最优化的设备组合控制。空调群控系统本身的软件硬件状态监测以及故障处理的主要内容见表 8-9。

表 8-9 空调群控系统运行内容

项目	内 容
基本监控功能	监测数据可以正常查看，响应时间在 10s 以内。数值变化频率与范围在正常范围内，超出正常范围可以及时告警（告警延时不超过 10s） 可以查看历史记录并导出报表 可以正常设定数值、控制设备起停和阀门开关、设定自动模式等控制交互功能
服务器、采集机	状态指示灯正常，CPU、硬盘、内存、网络等监控信息正常
控制柜	柜内设备指示灯状态正常，线缆连接牢固、无脱落，整洁
末端	末端传感器在监控页面数值变化正常，为确保传感器数值正确、响应特性正常，设置传感器数值变化条件专门测试或者相关演练，观察数值是否正常响应，例如，增大风扇频率降低冷却水温度，观察温度变化，分析流量与温差乘积，对比板式换热器（简称板换）两侧传感器参数是否正常

空调群控系统需要在确保控制系统本身正常条件下运行，主要控制逻辑及功能（本书此处主要针对一般冷水自控的控制逻辑进行说明，实际工作中，需要结合具体情况，根据设计以及维护场景确定适合的控制逻辑），见表 8-10。

表8-10　空调群控系统的控制逻辑

项目	内　　容
设备联锁	冷水机组、冷水泵、冷却水泵、冷却塔风机及其电动蝶阀应进行电气联锁起停，其起动顺序为：冷却塔进水电动蝶阀——冷水机组冷冻冷却水电动蝶阀——冷却水泵——冷水泵——冷却塔风机——冷水机组，系统停机时顺序与上述相反
机组群控	根据机房冷却所需的负荷，确定机组及水泵的起停组合及运行台数自动减载、加载，实现优化运行，以适应冷机负荷的变化、达到最佳节能的目的 加载流程： 1）运行机组的负载大于某个设定值（如该机组负荷的80%） 2）当系统所测的冷冻水回水温度高于当前的冷冻水回水温度设定点与一个可调整的温度偏差值相加后的所得值 3）冷水机组起动的延迟时间已经结束（延迟时间可以设定） 4）冷水机组禁止运行的命令未激活 5）冷水机组没有处于出错或断电重起阶段 以上要求3）~5）均需满足，冷水机组立即起动 卸载流程： 1）目前运行的机组台数多于一台 2）运行机组的平均负载小于某个设定值（如机组负荷的30%） 3）当系统温度传感器所测的冷冻水回水温度小于当前的冷冻水回水温度设定点与一个可调整的温度偏差值相加后的所得值 以上要求1）~3）均能满足，才进入以下机组卸载程序 4）机组停机的延迟时间已经结束（延迟时间可以设定） 以上要求4）能满足，设定机组马上停机 系统将自动记录单台冷水机组的累积运行时间，根据机组的累积运行状况来采取超前或滞后控制，尽量使冷水机组达到平均使用，来达到冷水机组的群控，便于进行统一的维护和保养
设备选择	自动预测冷负荷需求/趋势，并根据过去的能效、负荷需求、冷水主机—泵—冷却塔的功率和待命冷水机组的情况来自动选择设备的最优组合。用户可以交替地选择最优/同等的冷水机组运行时间。冷冻水和冷却水泵将根据冷水机组的选定情况来开/关。任何冷水机组得到开机命令却未能起动的，应按指定要求发出报警。控制器得到报警后，起动下一台最合适的机组
低负荷控制	不允许单台冷水机在低于可选工况点（如30%的负荷）下运行，除非只有单台冷水机用于承担负荷。当冷负荷低于30%时，将选择蓄冷系统供冷
断电后自动起动	当发生断电时，所有设备将停机一段时间，这段时间的长短可以选定。然后，设备将依次起停，以最大幅度地减少功率的峰值需求
冷却塔控制	冷却塔风机将按照冷水机组的运行来自动起停。为了实现能效最优，冷却塔风机的运行频率及运行台数可根据冷却水供回水温度、室外温湿度参数来自动选择
冷水机组控制	冷水机组需提供如Modbus（Modicon's BUS，Modicon的总线）等通信协议给自控通信网关，由于冷水机组控制箱二次回路未提供，因此需由群控系统负责采集本部分的信号：1）起停控制；2）运行状态显示；3）故障报警
冷冻水泵、冷却水泵控制	鉴于冷冻水泵、冷却水泵控制柜已由厂商配电柜二次回路提供，以下信号反馈给自控主机：1）起停控制；2）水泵运行状态显示；3）水泵故障报警；4）手/自动控制；5）变频控制（冷冻水泵）；6）频率反馈

（续）

项目	内　　容
各类阀门、温度、压力、流量等控制点位	冷水机组冷冻冷却阀门控制与反馈；冷却塔水盘温度控制；冷却水管电加热状态、故障监测；冷却塔阀门控制与反馈，冷却总管温度；各类水箱高低液位；室外温湿度；蓄冷罐的温度；板换一次二次侧温度与阀门控制，根据出水温度需求调节一次侧阀门开闭；总管温度、压力、流量，旁通阀控制，根据供回水压差，调节旁通阀开度，使供回水压差稳定；管道阀门工况切换与反馈；冷热水供回水温度、压力、流量；各设备累计运行时间，当累计值达到设定值时，发出检修报警信号；根据冷却塔运行台数及运行方式控制相关蝶阀开关

空调群控系统的操作应根据事先制定的标准操作流程进行，某数据中心的空调群控系统标准操作说明见表 8-11。

表 8-11　空调群控系统的操作说明

第 01 部分文件变更记录	版本	日期	变更描述	起草/修改人	审核人
	A0	×××年×月	征求意见稿	×××	×××
	A1	×××年×月	更新插图	×××	×××

第 02 部分 SOP 标题	文件名称		文件编号	
	空调群控系统标准操作流程（SOP）		××-××-×××-×××-××	

第 03 部分现场信息	场地名称	适用范围	专业负责人
	×××××××××××	××	×××

第 04 部分设备信息	设备厂家	设备名称	设备型号
	×××××××××	空调群控	×××
	维护负责人电话	售后联系电话	设备厂家技术支持电话
	×××××××××	×××××××××	×××××××××

第 05 部分	执行本标准操作流程的原因

5.1 为保证机楼设备运行安全，规范空调群控系统操作标准，保证安全稳定运行

第 06 部分	本标准操作流程的安全要求

6.1 检查主机、备机通信状态显示为主机正常、备机正常

第 07 部分	本标准操作流程的各种风险

7.1 冷冻水供水温度上升

第 08 部分	本标准操作流程所需各项检查及准备工作、仪器仪表及耗材

8.1 检查确认各设备在自动状态

8.2 检查确认各手动阀门在开启位置（阀门开关指针在 OPEN 位置）

8.3 检查冷冻、冷却水压力（冷冻水压力 0.35~0.4MPa，冷却水压力 0.4~0.45MPa）

8.4 在增加系统时确认备用系统与在用系统模式一致

8.5 冷机模式切换至板换模式，需确认一周内室外最高湿球温度低于 9.5℃后进行切换

8.6 当冷却塔出水温度高于 12.5℃时，板换模式切换至冷机模式

第 09 部分	通报部分
	监控室

（续）

第 10 部分	本标准操作流程的详细步骤	
10.1 登录群控		预估时间
10.1.1 鼠标单击群控计算机桌面对应的图标		1s
10.1.2 在弹出界面点"用户登录"		2s
10.1.3 进入群控登录界面，输入账号密码，后单击"确定"		5s
10.1.4 在主页面显示"系统管理员"后登录成功		2s
合计		10s
10.2 设置参数		预估时间
10.2.1 单击所需要查看或操作的界面		3s
10.2.2 单击对应所需设置参数的设备图标，如冷却塔		2s
10.2.3 单击图标后出现界面，对参数进行修改设定		5s
合计		10s
10.3 查看告警		预估时间
10.3.1 单击界面"报警窗口"		1s
10.3.2 下拉菜单单击"历史报警"		2s
合计		3s
10.4 系统模式切换		预估时间
10.4.1 单击"系统选择"→"系统模式检测及控制"进入系统模式选择界面		3s
10.4.2 在系统模式选择页面中，在要操作系统中，单击所需模式右侧"使用"		2s
10.4.3 等待系统切换至更改模式，当更改模式右侧显示"××模式正常"后，模式切换完成		3min
10.4.4 现场确认各阀门状态与空调群控显示阀门状态一致，并更新 SCP 阀门配置表		5min
合计		8min5s
10.5 空调群控系统手动开启机组		预估时间
10.5.1 单击"系统选择"，下拉菜单选择"系统总览"进入系统总览界面		5s
10.5.2 进入系统总览页面中，在要操作系统中，单击"手动"图标，此时主机控制模式变为手动模式		1min
10.5.3 单击手动模式系统，单击右侧阀门控制图标进入阀门控制页面		2s
10.5.4 分别单击"V∗-1、V∗-4、V∗-6、V∗-7、V∗-10、V∗-12"阀门的"开"命令，在V∗-6 调节阀后输入 100（阀门编号说明：如 V∗-1，其中∗代表主机编号，1 代表阀门自身编号），当空调群控显示开启阀门为绿色，调节阀显示100% 时，现场确认阀门状态与空调群控显示一致		3min
10.5.5 进入所操作系统主界面，单击冷却泵图标进入冷却泵控制界面，单击设定频率右侧数字然后输入"45"，单击"启动"图标冷却泵起动同时冷却泵显示绿色起动状态，冷却管路出现动态图，现场人员确认冷却泵变频柜运行指示绿灯亮，水泵进出口压差 >2bar（$1bar = 10^5 Pa$）		1min
10.5.6 单击 1 单元冷塔图标进入冷却塔控制界面，单击设定温度右侧数字然后输入"20"，单击"启动"图标冷却塔风机起动，2 单元冷却塔操作与 1 单元一致，冷却塔风机起动后冷却塔风机呈现动态图，现场人员确认冷却塔变频柜运行指示绿灯亮，风机为运行状态		1min

（续）

第 10 部分	本标准操作流程的详细步骤	
10.5.7 单击冷冻泵图标进入冷却泵控制界面，单击设定频率右侧数字然后输入"45"，单击"起动"图标冷冻泵起动同时冷冻泵显示绿色起动状态，冷冻管路呈现动态图，现场人员确认冷冻泵变频柜运行指示绿灯亮，水泵进出口压差 > 2bar（1bar = 10^5Pa）		1min
10.5.8 单击水冷机组图标，进入水冷机组控制界面，单击"启动"，60s 后水冷机组起动同时水冷机组显示绿色起动状态		2min
10.5.9 现场确认水冷机组为运行状态，查看冷冻侧、冷却侧流量计，确认流量大于 600m³/h，确认水冷机组冷却水回水温度小于 35℃，冷冻出水温度达到设定温度，空调群控系统手动开启水冷机组完毕		3min
合计		12min4s
10.6 空调群控系统手动开启板换		预估时间
10.6.1 单击"系统选择"，下拉菜单选择"系统总览"进入系统总览界面		2s
10.6.2 进入系统总览页面中，在要操作系统中，单击"手动"图标，此时主机控制模式变为手动模式		1min
10.6.3 单击手动模式系统，单击右侧阀门控制图标进入阀门控制页面		2s
10.6.4 分别单击"V∗-2、V∗-3、V∗-5、V∗-10、V∗-12"阀门的"开"命令，在 V∗-8 调节阀后输入 100（阀门编号说明：如 V∗-1，其中 ∗ 代表主机编号，1 代表阀门自身编号），当空调群控显示开启阀门为绿色，调节阀显示 100% 时，现场确认阀门状态与空调群控显示一致		3min
10.6.5 进入所操作系统主界面，单击冷却泵图标进入冷却泵控制界面，单击设定频率右侧数字然后输入"45"，单击"启动"图标冷却泵起动同时冷却泵显示绿色起动状态，冷却管路出现动态图，现场人员确认冷却泵变频柜运行指示绿灯亮，水泵进出口压差 > 2bar		1min
10.6.6 单击 1 单元冷塔图标进入冷却塔控制界面，单击设定温度右侧数字然后输入"11"，单击"启动"图标冷却塔风机起动，2 单元冷塔操作与 1 单元一致，冷却塔风机起动后冷却塔风机呈现动态图，现场人员确认冷却塔变频柜运行指示绿灯亮，风机为运行状态		1min
10.6.7 单击冷冻泵图标进入冷却泵控制界面，单击设定频率右侧数字然后输入"45"，单击"启动"图标冷冻泵启动同时冷冻泵显示绿色起动状态，冷冻管路出现动态图，现场人员确认冷冻泵变频柜运行指示绿灯亮，水泵进出口压差 > 2bar		1min
10.6.8 现场确认冷冻侧、冷却侧流量计，确认流量大于 600m³/h，确认板换冷却水回水温度小于 12.5℃，冷冻出水温度小于 13℃，空调群控开启板换完毕		3min
合计		10min4s
10.7 系统加减机		预估时间
10.7.1 单击"系统选择"，下拉菜单单击"系统总览"进入总览界面		2s
10.7.2 在"系统运行数量设定"处将数字改为所需开启数量，等待系统自动起动		3s
10.7.3 在"系统总览"页面中当备用或在用系统显示运行或停止后，更改系统运行数量完成，安排人员现场查看其运行状态		1min
10.7.4 启动系统为冷机时，现场查看启动系统中冷冻泵、冷却泵、冷却塔控制柜，确认运行指示绿灯亮，查看确认水冷机组为运行状态，查看冷冻侧、冷却侧流量计，确认流量大于 600m³，查看确认水冷机组冷却水回水温度小于 35℃，冷冻出水温度达到设定温度，增加系统运行数量操作完毕		5min

（续）

第 10 部分	本标准操作流程的详细步骤	
10.7.5 启动系统为板换时，现场查看启动系统中冷冻泵、冷却泵、冷却塔控制柜，确认运行指示绿灯亮，查看冷冻侧、冷却侧流量计，确认流量大于 $600m^3$，查看确认板换冷却水回水温度小于 12.5℃，冷冻出水温度小于 13℃，增加系统运行数量操作完毕		5min
10.7.6 将启动或关闭系统中各设备状态指示牌进行更新，并更新相应 SCP		2min
合计		12min5s
10.8 水冷机组轮巡切换		预估时间
10.8.1 单击"系统选择"，下拉菜单单击"系统总览"进入总览界面，确认要开启备用系统为"正常空调群控"模式		1min
10.8.2 在其他备用系统处单击"手动"		3min
10.8.3 在"系统运行数量设定"处将数字改为原有数 +1，备用系统自动启动		1min
10.8.4 在"系统总览"页面中当备用系统显示运行后，安排人员现场查看其运行状态		1min
10.8.5 启动系统为机组系统时，现场查看启动系统中冷冻泵、冷却泵、冷却塔控制柜，确认运行指示绿灯亮，查看确认水冷机组为运行状态，查看冷冻侧、冷却侧流量计，确认流量大于 $600m^3$，查看确认水冷机组冷却水回水温度小于 35℃，冷冻出水温度达到设定温度后，在"系统运行数量设定"中将数字改为原有数 –1		5min
10.8.6 启动系统为板换系统时，现场查看启动系统中冷冻泵、冷却泵、冷却塔控制柜，确认运行指示绿灯亮，查看冷冻侧、冷却侧流量计，确认流量大于 $600m^3$，查看确认板换冷却水回水温度小于 12.5℃，冷冻出水温度小于 13℃后，在"系统运行数量设定"中将数字改为原有数 –1		5min
10.8.7 等待原运行系统自动停机，在"系统总览"页面中当原运行系统显示停止后切换完成		3min
10.8.8 切换完成后在其他备用系统处单击"自动"		1min
10.8.9 将关闭系统中水冷机组、板换、水泵、冷却塔状态指示牌由运行状态改为待机状态，将开启系统中水冷机组、板换、水泵、冷却塔状态指示牌由待机状态改为运行状态		3min
合计		18min
10.9 退出系统		
10.9.1 如需退出软件只需单击"退出系统"即可		2s
合计		2s
第 11 部分回退方案	无	
第 12 部分文档记录	见附件《空调群控系统操作记录表》	
第 13 部分	本标准操作流程执行后所做的检查工作	
13.1 操作完成后确认设备状态是否与空调群控系统状态一致		

8.3.3　空调群控系统维护

为确保空调群控系统正常运行，需定期对现场监控设备进行巡检维护，主要操作见表 8-12。

表 8-12　监控设备的巡检维护操作内容

序号	内　　容
1	检查各类监控采集设备是否运行正常，指示灯是否正常，是否有告警
2	检查各类监控采集设备的电源、接地、信号等接点是否连接牢固可靠
3	检查前端采集设备有良好的接地和必要的防雷措施，对智能设备的采集要充分考虑到智能通信口与数据采集器之间的电气隔离和防雷措施
4	检查水浸、温湿度等传感器安装位置是否合理，是否需要调整或增补

定期对现场监控设备进行告警测试和验证，见表 8-13。

表 8-13　监控设备的告警测试和验证

序号	内　　容
1	水浸告警、市电故障告警、温湿度传感器和变送器有效性测试，并联系监控人员在告警模块台上查看应有告警产生，在监控中心查看告警并跟踪自动派单流程是否正常，如无告警需检查传感器和采集器
2	温湿度传感器精度测试：温湿度计显示值与监控测得的值相比较，温度误差应≤1℃；在环境温度为25℃、湿度范围为 30%～80% RH 时，湿度误差应≤5% RH，当湿度超出 30%～80% RH 时，湿度误差应≤10% RH
3	检查前端采集设备有良好的接地和必要的防雷措施，对智能设备的采集要充分考虑到智能通信口与数据采集器之间的电气隔离和防雷措施
4	智能设备通信协议核对测试：智能设备通信中断告警验证、模拟各类告警验证。在监控中心查看告警并跟踪自动派单管控流程

8.3.4　空调群控系统应急

空调群控系统应急主要有：系统级应急、单元级应急、设备级应急，见表 8-14。

表 8-14　空调群控系统应急操作

类别	内　　容
系统级应急	监控系统整体无法监测与控制空调群控系统与设备，主要是服务器或系统软件引起的问题，首先是紧急状况发生后，在就地控制面板进行监控，加强现场巡查，同时启用备用控制系统，如果备用控制系统异常，紧急恢复至最新正常的系统状态；如果是服务器硬件突然异常，切换备机一般可以解决，切换后紧急处理故障服务器
单元级应急	单元级应急或称局部应急，主要是出现单个控制柜或控制器异常，首先需切换至正常控制单元，然后定位故障，如果是柜内组件故障，使用备件更换故障组件；如果是控制器故障，需要配置备件控制器，更换控制器，启动测试，恢复正常；如果是核心控制器冗余丢失，更换故障控制器，测试同步，恢复正常
设备级应急	设备级故障，包括水泵无法控制、阀门无法控制等，首先切换备用单元或备用设备工作，隔离故障，确保系统运行，然后定位故障，如果是设备故障处理设备；如果是控制接口的硬件等出现故障，进行接口硬件组件更换处理

8.4　动力与环境监控系统

动力与环境监控系统是一个数据采集、加工处理、统计分析的数据管理平台。系统监测的数据，一方面是用来实时反映基础设施当前的运行状态指标，便于第一时间发现问题、消除问题，避免对数据中心所支撑的业务或服务造成影响；另一方面，按照一定的原则和要求，保存历史监控数据，用于日后事件追踪、查询统计和趋势分析，加强数据中心运维管理。

8.4.1　动力与环境监控系统组成

动力与环境监控系统是一个比较复杂的管理平台，下面分别从逻辑架构、物理架构、系统部署架构三个方面介绍动力与环境监控系统的组成。

1. 逻辑架构

动力与环境监控系统完成对数据中心基础设施的监控，由以下两大子系统组成。

（1）信息采集子系统　信息采集子系统完成对数据中心基础设施各系统的状态、参数、数据、设备属性、配置等信息的采集，并将信息按标准格式传输到信息处理子系统。同时，信息采集子系统还响应上层信息处理子系统的控制指令，控制受控设备或系统。

（2）信息处理子系统　信息处理子系统主要完成信息的汇聚、存储和处理。信息处理子系统接收信息采集子系统的数据，对数据进行加工运算处理，按照告警规则生成告警信息，对众多的告警信息进行关联压缩、过滤，完成故障定位，实现对数据中心的全方位监控。重要实时监控信息送总控中心系统展示；其他重要数据只由信息处理子系统进行存储管理，形成历史数据供运行管理系统调用，并按要求形成统计分析报告。

信息处理子系统不仅完成监视功能，还可以完成一定调节与控制功能（实际工作中，对于可能影响数据中心可用性的控制需要谨慎，可采用二次授权认证）。可以根据应用需要，对数据中心基础设施设备进行手动和自动调节与控制。

2. 物理架构

物理架构是智能接口和传感器、采集设备、监控服务设备、网络传输设备、管理服务设备和展示设备之间的物理连接关系。可以把它们部署到不同位置，从而为远程访问和负载均衡等提供手段。

（1）智能接口和传感器　智能设备设有智能接口与上层采集设备进行通信。常见的智能接口有 RS232、RS422/485、以太网口，常用协议有 Modbus、OPC（OLE for Process Control）、SNMP 等。常见的传感器设备有：温湿度（如图 8-5 所示）、烟感、红外、漏水、智能电表（如图 8-6 所示）和 I/O 干接点等。

通信协议	Modbus-RTU
波特率	4800，n，8，1
输出接口	RS485
温度分辨率	0.1℃
湿度显示分辨率	0.1%RH

图 8-5　温湿度传感器图和温湿度传感器通信接口参数

（2）采集设备　采集设备的两大功能是协议转换和模数转换功能。协议转换采集设备从功能上一般分为两类：其中一类主要完成信号透传，RS232 和 RS422/RS485 接口的串口

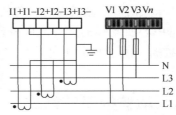

图 8-6　智能电表及智能电表接线图

数据流转换成基于 TCP/IP 的以太网网络数据流，常见的该类设备有动力环境监测仪、串口服务器；另一类不仅完成信号透传，还可以进行协议适配，将种类繁多的各个设备厂商的协议转换成统一的标准协议，常见的该类设备有智能数据采集单元。采集器模数转换机模拟信号和数字信号的转换，实现传感器检测到的信号转换成系统的数字信号，即模拟输入信号（Analog Input，AI），还可将干接点信号转变成状态信号的数字输入信号（Digital Input，DI），还能输出干接点控制信号的数字输出信号（Digital Output，DO），如图 8-7 所示。

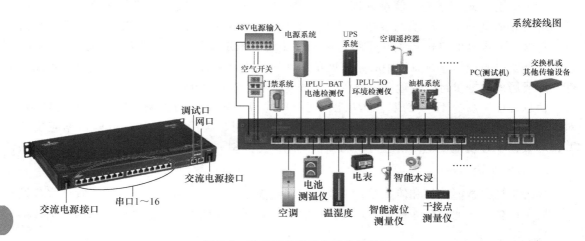

图 8-7　采集设备及采集设备接线图

（3）监控服务设备　监控服务设备将采集设备采集到的数据进行汇聚、加工、运算、存储等处理。监控服务设备可以独立完成监控管理系统中的简单监控功能，常见的监控服务设备有嵌入式服务器、工控机服务器、智能数据处理单元等，工控机服务器如图 8-8 所示。

图 8-8　工控机服务器

（4）网络传输设备　网络传输设备包含网络传输介质及对应的连接管理设备。网络传输介质是网络中发送方与接收方之间的物理通路，常用的传输介质有：双绞线、同轴电缆、光纤（电磁波）。连接设备常见的有的集线器、交换机、路由器等；还有一些特殊应用的，如进行网络过滤的网络防火墙进行集群系统负载均衡的负载均衡器等。

（5）管理服务设备　管理服务设备是整个监控管理系统的物理核心，核心监控系统和管理系统均运行其上。管理服务设备一般包含处理设备和存储设备等。

（6）展示设备 展示设备作为监控管理系统人机交互的界面，用来完成监控管理信息的输入输出。常见的展示设备有警灯警笛、电话、短信猫、音箱、总控中心电子大屏、各种显示终端、打印机等。

3. 系统部署架构

监控管理系统设计充分考虑了系统性能、可靠性、可扩展性和可伸缩性，在部署时需根据系统规模和最大在线用户数进行配置。一个通用的部署原则是将数据和应用分布在不同物理服务器，当管理设备增加时，可以将不同应用模块分布到不同物理服务器；当用户数增加时，增加服务器数量均衡负载。为保证高可用性，可以将一个应用模块部署到多个物理服务器生成多个应用实例，可实现灾备系统、生产系统和备份系统分别运行在不同空间和物理区域，也可以部署到云上，避免自然灾害等不可抗力对系统造成的毁灭性损失。通常系统部署架构有两种形式，适用于单一区域的中小型监控的最小运行系统和适用于大型监控的可伸缩的分布式系统。

（1）最小运行系统 针对少量管理设备和用户数，并且无须联网的单一监控区域，只需要配置一台应用服务器，在其上安装平台服务、应用、Web 服务器和数据库。由于最小运行系统需要运行监控管理系统的所有组件，因此对应用服务器的性能有较高要求。

（2）可伸缩的分布式系统 针对庞大的管理设备和用户数，并且分散分布在全国各地的区域，需要进行集中监控管理，出于系统性能和安全考虑，通常需要采用可伸缩的分布式部署方式。可以将监控管理系统的各个组件分离在不同物理服务器上运行，也可以在不同的物理服务器上运行同一服务的多个副本，进行负载均衡。

8.4.2 动力与环境监控系统运行

数据中心动力与环境监控运行时主要完成数据采集、分析处理、存储、展示，便于实时掌控数据中心的基础设施运行情况。动力与环境监控系统应具备如下功能：

1. 基本监控功能

通过动力与环境监控系统对监控数据进行查询、统计、分析及报告输出，如图 8-9 所示。

2. 调节与控制功能

监控系统可以远程对基础设施设备工作模式进行设置、运行状态进行远程控制，这种控制既可以手动也可以自动。针对设备的高级控制功能，需要取得控制授权，并进行二次密码认证。

3. 系统告警功能

根据预先设置的告警规则，监控系统采集到的信息可以在条件达到之后形成预警信息、告警信息，并通过交互层的各种

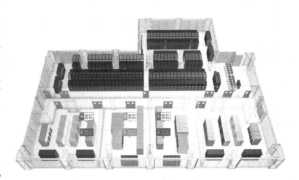

图 8-9 基本监控功能画面

告警终端如短信、电话、邮件、声光等迅速发出通知。告警处理过程可分为过滤、分析、预警、告警、恢复。为及时发现数据中心可能导致服务或业务中断事件，可以扩展出定时报平安功能，定期发送监控管理系统的健康状态和关键设备的状态信息，实时了解监控管理系统的运行情况和动力与环境关键设备的运行情况。

日常维护人员应对监控系统发出的各种声光告警快速做出反应。对于一般告警，可以记录并进一步观察；对于紧急告警，应及时通知相关人员处理；如涉及严重故障，影响生产系统正常运行，应立即通知相关人员进行抢修，并按规程进行升级处理；对于部分需要现场确认恢复的告警信息，应由现场维护人员进行确认恢复，见表 8-15。

表 8-15　现场维护人员对监控及告警处理说明

项目	内　　容
基本监控	系统登录退出正常，数据查看，响应时间在 10s 内 系统服务、信号采集、被监控设备工作状态检查
系统告警	进行告警识别，定位告警设备

4. 完备的技术资料体系

动力与环境监控系统应当建立起相对完备的技术资料体系，以便于管控维护工作的严谨性和延续性。常见的资料体系文档应包含：

1）动力与环境监控系统逻辑总图。

2）系统部署深化设计图样，包含线路敷设、设备位置及设备通信协议等。

3）各相关设备的使用说明书、维护手册等标准技术文档。

4）系统软件功能架构图、流程图。

5）配套备品备件、工具仪表清单等。

动力与环境监控系统操作说明举例见表 8-16。

表 8-16　动力与环境监控系统操作说明

第 01 部分 文件变更记录	版本	日期	变更描述	起草/修改人	审核人
	A0	×××年××月	征求意见稿	×××	××××
第 02 部分 MOP 标题	文件名称		文件编号		
	动环标准操作流程		××××××××		
第 03 部分 现场信息	场地名称		适用范围		专业负责人
	××××××××		×××		××××
第 04 部分 设备信息	设备厂家		设备名称		设备型号
	××××		动力环境监控系统		×××××
	维护负责人电话		售后联系电话		设备厂家技术支持电话
	××××××××		××××××××		×××××××××
第 05 部分	执行本标准操作流程的原因				

5.1 对动环监控系统执行必要的操作，严格按照步骤执行

（续）

第 06 部分	本标准操作流程的安全要求	
6.1 监控电脑禁止连接外网		
第 07 部分	本标准操作流程的各种风险	
7.1 严格按照步骤执行，防止系统死机、崩溃		
第 08 部分	本标准操作流程所需各项检查及准备工作、仪器仪表及耗材	
8.1 检查监控电脑电源线及其他连接线是否接好		
第 09 部分	通报部分	
	监控室	
第 10 部分	本标准操作流程的详细步骤	
10.1 电话通知网络监控组，告知影响范围		预估时间
		2min
动环系统登录及告警信息查看		
10.2 检查计算机电源线及其他线路连接好后单击开机按钮，将计算机起动		2min
10.3 计算机开机后选择××××××账户登录		1min
10.4 账户登录后进入桌面主界面		30s
10.5 待确认内网已连接时，然后双击桌面图标：登录动环监控系统		1min
10.6 进入动环系统主界面后单击总报警方可查看实时报警信息（在告警展示栏中可以看到系统是否有实时告警，若有告警将会有声光指示）		30s
10.7 进入实时告警界面后，双击相对应告警信息可查看对应告警设备运行信息（信息查看分为二级菜单和三级菜单），也可在当前界面查看当前设备的历史告警记录		1min
10.8 若需查看历史记录，单击实时告警界面"事件展示"图标方可查看历史告警信息		30s
动环监控系统设备信息查看		
10.9 在动环监控系统主界面单击需要查看的楼层及机房		30s
10.10 进入三层监控界面后单击需查看的机房内设备编号（如查看 302－D 列备路状态）方可查看此列头柜支路状态及各项参数		1min
系统关机操作步骤		
10.11 单击动环系统右上角"×"图标关闭监控系统		30s
10.12 单击计算机左面左下角菜单开关机按钮将计算机主机关闭		1min 30s
合计		13min
第 11 部分 回退方案	无	
第 12 部分 文档记录	详见《ABB 动环监控操作记录表》	
第 13 部分	本标准操作流程执行后所做的检查工作	

241

8.4.3　动力与环境监控系统维护

　　动力与环境监控系统在使用一段时间后，需要对系统进行维护和保养。通常数据中心的动力环境监控系统会从硬件和软件两个方面进行维护，以下给出一份典型的动力与环境监控系统维护计划表供参考，见表8-17。

表8-17　典型的动力与环境监控系统维护计划表

序号	项目	维护周期
1	监控系统巡检及记录	月
2	抽查监控系统的功能、性能指标	
3	检查操作记录、操作系统、相关服务、数据库日志	
4	备份上月历史数据、备份配置数据	
5	对统计数据进行分析、归档	
6	告警测试（抽测）	
7	阶段汇总季度报表	季
8	备份操作数据	
9	备份系统操作日志	年
10	阶段汇总、年度报表	
11	全面抽查监控系统的功能、性能指标	
12	整理历史数据	
13	监控系统相关设备接地、防雷等电气安全检查	
14	检查智能设备接口的电气隔离、防雷及接口稳定性	
15	服务器（服务）主备倒换测试	

8.4.4　动力与环境监控系统应急

动力与环境监控系统应急分为系统级应急和服务级应急。

系统级应急，在主用动力与环境监控系统外，还有一套备用动力与环境监控系统，主要是基于物联网的干接点、采集器组成的简易应急监控系统。其特点是简单、接入关键动力环境设备数据、独立的网络系统。

服务级应急是针对系统服务，如应用服务、数据采集服务、数据库备用服务，在主要服务故障时，能进行备用服务切换。

8.5　安全防范系统

安全防范系统主要是防止未授权人员进入敏感区域，即防入侵，还有防盗、防破坏、留痕等。安全防范系统包括视频监控系统、出入口控制系统、入侵报警系统等。这些系统可分别独立布置到数据中心，也可集成到一个系统中，最好是将这些关联的系统合并到一个系统中，接入管理平台消除信息孤岛。

8.5.1　安全防范系统组成

安全防范系统覆盖数据中心机房、过道、公共区域，同时覆盖数据中心楼顶、外立面、内庭院等部位。机房、过道、办公楼各出入口、楼梯口、重点要害部位设置专用摄像机，区域分界通道设置出入口控制系统，关键区域设置人员入侵报警。安全防范系统内的存储系统采用存储服务器加磁盘阵列存储视频数据；告警和配置等其他数据使用关系型数据库，计算和存储也可采用云服务架构。

1）视频监控前端设备主要是视频摄像机。视频摄像机可分网络数字摄像机和模拟摄像机；也可按安装方式分球机、枪机，如图 8-10 所示；按控制方式分可控和不可控（包括云台、焦距、放大缩小等）。数据中心主流使用网络数字摄像机，其中智能摄像机可以完成先进的视频分析算法和多目标跟踪算法程序，可实现自动或手动对全景区域内的多个目标进行区域入侵、越界、进入区域、离开区

图 8-10　球机和枪机

域行为的检测，并可输出报警信号和联动云台跟踪，从而满足高等级安保需求。

2）出入口控制系统采用实时联网控制的智能网络门禁控制系统。出入口控制系统主要由系统主机及管理软件、门禁控制器、感应式 IC 读卡器、门磁、电锁及出门读卡器、出门按钮等门禁设备组成。系统可实行分级管理、计算机联网控制。还可采用人脸识别技术，通过刷脸就可以对访客的通行、应用权限进行授权，同时可配置体温监控、越限自动提醒、轨迹追踪等功能模块，如图 8-11 所示。

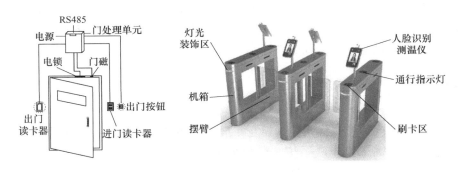

图 8-11　门禁系统图和人员道闸图

3）入侵报警系统主要由入侵检测系统和报警系统组成。前端入侵报警探测器由如 AI 摄像机监视、红外对射、电子围栏、振动光纤等组成。目的是对入侵事件进行识别告警，启动入侵处理。入侵报警系统通过运用入侵报警探测器来判断是否有人非法入侵。一旦发生报警，系统将发出报警信号，自动显示出报警的区域，并记录报警发生的时间、地点；在发生报警的同时可向视频监控系统发出信号，视频监控系统可根据所发生报警的部位自动调用相关的摄像机图像，并自动录下现场情况。

8.5.2　安全防范系统运行

安全防范系统运行主要涉及监控和告警处理、授权管理、统计和分析等工作。

监控和告警处理：监视各被监控部位，监控人机操作界面，通过安防现场巡查、系统值班人员巡查、系统主动告警策略按设定程序启动异常报警，并通过安全防范系统记录数据和

录像存档。

授权管理：根据数据中心管理的授权程序，对需要进入数据中心的人员进行安防授权，未经授权人员，禁止进入数据中心生产区域。

统计和分析：统计触发安防事件次数，分析安防告警，分析安全分区设置，完善安防措施和策略。

8.5.3　安全防范系统维护

安全防范系统维护主要是对监控设备、设备连接、监控软件的维护。监控系统前端设备清理、设备除尘、位置调整、误差测试、精度调整、告警测试、设备维修及更换、故障排除等。安全防范系统设备线路检测（系统自动检测、人工巡视检查、现场抽查）、故障排除、隐患排查。监控软件检测、软件升级、软件维护、数据备份、故障排除等。

8.5.4　安全防范系统应急

安全防范系统应急一般没有系统级和服务级的应急，系统设置和服务没有冗余，安全防范系统故障不会直接造成数据中心业务和服务中断。对重要的视频、门禁等设备进行选择性应急。

视频设备应急，视频摄像机使用不间断电源，在视频网络或服务不可用时，IP视频摄像设置有SD卡备份，在摄像机内完成视频存储，待网络和服务恢复后进行上传。

门禁系统应急，门禁系统使用不间断电源供电，网络或服务不可用，授权服务存储在门禁设备本地，不影响门禁系统使用，只是新的授权和远程控制失效。待网络和服务器恢复后，可以将中断期间的事件上传到服务器。

8.6　综合布线系统

综合布线系统又称智能布线系统，现在一般采用模块化设计，以实现灵活、管理方便、易于扩充、符合六类高标准布线系统。综合布线系统具有开放式网络拓扑结构，能支持语音、数据、图像、多媒体业务等信息的传递。

8.6.1　综合布线系统组成

在《综合布线系统工程设计规范》GB 50311—2016国家标准中规定，综合布线系统工程一般按照工作区子系统、配线子系统、干线子系统、建筑群子系统、设备间、进线间、管理等七个部分进行设计。数据中心的布线基础架构与建筑物的总体布线完全不同，电缆长度短、带宽高，在单个机柜中可能需要上百个连接。数据中心综合布线按区域划分一般有主配线区（Main Distribution Area，MDA）、中间配线区（Intermediate Distribution Area，IDA）、水平配线区（Horizontal Distribution Area，HDA）、区域配线区（Zone Distribution Area，ZDA）以及设备配线区（Equipment Distribution Area，EDA）等。大型数据中心布线整体结构如图8-12所示。

主配线区，即核心交换区域，连接来自各中间配线区、水平配线区以及电信间和近线间的各层主干配线，是数据中心的核心配线区域。

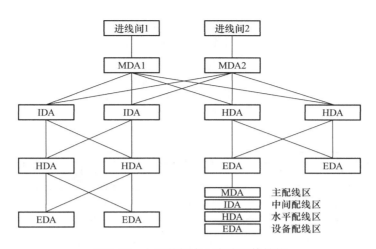

图 8-12　大型数据中心布线整体结构

中间配线区，对于占据多个建筑物、多个楼层或多个房间的大型数据中心，经常会涉及中间配线区，如汇聚交换区域的配线。

水平配线区，是数据中心的水平管理区域，一般位于每列机柜的一端或两端，所以也常被称为列头柜，也可在每列机柜中部。每个水平配线区按管理的设备柜数量计算、一般不超过 15 个；当采用集中式管理时，管理的点位一般不超过 2000 点。数据中心布线中，在主配线区、PC 服务器区、小型机区以及存储区等各个区域都会有相应的列头柜。

区域配线区，是整个数据中心配线中唯一不含有源设备的区域，一般只有在大型数据中心机房中并且有设备需要经常移动或变化时才设置该区域。区域配线区可以是机柜或者机架，也可以通过集合点（Consolidation Point，CP）完成线缆的连接。

设备配线区，是指 PC 服务器、小型机、存储设备、交换机、多计算机切换器（Keyboard Video Mouse，KVM）等所有网络设备的配线。为提高数据中心网络设备的稳定性，尽可能减少网络设备端跳线的插拔，一般水平配线区的网络交换机端口与配线设备端口，是通过交叉连接方式互通的。

常用数据中心布线结构如图 8-13 所示。

从综合布线介质与连接组件角度划分，综合布线总体上分为铜缆和光纤。

1. 铜缆

铜缆俗称网线，主要有五类、超五类、六类、超六类、七类等铜缆，有屏蔽、非屏蔽区分，线缆外皮有不同阻燃等级。铜缆配线系统有铜缆、水晶头、铜缆模块、面板、配线架等组件，主要类型举例如下：

1）六类非屏蔽铜缆，如图 8-14 所示。

线缆结构：四对非屏蔽双绞线，线对之间被内部十字支撑架分隔。

信道带宽：邻信道抑制（Adjacent Channel Rejection，ACR）有效带宽 >300MHz，性能测试最高可达 650MHz，最低保证 >250MHz。

防火等级：低烟无卤（Low Smoke Zero Halogen，LSZH）阻燃电缆，满足国际电工委员会制定的 IEC 60332—1、IEC 60754、IEC 61034 三个电缆阻燃标准。

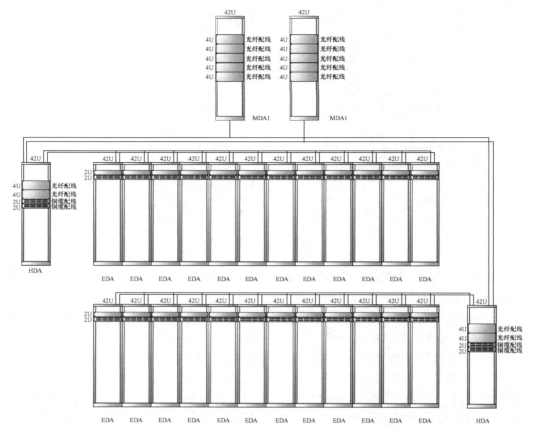

图 8-13　常用数据中心布线结构

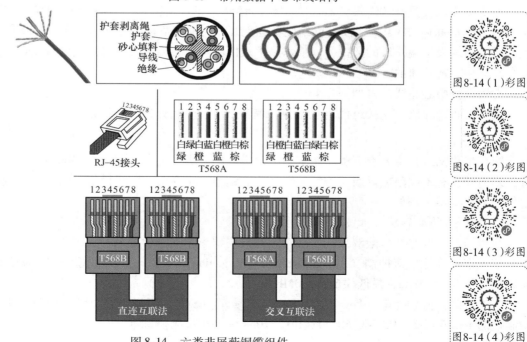

图 8-14　六类非屏蔽铜缆组件

图8-14（1）彩图

图8-14（2）彩图

图8-14（3）彩图

图8-14（4）彩图

2）六类非屏蔽配线架，如图 8-15 所示。

图8-15　六类非屏蔽配线架

图8-15彩图

标准：符合电信工业联盟/电子工业联盟（Telecommunications Industries Association and Electronics Industries Association，TIA/EIA）制定的 TIA/EIA 568—B 的综合布线标准。

安装方式：机架式 19in（1in = 0.0254m）安装，可根据需要装入不同数量的模块。

分组管理：模块可进行分组管理，每四个模块配有一个独立的模块化支架，可按组从正面拆卸，可按每一个模块单独拆卸，方便安装和维护。

3）六类非屏蔽模块，如图 8-16 所示。

图8-16（1）彩图

图8-16　六类非屏蔽模块

图8-16（2）彩图

图8-16（3）彩图

标准：超过 TIA/EIA 568—C.2 六类布线标准和 ISO/IEC 11801—2 信息技术—用户基础设施结构化布线标准。

耐用次数：EIA-364-9 中要求，RJ-45 插座在 10 次/分反复插拔 750 次后，保证外壳、塑胶、弹针无变形、裂纹、断裂等失效现象。

端接方式：TIA/EIA 568—A 或 TIA/EIA 568—B，免打线或 110 打线工具端接。匹配 22~24AWG（American Wire Gauge）。

串扰保护：模块的绝缘位移触点采用上下对称排列设计，能有效降低线对之间的串扰。

短路保护：端接完成后的模块，其 IDC 端接点呈上下排列，防止与左右相邻模块之间短路的可能，杜绝隐性故障。

物理保护：可通过安装模块端口锁进行物理式"防非法入侵保护"。

色彩管理：提供 10 种颜色，如图 8-17 所示。

| IW | EI | WH | IG | BL | RD | BU | GR | YL | VL |

图8-17　色彩管理（10 种颜色）

图8-17彩图

2. 光纤

光纤分单模光纤和多模光纤，单模光纤以 OS 为前缀分为 OS1、OS2 两类，多模光纤以 OM 为前缀分 OM1、OM2、OM3、OM4、OM5 五类。光纤支持包括千兆、10Gbits、40Gbits、100Gbits 等常用高速带宽，光纤根据奈奎斯特定理（Nyquist's Theorem）极限传输的理论可达极限带宽 770Tbits（不考虑损耗和噪音）。以太网应用包括 1000BASE－SX、1000BASE－LX、1000BASE－LH、10GBASE－SR、10GBASE－LX4、10GBASE－LR、10GBASE－ER、40GE BASE－LR4、40GE BASE－SR4、100GE BASE－ER4、100GE BASE－LR4、100GE BASE－SR4。类型一致性需考虑单模、多模、室内、室外、室内外通用、铠装、非铠装。防火等级包括阻燃级、主干级、通用级，主要类型举例如下：

1）室内万兆多模光纤 $50/125\mu m$－OM3－OFNP 光缆，如图 8-18 所示。

图 8-18　室内万兆多模光缆

标准：IEEE802.3ae 10GE 标准设计，用于以 850nm 光源在 300m 链路长度内支持 10Gbit/s 网络传输速度。

光纤规格：$50/125\mu m$－OM3。

光纤带宽：有效模式带宽计算（Calculated Effective Mode Bandwidth，EMBc）光纤模式带宽 >2000MHz × km。

防火等级：增压级光纤非导电型阻燃等级（Optical Fiber Nonconductive Plenum，OFNP），满足美国国家电气法规（National Electrical Code，NEC）UL910 防火规范。

光纤衰减：3.5dB/km @ 850nm，1.5dB/km @ 1300nm。

2）常见光纤接头包括：方形接口（Square Connecto，SC）、朗讯接口（Lucent Connector，LC）、金属接口（Ferrule Connector，FC）、卡套接口（Stab&Twist，ST）。SC 接头是方型卡接式，路由器、交换机上用得最多，由于外形总是方的，有时 SC 记为"Square Connector"。LC 接头是著名贝尔研究所研究开发出来的，采用操作方便的模块化插孔闪锁机理制成，插针和套筒的尺寸是 1.25mm，是普通 SC、FC 等所用尺寸的一半，可以提高光纤配线架中光纤连接器的密度，目前在单模 SFF 方面，LC 类型的连接器占据主导地位，在多模方面的应用也迅速增长。FC 是 Ferrule Connector 的缩写，是单模网络中常见的连接头之一，圆形带螺纹接头，使用 2.5mm 的卡套，外部加强件采用金属套，目前在多数应用中 FC 已经被 SC 和 LC 连接头替代。ST 是圆形卡接式，有时称作卡套，即

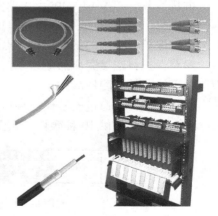

图 8-19　常见光纤接头

Stab&Twist，形象描述了先插入后拧紧的操作，它具有一个卡口固定架和一个 2.5mm 长圆柱体的陶瓷或聚合物卡套以容载整条光纤，ST 是多模网络中最常见的连接头。光纤接头是组成千兆、10Gbit/s 网络关键连接组件，如图 8-19 所示。

3）综合布线 40G、100G 接口：多光纤插拔连接器（Multi‐fiber Push‐On/Push‐Off, MPO）、MTP（美国 US Conec 公司生产的 MPO 光纤连接器品牌），是高密千兆、10G，以及 40G、100G 应用接口，如图 8-20 所示。

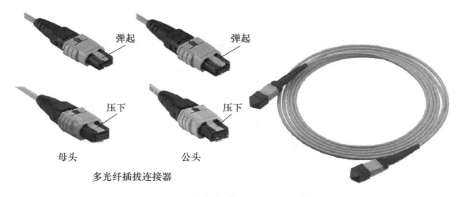

图 8-20 综合布线 40G、100G 接口

MPO 定义有国际标准 IEC‐61754‐7 和美国标准 TIA‐604‐5（FOCIS5）两个不同的标准。MTP 光纤连接器符合以上两项标准，MTP 与 MPO 在使用上可以互联互通。多模光纤 40G/100G 的传输基于原有已成熟的 2 芯多模光纤双工 10Gbit/s 的数据传输流技术，采用并进多通道光纤来解决高速率传输问题，用并行 12 芯/24 芯的 MTP/MPO 连接器。40GBASE‐SR4 采用 8 芯多模光纤进行传输 100m/OM3、150m/OM4，100GBASE‐SR4 用 20 芯多模光纤进行传输 70m/OM3、100m/OM4，100GBASE‐SR10 用 20 芯多模光纤进行传输 70m/OM3、100m/OM4。IEEE 802.3bm（100G 4×25G）标准，基于 OM3/OM4 多模光纤，采用并行光学 4 通道，每通道 25G 的传输方式实现 100G 传输，有利于现有 40G 网络向 100G 网络平滑过渡。QSFP28‐100G‐SR4‐S 是 850nm、100M 的 QSFP28 光模块和 MPO 跳线，如图 8-21 所示。

4）光纤传输带宽和距离：单模光纤理论上带宽足够大，目前主要采用 WDM 的波分复用方式，通过 2 芯光纤实现 40G（4×10G）和 100G（4×25G）传输应用。

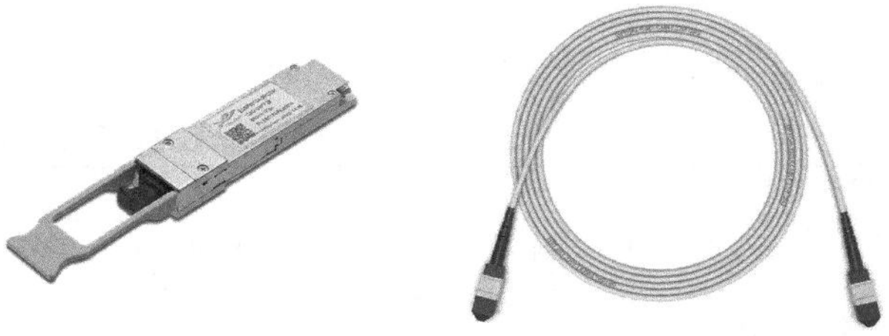

40GBASE‐LR4：4 个波长（1310nm 附近），每个波长 10Gbit/s，10km/单模（SMF）；

图 8-21 综合布线 40G、100G 接口

40GBASE‐ER4：4 个波长（1310nm 附近），每个波长 10Gbit/s，40km/单模（SMF）；

100GBASE‐LR4：4 个波长（1310nm 附近），每个波长 25Gbit/s，10km/单模（SMF）；

100GBASE‐ER4：4 个波长（1310nm 附近），每个波长 25Gbit/s，40km/单模（SMF）。

100G PSM4 MSA 采用单模光纤并行传输，4 收 4 发，每通道 25G，支持 500m100Gbit/s 传输。100G CLR4 采用 4 个波段传输，4 收 4 发，每通道 25G，支持 500m 到 2km 之内的 100Gbit/s 传输。

8.6.2　综合布线系统运行

综合布线系统运行主要是通过综合布线管理系统来管理，即一套对综合布线的物理构成图形化后导入数据库的系统。然后对设备、链路、信息点、终端相关人员实施精确、高效、可更改的维护。它经历了四个主要的阶段，分别是手写记录、电子表格、第一代布线管理软件、新一代布线管理系统。最新的布线管理系统超出纯软件解决方案的范畴，它与布线硬件结合，可为网络管理员提供从桌面或任何场外地点实时记录和管理整个物理层的准确、自动化的方案，具有了一定智能的基础设施综合管理系统。

常用的综合布线管理软件系统一般基于 Windows 带有数据库的软件系统，并具有下列功能：

1）支持 SNMP 网络管理协议和网络管理平台。

2）支持 IP 设备自动发现和管理功能。

3）支持多用户模式。

4）支持 CAD 图形输入。

5）实时追踪功能。

6）内置多种管理模式。

7）电子文档管理。

8）可以与任何标准的铜缆或光缆跳线兼容。

9）简单灵活的设计规则。

10）易于实施提供配线架总线，不需使用特殊连接线。

11）机架管理单元不会对布线系统有所干扰。

综合布线系统主要实现对布线资源管理与综合布线监控（需配置综合布线监控系统），包括园区光缆井、数据中心机房楼进线室、传输设备机房至各数据中心机房光缆、园区楼间光缆、层间管理及光纤配线架（Optical Distribution Frame，ODF）等。运行工作主要是确保现有综合布线状态正常，包括防止连接关系被异常改变、连接异常中断并及时处理。

8.6.3　综合布线系统维护

综合布线系统维护内容见表 8-18。

表 8-18　综合布线系统维护内容

序号	内　　容
1	定期对机房内综合布线的线缆、线槽进行清洁
2	对综合布线系统进行外观检查，对于综合布线桥架变形、紧固件松动与脱落等异常情况进行修复，防止综合布线辅助支撑系统损坏影响线缆受力，进而可能影响传输质量
3	检查光纤、铜缆、配线架、面板等标签，处理脱落、损坏、磨损不清晰等问题，保持标签完整性、整洁性、易查看
4	对异常线路进行信号检测，排查故障
5	对于局部线路变更进行线缆敷设、跳线处理等工作，并完善系统信息
6	定期检查线路变化记录，并现场校验

8.6.4　综合布线系统应急

综合布线应急主要包括线路或桥架等意外损坏，紧急修复与处理。对于监控功能完善的系统，通过监控系统定位故障线路，现场采用备用线路替换、更换临时线缆等工作进行修复。对于监控功能不完善的系统，突发线路问题，按照系统架构缩小故障排查范围，定位故障，然后进行故障修复，最后完善系统信息、标签、故障报告等内容。

8.7 消防系统

消防系统主要有火灾自动报警系统、极早期探测系统、气体灭火系统。

8.7.1 消防系统组成

火灾自动报警系统是探测火灾早期特征、发出火灾报警信号，为人员疏散、防止火灾蔓延和启动自动灭火设备提供控制与指示的消防系统。其组成包括火灾探测器、手动火灾报警按钮、火灾声光警报器、消防应急广播、消防专用电话、消防控制室图形显示装置、火灾报警控制器、消防联动控制器等。

消防控制室可接收感烟、感温探测器、管路采样吸气式火灾探测器等的火灾报警信号，接收水流指示器、检修阀、压力报警阀、手动报警按钮、消火栓按钮、防火阀的动作信号。火灾探测器采用全面保护方式设置，在走廊、走廊地板下、辅助用房、设备用房等处设置感温或感烟探测器；在计算机机房、配电间、电池间、UPS间、地板下空间等区域设置空气采样探测器及感温探测器，并在电池间设置氢气探测器。

极早期探测系统是为能发现早期火灾隐患，在模块机房、配电室内设置管路采样式吸气感烟探测器，该装置可测量可燃物质在空气中的微小浓度，以及可燃物在空气中的挥发物和漂浮物的微小浓度，探测灵敏度高，可以在可燃物燃烧前的缓慢氧化阶段发现火情，以达到极早期火灾自动探测的目的。气体采样主动抽气式早期烟雾分析系统，提供早期火灾自动报警，探测器设于现场，通过输入模块接入火灾自动报警系统，同时管路采样式吸气感烟探测器通过总线连入管理主机。气体采样管采用 $\phi25$ 阻燃 PVC 管。所有机房内气体采样管均设置在工作层。无吊顶机房内采样管在梁下吊装，采用拐杖式空气采样点。

数据中心中常用气体灭火系统。气体灭火系统一般由灭火剂储存装置、启动分配装置、输送释放装置、监控装置等组成。数据中心常用灭火剂有七氟丙烷、IG541（氩气、氮气、二氧化碳）。数据中心常用气体灭火系统结构包括有管网与无管网。

8.7.2 消防系统运行

火灾自动报警系统和极早期探测系统的运行是指在监控室监测系统运行状态，出现告警信号及时核查告警情况，通知相关人员处理告警。在消防控制室内设置联动控制台，控制方式分自动控制、手动硬线直接控制。消防联动控制器按设定的控制逻辑向各相关的受控设备发出联动控制信号，并接收相关设备的联动反馈信号。运行过程主要完成控制内容：

1）消火栓系统控制。

2）喷淋系统控制。

3）预作用喷淋系统。

4）气体灭火系统控制。

5）排烟系统控制。

6）非消防切电系统。

7）电梯联动控制。

运行过程熟练使用消防应急广播系统、火灾警报装置、消防通信系统。运行工作包括对消防系统巡检、测试工作。

8.7.3　消防系统维护

消防系统维护包括周期性检查、校验、更换工作，主要有以下内容：

1）采用专用检测仪器试验探测器动作与指示。

2）试验火灾报警装置声光显示、水流指示器、压力开关报警功能与信号。

3）备用电源充放电、主备切换。

4）检查消防控制设备控制与显示功能，包括防排烟、电动防火阀、电动防火门、防火卷帘、室内消火栓、自动喷灭火控制设备、二氧化碳灭火、火灾事故广播、火灾事故照明、疏散指示灯。

5）强制切断非消防电源功能试验。

6）检查接线端子是否松动、破损、脱落。

7）气体灭火触发逻辑试验。

8）灭火器定期更换、气体灭火剂定期更换。

8.7.4　消防系统应急

消防系统应急主要是报警发生时，确认告警和现场环境后（气体灭火时，需要确保人身安全），确保消防设施正确动作，包括喷淋、气体灭火。当消防报警需要人工灭火时，需要确保按照应急预案进行，以及灭火器材、水等正常工作与供应；疏散人员；消防报警；日常应急演练。

为防止系统误动作，消防系统可以设置成只报警不自动灭火，由工作人员现场确认或在控制室远程确认启动灭火；为防止系统自动或远程失败，需要紧急灭火时，可以击碎消防控制玻璃面板，手动应急处置。

8.8　IT 基础设施

IT 基础设施是支撑业务应用系统运行的硬件设备及管理软件，通常采用核心层、汇聚层和接入层的三层网络架构连接各硬件设备。

8.8.1　IT 基础设施组成

IT 基础设施包括服务器、存储设备、网络设备、安全设备等。

服务器有 PC 服务器、小型机、图形处理器（Graphics Processing Unit，GPU）服务器等；存储设备有数据库存储、网络附属存储（Network Attached Storage，NAS）在线磁盘阵列、备份磁阵、磁带库、光盘库等；网络设备有接入交换机、汇聚交换机、核心交换机、路由器、负载均衡、传输设备等；安全设备有防火墙、入侵检测、虚拟专用网络（Virtual Private Network，VPN）、堡垒机等。对 IT 基础设施的管理主要是对这些硬件设备的运行状态进行监控、巡检和维护操作。在 IT 监控中通常采用开源监控平台，实现对 IT 基础设施的 CPU、内存、磁盘、网卡流量、服务等指标的可用性探测。

8.8.2 IT 基础设施运行

IT 基础设施运行主要是监控与管理 IT 基础设施运行状态，确保其稳定持续提供服务。在故障发生后，根据流程快速进行故障处理，定期进行运行分析，确保达成服务级别协议（Service Level Agreement，SLA）。

1）IT 硬件设备巡检主要内容见表 8-19。

表 8-19 IT 硬件设备巡检内容

检测项目	检查内容	检查要求	检查结果
硬件状态	设备运行环境检查	设备工作温度 −5～50℃	
	风扇运行状态	所有风扇正常稳定转动	
	存储介质状态	设备 flash 运行处于正常状态并且空间利用率低于 80%	
	CPU 使用率	CPU 使用率低于 50%	
	内存使用率	内存使用率低于 80%	
	设备模块运行检查	所有模块运行 normal	
软件状态	软件版本	运行版本为设备厂家发布正式版本	
	配置文件一致性检查	当前运行配置和下次启动配置一致	
网络配置	系统时钟	系统时钟的偏差不超过 5min	
	用户口令安全性	设备登录的用户口令密文显示并符合密码复杂性	
	接口状态	未使用端口手动 shutdown	
	路由状态	路由表包含正确的路由信息	
	VLAN 状态检查	VLAN 信息是否符合实际情况，端口加入 VLAN 的情况	
	链路聚合组状态	链路聚合组运行状态和聚合组里的端口状态	
运行状态	系统日志	设备正常运行无异常告警信息	

处理目的机器的登录方式有：

① 登录 IT 维护用机，需清楚不同环境下登录地址、账号、密码。

② 可 telnet 远程连接工具，需清楚登录地址、账号、密码。

③ 直接用软件终端通过 console 线连接到设备的 console 端口进行配置。

2）现场巡检服务报告（服务器设备）示例见表 8-20。

表 8-20 现场巡检服务报告（服务器设备）示例

项目信息					
用户名称			服务单号		
项目名称			项目号		
设备运行整体情况					
设备型号	主机名	设备序列号	IP 地址	设备状况	状况详情
				□ 正常□ 异常	

（续）

服务器配置信息			
应用业务类型	咨询客户	操作系统版本	msinfo32 或 dxdiag
IP 地址和掩码	ipconfig/all	CPU 型号/数量/主频	Msinfo32 或 dxdiag
内存容量	msinfo32 或 dxdiag	磁盘型号/数量/大小	现场查看
根盘镜像（Y/N）	根据不同厂商的不同卷管理软件可以查看，如果没装可以根据磁盘管理里看到的大小和实际硬盘的容量来判断		

服务器硬件状况			
检查内容	参考方法	检查结果	结果说明
系统板	现场查看或通过管理软件查看	□ 正常　　□ 异常	
CPU	现场查看或通过管理软件查看	□ 正常　　□ 异常	
内存	现场查看或通过管理软件查看	□ 正常　　□ 异常	
I/O 板	现场查看或通过管理软件查看	□ 正常　　□ 异常	
RAID 卡	现场查看或通过管理软件查看	□ 正常　　□ 异常	
SCSI 卡	现场查看或通过管理软件查看	□ 正常　　□ 异常	
网卡	现场查看或通过管理软件查看	□ 正常　　□ 异常	
磁盘及阵列 RAID 盘状态	现场查看或通过管理软件查看	□ 正常　　□ 异常	
系统其他扩展卡	现场查看或通过管理软件查看	□ 正常　　□ 异常	
设备故障灯有没有亮	现场查看	□ 正常　　□ 异常	

系统日志检查			
检查内容	参考命令	检查结果	结果说明
检查系统日志	管理—事件查看器—系统	□ 正常　　□ 异常	
检查管理软件日志	查看各管理软件的日志	□ 正常　　□ 异常	

系统运行状况			
检查内容	参考命令	检查结果	结果说明
CPU 利用率	任务管理器	□ 正常　　□ 异常	
内存利用率	任务管理器	□ 正常　　□ 异常	
性能是否存在瓶颈	根据以上三项综合判定	□ 正常　　□ 异常	
磁盘剩余空间	磁盘管理	□ 正常　　□ 异常	

可选项			
检查内容	参考方法	检查结果	结果说明
系统策略是否得当	管理工具→本地安全策略	□ 正常　　□ 异常	
系统补丁情况	自动更新是否打开	□ 正常　　□ 异常	
备份情况	咨询客户	□ 正常　　□ 异常	

3）网络设备常用命令见表8-21。

表8-21 网络设备常用命令

设备厂家	序号	指令代码	指令命令
华为&H3C设备	1	dis version	查看版本
	2	dis environment	查看设备运行环境
	3	dis device	查看设备模块运行状态
	4	dis cpu	查看设备CPU使用率
	5	dis cpu history	查看设备CPU历史使用情况
	6	dis memory	查看设备内存使用率
	7	dis cur	查看设备当前运行配置
	8	dis vlan	查看vlan信息
	9	dis interface /dis brief interface	查看端口信息
	10	dis link-aggregation	查看链路聚合状态
	11	dis ip route	查看路由信息
	12	dis log	查看系统日志
	13	dis clock	查看时钟
	14	dis user	查看在线用户
思科设备	1	show version	查看版本
	2	show process cpu	查看设备CPU使用率
	3	Dir flash	查看设备flash使用情况
	4	show memory	查看设备内存使用率
	5	show running-config	查看设备当前运行配置
	6	show vlan	查看vlan信息
	7	show interface / show brief intface	查看端口信息
	8	show ip route	查看路由信息
	9	show log	查看系统日志
	10	show clock	查看时钟
	11	show event	查看事件
	12	show CDP neighbor	查看邻居（私有协议）

4）现场巡检服务报告（网络设备）示例见表8-22。

表8-22 现场巡检服务报告（网络设备）示例

项目信息			
用户名称		服务单号	
项目名称		项目号	
设备基本信息			
设备名称		设备位置	
设备型号		设备序列号	
软件版本		内存容量	
Flash容量	内置	外置	
供电方式	□AC □DC	冗余电源	□有 □无
登录方式	□Console □Telnet □SSH	IP地址_____	

（续）

检查内容			检查结果
网络设备	系统文件检查	软件版本检查	
		日志文件检查	□正常　□异常
	硬件检查	设备硬件型号、模块检查	□正常　□异常
		设备管理引擎状态检查	□正常　□异常
		网络接口模块检查	□正常　□异常
		网络设备运行温度检查	□正常　□异常
		主机控制面板状态指示灯检查	□正常　□异常
		接口及模块运行指示灯检查	□正常　□异常
		外存设备检查	□正常　□异常
		备份链路及相关设备状态检查	□正常　□异常
	设备介质分析	接口稳定性检查	□正常　□异常
		接口丢包、误码检查	□正常　□异常
	性能管理	接口性能检查	□正常　□异常
		主引擎 CPU/内存利用率	_____%　_____%
	设备容量及表项	路由表容量检查	□正常　□异常
		Buffer 利用率检查	□正常　□异常
		转发表项检查	□正常　□异常

结果说明：

8.8.3　IT 基础设施维护

本节对 IT 基础设施维护的描述主要是硬件设备的巡检服务和现场级维护内容。

1. 维护对象

维护对象主要有服务器（小型机、PC 服务器、GPU 服务器等）、存储设备（磁盘阵列、磁带库、光纤交换机等）、网络设备（硬件、软件、虚拟路由冗余协议等）、安全设备等。

1）服务器硬件巡检服务检查内容见表 8-23。

表 8-23　服务器硬件巡检服务检查内容

序号	检查内容
1	维护设备的物理状态检查，包括电源、风扇状态检查
2	设备连接状况检查
3	系统硬件运行情况检查
4	主机系统上 LED 显示面板中的运行状态码检查
5	POST 蜂鸣声代码、错误信息和错误日志
6	从 Configuration/setup Utility 程序查看错误日志
7	从诊断程序查看 BMC 日志
8	通过光通路检查各部件状态

（续）

序号	检查内容
9	对磁带机、光驱等做读写测试检查
10	系统运行状态、性能检查，包括 CPU、内存和交换区使用情况，硬盘和网络的 IO 情况检查
11	记录系统存储空间的逻辑结构检查
12	硬盘运行状态和空间划分合理性检查
13	各个部件运行状态的检查
14	检查如发现有隐患的部件将及时上报有关部门

2）磁盘阵列巡检服务：

磁盘阵列环境检查内容示例见表8-24。

表8-24　磁盘阵列环境检查内容示例

序号	检查内容
1	检查存储系统自检是否正常
2	检查电源、光纤的连接方式和状态
3	检查存储系统与主机系统或光纤交换机的物理连接是否牢固
4	检查存储系统相关 LED 指示灯是否正常显示：电源（Power）、风扇（Fan）、控制器（Controller）、缓存电池（Cache Battery）等
5	检查系统运行工作环境，并给予改进建议

磁盘阵列系统日志和信息检查内容见表8-25。

表8-25　磁盘阵列系统日志和信息检查内容示例

序号	检查内容
1	查看存储系统事件日志
2	查看存储系统配置信息数据文件
3	查看存储系统驱动器通道工作状况
4	查看从主机读写工作状况，确认是否存在数据丢失以及数据错误等
5	收集硬盘上的 log 数据
6	查看磁盘阵列的 I/O 性能
7	根据系统检查及分析结果，提出解决方案和措施，并对系统的参数进行调整
8	对存储系统的报错情况进行相应诊断处理，必要时更换存储系统相关零部件甚至更换整个存储系统

3）磁带库巡检服务检查内容示例见表8-26。

表8-26　磁带库巡检服务检查内容示例

序号	检查内容
1	检查磁带库系统自检是否正常
2	检查电源光纤的连接方式或状态
3	检查磁带库系统与主机系统或光纤交换机的物理连接是否牢固
4	检查磁带库控制面板是否正常显示
5	检查主机系统是否可以访问到磁带库上的所有磁带驱动器

（续）

序号	检查内容
6	在主机上采用相关系统备份命令或者通过相关备份软件检查磁带库是否可以正常读写
7	检查并分析系统日志
8	根据磁带库系统的报错情况，进行相应诊断处理
9	更换相关零部件甚至更换整个磁带库系统
10	对磁带库中有问题磁带进行处理

4）光纤交换机巡检服务检查内容示例见表 8-27。

表 8-27　光纤交换机巡检服务检查内容示例

序号	检查内容
1	查看各部件，包括电源、风扇、小型可插拔收发光模块（Small Form-factor Pluggables，SFP）接口状态是否为 health
2	检查交换机端口指示灯是否正常等
3	设备线路连接检查
4	error. log 错误日志信息检查
5	检查 Zone（存储分区）的划分情况
6	检查保留记录 Zoning（划分分区）的配置信息
7	开机自检测试（需经客户同意，在应用停止的情况下）

5）网络设备硬件部分维护内容见表 8-28。

表 8-28　网络设备硬件部分维护内容

序号	维护内容
1	系统运行环境检查，包括机房温度、湿度和零地电压、零火电压等
2	设备连接状况检查
3	设备服务化模块指示灯状态检查分析
4	电源稳定性和线路检查
5	系统运行状态、性能检查和优化，包括 CPU、内存使用情况、网络的 I/O 情况检查
6	设备扩容等服务支持
7	设备物理检查（包括机体、风扇、风道及过滤器等）与清洁
8	检查如发现有隐患的部件将及时更换
9	系统硬件运行情况综合分析

6）网络设备系统软件部分维护内容见表 8-29。

表 8-29　网络设备系统软件部分维护内容

序号	维护内容
1	网络架构标准化、可扩展性、可用性、可靠性、高性能性、安全性及可管理性等检查
2	设备微码的使用管理支持及相关升级服务
3	系统日志分析

（续）

序号	维护内容
4	网络系统通信状态检查
5	路由协议学习管理、质量服务（Quality of Service，QoS）
6	检查网络流量、通信流量控制、网络访问安全、通信数据类型的转发、VLAN划分等
7	CPU、内存等系统运行瓶颈分析
8	当前系统配置采集及系统更改信息归档
9	将发现有隐患的系统问题及时排除
10	重要事件现场支持服务（如割接、设备搬迁、现网测试、组网方案等）
11	结合系统软硬件的系统运行状况，进行网络整体拓扑结构化分析

7）网络虚拟路由冗余协议

在巡检维护服务中，对支持虚拟路由协议的架构系统进行详细检查，并进行模拟故障测试，以确保在发生故障的情况下保证备份机能够正常接管生产机的工作。主要维护内容见表8-30。

表8-30　网络虚拟路由冗余协议部分维护内容

序号	维护内容
1	配置和归档档案中的一致性检查，确认其生产/备份机在配置优先级上保持和网络拓扑中一致
2	网络负载均衡分析
3	异常或失效的检查与恢复
4	系统配置是否发生过更改
5	配置检查及有效性测试
6	检查相关日志，是否发生过网络系统主备切换
7	如客户允许，双方共同测试网络双机系统切换

2. 维护操作

硬件维护操作将包括工具准备、设备上下电、更换部件等操作。

1）准备工具。

操作内容	部件更换时，需要准备如下工具，手指套、劳保手套、一字螺钉旋具、M3十字螺钉旋具、防静电手套或防静电腕带、包装材料（如防静电包装袋）、7mm六角套筒螺钉旋具
附图	
注意事项	确认防静电腕带的锁扣已经扣好，且腕带金属部分与皮肤充分接触 接地端已插入机架的静电释放（Electro-Static Discharge，ESD）插孔中或者金属夹已经夹紧在机架的方孔中，且没有出现松动

259

2）设备上电和下电。

操作内容	设备上电前，进行如下检查： 上电前，请确保电源开关处于关闭状态，且所有连接线缆连接正确、供电电压与设备的要求一致 上电时，请勿拔插硬盘模块、网线、Console 口等线缆 下电后，至少等待 1min，再重新上电 设备下电前，进行如下检查： 下电前，请确保服务器的数据都已提前保存，并停止硬盘的业务。严禁在硬盘有读写操作时强制下电，如果这样操作，容易导致硬盘产生坏道，破坏数据源 下电后，至少等待 1min，再重新接通电源

3）更换 DIMM 内存条。

现在内存条大部分是双列直插式存储模块（Dual-Inline-Memory-Modules，DIMM）的。

操作内容	①拆卸所有外部线缆，如电源线缆、网线；②拆卸机箱盖；③拆卸导风罩；④明确插槽位置，同时掰开 DIMM 插槽的固定夹
附图	
注意事项	明确设备所在的机架号、机箱号，并在其面板上粘贴更换标签，以免发生误操作 确认更换 DIMM 的位置，以免发生误操作 安装时，确保插槽两侧的固定夹自动闭合 拔插设备部件时用力要均匀，避免用力过大或强行拔插等操作，以免损坏部件的物理外观或导致接插件故障

4）更换 SSD 卡。

操作内容	①拆卸所有外部线缆，如电源线缆、网线；②拆卸机箱盖；③拆卸导风罩；④用十字螺钉旋具拧开固定 M.2 SATA SSD 卡的螺钉；⑤将 M.2 SATA SSD 卡向上倾斜抬起 20°～30°，并沿箭头方向拔出
附图	
注意事项	明确设备所在的机架号、机箱号，并在其面板上粘贴更换标签，以免发生误操作 拔插设备部件时用力要均匀，避免用力过大或强行拔插等操作，以免损坏部件的物理外观或导致接插件故障

5）更换硬盘。

操作内容	①推扣住硬盘扳手的弹片，使扳手自动弹开；②拉住硬盘托架扳手，将硬盘向外拔出约3cm，使得硬盘脱机；③等待至少30s，待硬盘完全停止转动后，将硬盘拔出设备；④安装硬盘时，完全打开扳手，将硬盘沿着硬盘滑道推入机箱直至无法移动；⑤等待3min，根据硬盘指示灯状态检查硬盘是否正常
附图	
注意事项	明确设备所在的机架号、机箱号，并在其面板上粘贴更换标签，以免发生误操作 拔插系统硬盘模块时用力要均匀，避免用力过大或强行拔插等操作，以免损坏部件的物理外观或导致接插件故障 拆卸系统硬盘模块时，请先将系统硬盘模块从插槽中拔出一部分，等待30s待系统硬盘停止转动后，再将系统硬盘模块完全拔出 当对系统硬盘模块进行拔插时，拔插系统硬盘模块的时间至少间隔1min，即在拔出系统硬盘模块1min后再插入系统硬盘模块，或在插入系统硬盘模块1min后再拔出系统硬盘模块，避免损坏系统硬盘模块 为防止数据丢失，只更换系统硬盘告警/定位指示灯亮红色的系统硬盘模块 同一时间只能拆卸一个系统硬盘模块。建议尽可能缩短系统硬盘模块更换时间
硬盘状态指示灯	硬盘 Active 指示灯 熄灭：表示硬盘不在位或硬盘故障 绿色（闪烁）：表示硬盘处于读写状态或同步状态 绿色（常亮）：表示硬盘处于非活动状态 硬盘 Fault 指示灯 熄灭：表示硬盘运行正常 黄色（闪烁）：表示硬盘定位或独立冗余磁盘阵列（Redundant Arrays of Independent Disks，RAID）重构 黄色（常亮）：表示硬盘故障或 RAID 组中的成员盘状态异常

6）更换 UDS 智能硬盘。

操作内容	①已经定位待更换智能硬盘模块的位置；②拉住硬盘托架扳手，将硬盘向外拔出约3cm，使得硬盘脱机；③等待至少30s，待硬盘完全停止转动后，将硬盘拔出设备；④安装硬盘时，完全打开扳手，将硬盘沿着硬盘滑道推入机箱直至无法移动；⑤闭合硬盘扳手；⑥等待2min后，根据智能硬盘模块状态指示灯的状态，判断安装是否成功；⑦指示灯呈绿色，亮：安装成功；⑧指示灯呈红色，亮或指示灯熄灭：刚安装的智能硬盘模块故障、智能硬盘模块槽位故障或智能硬盘模块安装不到位
附图	
注意事项	明确设备所在的机架号、机箱号，并在其面板上粘贴更换标签，以免发生误操作 确定待拆卸硬盘在设备中的具体位置，以免发生误操作 为防止智能硬盘模块损坏，拉出或推入框体时，请动作缓慢 拔插智能硬盘模块时用力要均匀，避免用力过大或强行拔插等操作，以免损坏部件的物理外观或导致接插件故障 为防止数据丢失，只更换状态指示灯亮红色的智能硬盘模块

7）更换电源模块。

操作内容	①打开电源模块的束线带，拔出电源线缆；②按住电源模块弹片，同时用力拉住扳手，向外拔出电源模块；③将拆卸下来的电源模块放入防静电包装袋；④安装时，将新的电源模块沿电源滑道推入，直至听到"咔"的一声，电源弹片自动扣入卡扣，电源模块无法移动为止；⑤使用魔术扎带将电源线缆固定在电源模块拉手条正中间
附图	
注意事项	明确设备所在的机架号、机箱号，并在其面板上粘贴更换标签，以免发生误操作 请不要接触电源模块和电源线的接头部分 拔插电源模块时用力要均匀，避免用力过大或强行拔插等操作，以免损坏部件的物理外观或导致接插件故障 同一时间只能拆卸一个电源模块 建议尽可能缩短电源模块更换时间 说明： 当服务器满配电源模块时，无须下电，可以直接拆卸电源模块，但是务必确认在更换前，另一块电源模块正常供电且额定功率大于或等于设备的整机额定功率

8）更换光模块。

操作内容	①明确待更换光模块的位置（槽位号和端口号）；②明确待更换的光模块的型号（单多模、中心波长、传输速率、传输距离等）；③根据具体位置将要更换的光模块拔下，重新换上类型匹配的光模块
附图	
注意事项	明确设备所在的机架号、机箱号，并在其面板上粘贴更换标签，以免发生误操作 远程确定待更换光模块的位置，避免发生误操作现网设备 光模块的型号要匹配

9）更换CPU。

操作内容	①拆卸所有外部线缆，如电源线缆、网线；②拆卸机箱盖；③拆卸散热器；④拆卸CPU；⑤按照拆卸顺序依次安装更新设备

（续）

附图	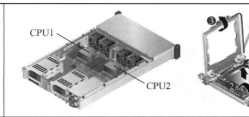
注意事项	明确设备所在的机架号、机箱号，并在其面板上粘贴更换标签，以免发生误操作 请勿带防静电手套，以免防静电手套挂到 CPU 底座插针，损坏 CPU 底座 拆卸 CPU 时，请勿使用任何工具和锋利物体撬起 CPU 插座上的锁定杆，以免损坏计算节点 安装 CPU 时，确保 CPU 底座无弯针及污染，且 CPU 锁定杆处于打开状态 CPU 上三角形的一角对准底座上有三角形的一角，保证 CPU 无翘起 CPU 未放正时，禁止水平移动以防 CPU 倒针。首先将 CPU 垂直向上提起，脱离 CPU 插座，然后重新放入插座

10）更换主板。

操作内容	①拆卸所有外部线缆，如电源线缆、网线；②拆卸 IO 模组；③拆卸 PCIe 卡；④拆卸风扇；⑤拔出连接到主板上的所有线缆；⑥拆卸内存条；⑦拆卸 CPU；⑧拆卸 RAID 控制扣卡；⑨拆卸网卡扣卡；⑩拆卸电源模块；⑪拆卸理线架；⑫拔出主板上连接的所有线缆，如硬盘背板线、左右挂耳线；⑬安装主板时，通过主板提手将主板放入机箱并沿箭头方向推到不动为止；⑭安装理线架；⑮安装电源背板；⑯安装网卡卡扣；⑰安装 RAID 控制扣卡；⑱安装 CPU；⑲安装 DIMM；⑳连接所有内部线缆；㉑安装风扇；㉒安装 PCIe 卡；㉓安装 IO 模组；㉔安装所有外部线缆（如电源线缆、网线）
附图	
注意事项	明确设备所在的机架号、机箱号，并在其面板上粘贴更换标签，以免发生误操作 严禁通过主板上的任何突起器件向上提起主板，以免损坏主板的元器件 拔插设备部件时用力要均匀，避免用力过大或强行拔插等操作，以免损坏部件的物理外观或导致接插件故障 刷新电子序列号（Electronic Serial Number，ESN）后，远程可以通过基板管理控制器（Baseboard Management Controller，BMC）操作

8.8.4　IT 基础设施应急

IT 基础设施应急主要是按照应急处理流程进行基础设施的应急操作，本书内容集中在现场操作层面应急处理。一方面是掌握应急操作的流程，突发应急情况下，运维人员根据系统状态发出硬件层面的应急处理指令，按照应急指令内容进行物理层应急处理即可，主要内容包括服务器电源模块更换、故障设备紧急重启等。

263

第9章

数据中心基础设施跨系统应急调度

本章通过具体案例简要描述了数据中心基础设施在突发事件发生时的应急响应方案。在总体原则的指导下，方案中对不同突发事件设定了相对应的等级，确保应急处置过程中实现跨系统的信息通报、合作应对、事件有序处理，以提高突发事件的处置响应速度，最大程度避免或减轻突发事件对基础设施运行造成的影响。

9.1 原则

9.1.1 总体原则

数据中心基础设施跨系统应急调度总体原则：全面监控、快速响应；优先恢复、及时维修；统一指挥、分级处理。

9.1.2 优先原则

数据中心基础设施跨系统应急调度优先原则：先重要、后一般；先恢复、后维修；先系统、后外围；先本端、后对端。

9.1.3 通报原则

数据中心基础设施跨系统应急调度通报原则：发生故障时应及时上报现场主管、部门领导、公司分管领导；涉及客户层障碍时应按流程及时通报客户。

9.1.4 完善原则

数据中心基础设施跨系统应急调度完善原则：应急调度恢复及故障修复后，应详细记录事件过程，整理故障报告及修复记录。对于类似事件总结，并制定该类事件处理方法与应急预案。

9.2 组织架构及职责

9.2.1 现场组织架构

1. 现场调度指挥

现场调度指挥由园区经理、运维主管、各专业负责人组成，负责现场应急调度工作并提供专业指导，并督促检查。

2. 现场应急处置组

现场应急处置组按专业划分，由专业负责人、班长以及班组成员组成。现场应急处置组的职责是在应急指挥组领导下开展工作，负责实施本次应急工作。现场应急处置组分为：

1）电源应急处置组。

2）空调应急处置组。

3）网络与客户响应应急处置组。

9.2.2　上级组织架构

上级组织是非现场的部门领导或公司分管领导，接受现场调度指挥的汇报。

9.2.3　客户组织架构

业务层面的客户组织架构，接受现场应急调度指挥组汇报。

9.3　突发事件等级

根据不同突发事件的影响范围，事件等级可分为四个级别，举例如下。

一级事件：影响仅涉及基础设施层面，不直接影响业务机柜。

二级事件：影响数据中心个别业务机柜。

三级事件：影响数据中心局部范围，故障发生在某整列机柜或封闭冷热通道机柜。

四级事件：影响数据中心大面积范围，故障最严重，属于最高等级突发事件。包括数据中心一栋机房楼或所有机房楼。

（具体事件优先级定义请参照第11章表11-2）

9.4　通报机制

落实第一时间电话通报机制，当突发事件发生时，应根据不同等级的事件启动相对应的通报流程，通报流程如图9-1所示。

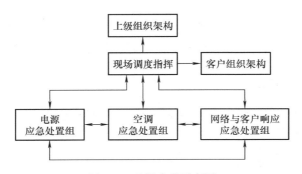

图9-1　通报流程示意图

9.5　流程编制举例

列举数据中心两路市电停电应急流程示意图，如图 9-2 所示。

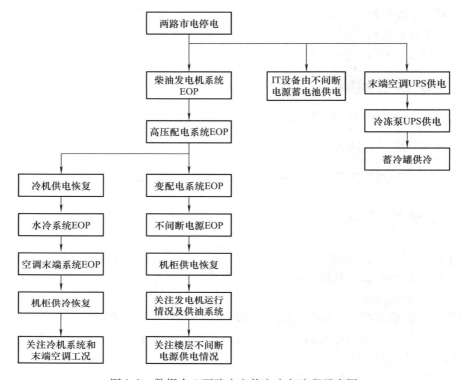

图 9-2　数据中心两路市电停电应急流程示意图

9.5.1　编制目的

为建立健全突发事件应急工作机制，提高应对突发事件的组织指挥能力和应急处置能力，保证应急指挥调度工作迅速、高效、有序地进行，减轻或消除突发事件的危害和影响，确保基础设施的正常运行。

希望通过对预案的贯彻、演练，能够进一步提高运维团队人员的安全生产意识，增强应对突发事件的应急处置能力，为实现安全生产、持续稳定、健康发展发挥积极作用。

9.5.2　适用场景描述

本章案例描述的场景是两路市电停电且柴油发电机起动失败，手动起动并机操作，属于四级事件。

9.5.3　关键资源列表

在此次应急案例中需要用到的关键资源见表 9-1。

表 9-1　关键资源列表

序号	资源名称	主要用途
1	对讲机	信息沟通
2	高压绝缘鞋、绝缘手套	操作人员安全防护
3	安全帽	操作人员安全防护
4	手提照明灯	现场照明
5	应急工具包	操作工具

9.5.4　人员信息

在此次应急案例中涉及的人员信息清单见表9-2。

表 9-2　人员信息清单

序号	人员	组别/岗位	职责
1	×××	监控组	突发事件发生时，监控系统平台自动派发故障工单。监控组按等级要求催促运维人员处理
2	×××	客户经理	与客户进行沟通反馈
3	×××	运维经理	批准现场运维人员执行应急预案，并通过电话向运维部负责人汇报现场情况
4	×××	一线技术支撑	组织现场支撑工程师执行应急措施
5	×××	二线技术支撑	组织现场执行应急措施并提供技术支持

9.5.5　配电路由

高压配电系统和柴油发电机系统逻辑路由示意图如图9-3所示。

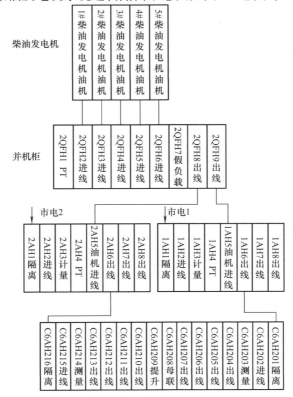

图 9-3　高压配电系统和柴油发电机系统逻辑路由示意图

9.5.6 操作流程图

数据中心两路市电停电操作流程示意图如图9-4所示。

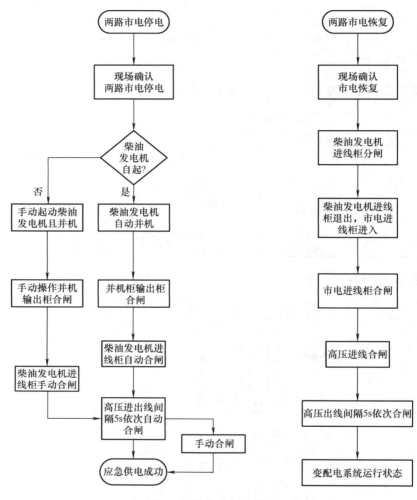

图9-4 操作流程示意图

9.5.7 操作流程细则

此次应急案例过程中的操作流程细则见表9-3。

表9-3 操作流程细则

操作编号	操作内容	处理结果	操作人	审核人
1	两路市电输入中断，柴油发电机自起失败，立即上报	发现故障	值班员	值班长
2	电话通报机房运维经理、网络监控室	通知完成并确认	值班长 值班员	机房运维经理 网络监控室

（续）

操作编号	操作内容	处理结果	操作人	审核人
3	申请启动应急预案开始组织应急	申请实施	值班长	机房运维经理 非工作日值班人员
4	查看记录柴油发电机自起失败告警后消除，手动起动柴油发电机后进行并机，将柴油发电机输出柜手动操作合闸	检查、处理并确认	值班长	机房运维经理 非工作日值班人员
5	查看高压配电系统的柴油发电机进线柜合闸成功，若未合闸手动操作合闸	检查、处理并确认	值班长	机房运维经理 非工作日值班人员
6	检查高压配电进出线，间隔5s依次合闸，若未合闸手动操作	检查、处理并确认	值班员	值班员
7	检查柴油发电机运行状态，记录运行参数	检查、通知并确认	值班员	值班长
8	检查并机柜、高压柜运行状态	检查、通知并确认	值班员	值班长
9	检查机房高低压运行状态	检查、通知并确认	值班员	值班长

9.5.8　详细操作步骤

1）电源应急处置组详细操作步骤见表9-4。

表9-4　电源应急处置组详细操作步骤

一、故障判断与通报

序号	操作项目	详细操作步骤	预估时间/min
1	判断高压两路市电停电及柴油发电机起动情况	1）动环上报1AH2、2AH2断路器断开告警 2）机房现场确认1AH1、2AH1高压进线隔离柜带电显示器无闪烁，电压表指针归零 3）查看柴油发电机控制屏柴油发电机未自起 4）到柴油发电机室现场查看柴油发电机未自起	1.5
2	通报	将故障内容、影响范围、处理措施、故障等级等信息同时电话通报至网络监控室、客户经理、机房运维经理（非正常工作时间反馈至值班人员） 1）值班长通过对讲机通知网络监控室、低压、空调 2）值班长电话通知机房维护经理并申请启动应急预案	1

二、柴油发电机自起失败手动起机并机

序号	操作项目	详细操作步骤	预估时间/min
3	自起失败	1）确认日用燃油箱油量，以及管路阀门正常开启 2）确认1AH2、2AH2高压进线柜分闸试验位，1AH5、2AH5柴油发电机进线柜工作位分闸位 3）确认1AH6、2AH6高压馈线柜分闸位	2
4	不间断电源检查步骤	1）检查UPS设备为电池放电状态 2）检查高压直流设备为电池放电状态	同时

269

（续）

序号	操作项目	详细操作步骤	预估时间/min
二、柴油发电机自起失败手动起机并机			
4	暖通部分检查步骤	1）检查蓄冷罐为放冷模式，观察蓄冷罐温度 2）检查冷冻泵为 UPS 蓄电池应急逆变供电 3）检查末端空调为 UPS 蓄电池应急逆变供电	同时
4	手动起动柴油发电机并机	1）依次将 1#、2#、3#柴油发电机模式锁打开并打至手动 2）手动依次将 1#、2#、3#柴油发电机起动 3）手动（半自动控制）依次将 1#、2#、3#柴油发电机并机 4）查看并机柜显示电压 10.5kV、频率 50Hz，合闸 2QFH8、2QFH9 输出柜 5）确认 1AH5、2AH5 柴油发电机进线柜合闸	3
5	检查高压配电柜	1）确认 1AH5、2AH5 柴油发电机进线柜工作位合闸 2）将 1AH2、2AH2 高压进线柜打至手动 3）确认 1AH6、2AH6 高压出线柜合闸	1
6	检查高压配电柜	1）确认高压柜组进出线间隔 5s 依次合闸 2）确认机房低压母联分闸设备分段运行	1
7	检查设备运行状态	高压部分： 1）检查补油系统处于自动状态 2）检查柴油发电机运行参数 3）检查高低压设备运行状态 低压部分： 1）检查二次配电进线柜状态，市电指示灯亮 2）检查 UPS、高压直流供电状态为市电供电，设备无告警 3）检查三、四层负载恢复双路供电	4
三、双路市电恢复			
8	判断与通报	1）机房进线带电显示器闪烁 2）进线柜电压表指向 10.5kV 3）值班员通知机房运维经理申请恢复市电	2
9	两路市电恢复送电	1）通知机房准备恢复市电 2）将 1AH5、2AH5 分闸并退出至试验位 3）将 1AH2、2AH2 进至工作位并合闸 4）确认 JLAH1 柜组切换正常，变压器切换正常 5）检查对应二层、三层、四层机房设备运行情况，确认正常后执行下一步操作	5
10	关闭油机操作	1）依次将 2QFH8、2QFH9 柴油发电机出线柜分闸 2）依次将 1#、2#、3#油机停机 3）确认柴油发电机正常停机	5
11	检查设备运行状态	机房检查高压柜运行状态	5

2）空调应急处置组详细操作步骤见表 9-5。

表 9-5　空调应急处置组详细操作步骤

故障判断与通报

序号	操作项目	详细操作步骤	预估时间/min
1	判断两路市电停电	1）水冷机组全部停机 2）冷却水泵、冷却塔全部停机 3）冷冻泵由 UPS 供电 4）末端空调由 UPS 供电	1.5
2	通报	将故障内容、影响范围、处理措施、故障等级等信息同时电话通报至网络监控室、客户经理、机房运维经理（非正常工作时间反馈至值班人员） 1）值班长通过对讲机通知网络监控室、电源组 2）值班长电话通知机房维护经理并申请启动应急预案	2

3）网络与客户响应应急处置组详细操作步骤见表9-6。

表 9-6　网络与客户响应应急处置组详细操作步骤

故障判断与通报

序号	操作项目	详细操作步骤	预估时间/min
1	判断两路市电停电	1）市电输入停电 2）10kV 供电全部停电 3）变配电系统全部停电 4）柴油发电机系统还未起动	1.5
2	通报	将故障内容、影响范围、处理措施、故障等级等信息同时电话通报至客户经理、机房运维经理（非正常工作时间反馈至值班人员）	1.5
3	通报	将监控平台柴油发电机系统起动及运行情况，通过对讲机向全员通报	1
4	通报	将不间断电源的蓄电池电压，通过对讲机向全员通报	1

第10章

维护作业手册编写

在 18 世纪初手工业作坊时代，制作一件成品往往工序很少且分工很粗，甚至从头至尾是由一个人来完成的，其人员的培训是以学徒形式通过长时间学习与实践来实现的。随着工业革命的兴起，生产规模不断扩大，产品日益复杂，分工日益精细，工序管理日益困难，造成产品成本急剧增高。如果只是依靠口头传授操作方法，已无法控制产品品质。采用学徒形式培训已不能适应规模化的生产要求。因此，必须改变这种传统的培训方式和作业管理模式，企业主开始以作业指导书的形式规范各道工序的操作方法。

全球第一个开创流水线作业的福特汽车公司，全球餐饮连锁经营的巨头肯德基、麦当劳等公司的发展都得益于将每道工序都细化成标准的作业程序并发布执行。

在数据中心运维管理过程中，管理者很好地借鉴了制造业企业的管理理念，并形成了相应的维护作业手册，提高效率的同时降低了因人为操作失误而带来的风险。本章内容主要介绍数据中心维护作业手册（SOP、MOP、EOP、SCP）的概念、编写方法、参考示例及使用。

10.1　基本概念

10.1.1　SOP 定义

标准作业程序（Standard Operating Procedure，SOP）就是将某一设备的标准操作步骤和要求以统一的格式描述出来，用来指导和规范日常的工作。

SOP 是对某一操作过程的描述，是规范操作过程中关键控制点的标准程序。

10.1.2　MOP 定义

维护作业程序（Maintenance Operating Procedure，MOP）用于规范和明确数据中心基础设施运维工作中各项设施的维护保养审批流程和操作步骤。

维护作业程序是结合数据中心不同系统、不同架构、不同型号设备而定制的标准规范，它是设备维护保养操作的执行依据，通常可以作为预防性维护方案或变更方案的主要组成内容。

10.1.3　EOP 定义

应急操作流程（Emergency Operating Procedure，EOP）用于规范应急操作过程中的流程及操作步骤。确保运维人员可以迅速启动并有序、有效地组织实施各项应对措施。

EOP 有别于 SOP 但又与 SOP 有紧密的联系，EOP 有时会集成多个 SOP 共同作用，有时候是单独的 SOP。具体情况应根据数据中心故障场景确定。

10.1.4　SCP 定义

配置管理流程（System Configuration Procedures，SCP）用于动态管理数据中心基础设施系统与设备运行配置。

配置管理流程有利于数据中心运维人员能够实时了解各设备运行状态是否正常，设备运行时各参数是否在正常范围值内，如某项运行参数超出了预先设定的正常范围，则应引起运维人员的关注或启动相关流程。如 SCP 设定了某个阀门是常开，则系统正常运行时该阀门应是常开状态。

10.2　编写方法

按照本章介绍的编写方法，将有助于编写出适用于大多数数据中心使用的 4P 文件。

在编写前先要明确 4P 文件的作用和使用场景，这样有利于正确编写。在编写完成后应经过审核和验证，通过后方可发布执行。未经审核和验证，文件发布执行后可能会存在误操作的风险。下面将分别阐述编写的原则和技巧。

10.2.1　SOP 编写原则与技巧

SOP 是标准作业程序，用来指导某项具体的工作。如设备的开机、关机、重起等都视为一个标准作业，都需要有相对应的 SOP 文件作为指导。

SOP 编写原则是：简单、易懂、图文并茂。

SOP 是针对设备的操作，只需描述每个操作步骤的动作即可。对于关键设备的操作步骤应张贴到设备面板，方便运维人员在操作时及时得到正确指导。同一设备的 SOP 有可能会有多个，如 UPS 开机/关机操作、UPS 主路切旁路操作等。可以同一设备的多个 SOP 集成到一页纸中并现场张贴。

SOP 的适用范围仅限同一型号设备，同品牌不同型号的设备需要分别编写。

SOP 的内容至少包括：

第 1 章　设备信息（品牌、型号、设备名称等）；

第 2 章　操作步骤（步骤、操作描述、检查标准、图例等）；

第 3 章　文档信息（编制人、审批人等）。

10.2.2　MOP 编写原则与技巧

MOP 是对设备进行维护保养的标准规范，编写原则是：

1）同一类设备编写一个 MOP 即可。例如，变压器维护保养 MOP，无须分开不同变压器容量和型号，因为同一类设备的维护内容基本一致，因型号不同而产生的某项操作步骤有差异的地方，由其 SOP 来区别。

2）MOP 内容应详细、全面。同一种设备的维护内容有维护周期的区别，分为月度、季度、半年度或年度等。不同的维护周期对应不同的维护内容。

3）MOP 应包含设备维护前的准备工作和维护后的收尾工作，最好采用流程图的形式描写出每个环节的主要工作。

4）对于大型设备的维护应纳入变更管理，需提前申请变更，编写这类维护的 MOP，应写清楚申请变更和审批的要求。

5）MOP 中如涉及设备开机、关机、切换等与 SOP 操作步骤重复的内容，应在 MOP 中指向对应的 SOP，也可以将 SOP 的这部分内容写进 MOP 中。

6）为了与年度维护计划相对应，每个 MOP 都要对应一个维护记录表，记录表内容按维护周期做好区分。

10.2.3　EOP 编写原则与技巧

EOP 的作用是为了在故障应急情况下，运维人员能够快速、准确地操作设备处理故障。

不能把 EOP 写得跟说明书一样详细，更不能写得跟应急预案一样全面。EOP 的编写原则是简单、易读、准确。

EOP 最好张贴在设备前面，简单描述操作步骤即可。

10.2.4　SCP 编写原则与技巧

SCP 的作用是为了让数据中心运维人员快速识别设备当前运行状态是否正常，数据中心投入运行时，应编制各个系统对应的 SCP，标识出系统正常运行时开关或阀门的状态。当系统由于应急或变更操作，对开关或阀门状态进行了临时改变，应急或变更结束后，运维人员应根据 SCP 的记录将系统完全恢复到原有状态。

设备的运行参数会随着负荷率、气候、天气等变化而动态变化。开关与阀门的状态需要根据实际需要调整到最佳状态，这时相应的 SCP 内容就要做相应的更新并按照流程进行发布执行，从而做到 SCP 的动态管理。

SCP 的编写原则：能准确反映实际状态，并实行动态管理。

SCP 的编写技巧：清晰美观，让运维人员获取信息时能够迅速理解。

10.3　参考样例

10.3.1　SOP 参考样例

数据中心 SOP 的参考样例见表 10-1。

表 10-1　UPS 主路转旁路 SOP

设备信息			
设备品牌	××	设备型号	×××-××
设备名称	UPS	设备容量	400kV · A
厂家负责人	×××	联系电话	×××××××××××
操作步骤			

（续）

步骤	操作描述	检查标准	图例
第1步	是否得到上级授权	已得到授权	/
第2步	复核 UPS 的设备型号、检查各参数是否正常	UPS 处于主路工作状态	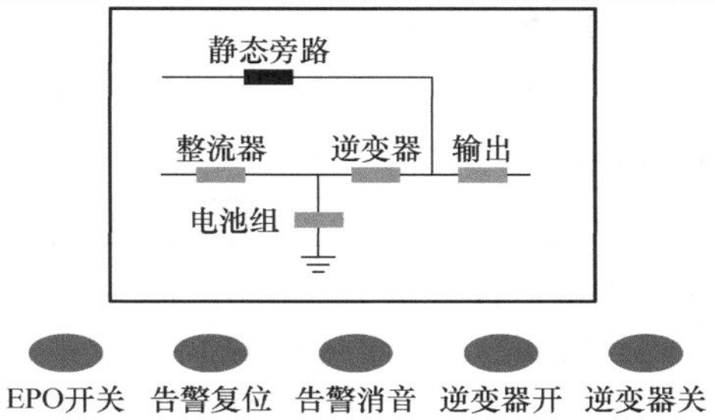
第3步	持续按 UPS 主机的控制面板上的"逆变器关"按钮3s；完毕后负载转为静态旁路供电	逆变器指示灯灭，旁路指示灯亮	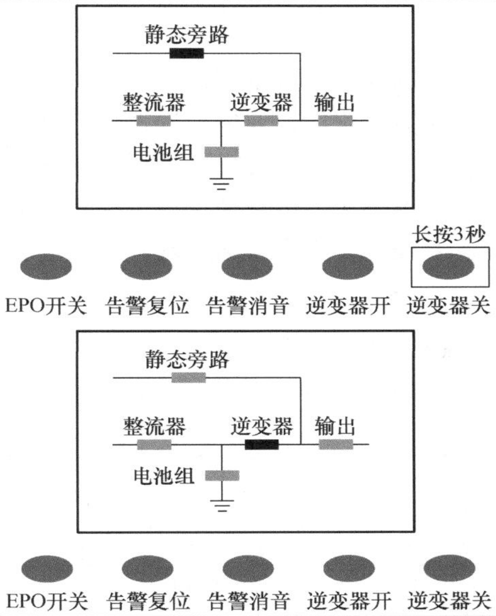
第4步	检查末端负载有无掉电故障		
文档信息			
编制人		审批人	
操作人		监护人	

10.3.2　MOP 参考样例

数据中心 MOP 参考样例：

离心冷水机组维护 MOP

1. 总则

（1）目的

本 MOP 用于在理论上全面指导暖通运维人员维护保养制冷机组的工作，规范暖通运维人员的工作内容和工作质量。

（2）使用范围

指导暖通运维人员制冷机组维护保养工作；

评价暖通运维人员技能水平的依据；

新上岗的暖通运维人员培训材料。

（3）系统信息

××数据中心制冷机组采用4台某品牌1300冷吨的离心式制冷机组。安装在机房楼1层。详细参数见表10-2。

表10-2　系统信息

设备名称	品牌	型号	性能参数	备注
离心冷水机组	××	×××-××	冷量4571kW（1300冷吨）	3用1备

（4）责任分工

对制冷机组的维护保养应至少由三人完成。一名现场指挥，负责监督和指挥现场操作，时刻与监控室保持通信，确保维护操作整个过程的风险可控，对整个过程记录并形成报告，对过程中发现的问题提交班组主管并配合主管对问题进行跟踪。

两名操作人员在现场指挥的指令下执行各项维护操作。

有条件可再安排两名现场人员接、递工具等。

2. 流程及资源准备

（1）维护工具清单

所需工具清单见表10-3。

表10-3　维护工具清单

序号	工具名称	数量	图片	备注
1	套筒组合工具箱	1	略	
2	维修工具套件	1	略	
3	6~24mm十五件套	1	略	
4	18寸450mm管钳	2	略	
5	450mm活动扳手	2	略	
6	对讲机	4	略	
7	电流表	1	略	
8	万用表	1	略	
9	10kV高压声光语音验电笔	1	略	

（2）维护流程申请

数据中心对制冷机组的维护保养需要停机进行，涉及此类操作需要按照相应流程的要求进行审批。定好维护窗口，做好人员保障。

3. 维护周期及内容

（1）维护周期

维护周期见表10-4。

（2）维护内容

1）管路维护内容

① 每季检查润滑油油位，根据需要补充合格的润滑油。

表 10-4　维护周期

序号	维护内容	季度	半年	年度	两年
1	管路保养	√	√	√	√
2	压缩机保养		√	√	
3	冷凝器保养	√	√	√	
4	蒸发器保养	√	√		√

② 每季检查管路各部件的固定情况，如有松动及时紧固。

③ 每季定期检查机组外部各接口、焊点是否正常，有无泄漏情况。

④ 每季检查制冷机组外观，主要检查制冷机组保温是否存在破损、开裂，如有应进行修补；检查制冷机组油漆是否存在脱落、生锈等情况，如有应及时进行修补。

⑤ 每年清洗油过滤器并检查润滑油的质量；检查是否有铝颗粒物体，如果发现油内有铝颗粒物，说明轴承可能磨损，立即联系制冷机厂商做进一步检查。如果在发现机组回油系统出现失灵的情况，应立即更换干燥过滤器。更换干燥过滤器时，应检查喷射器是否存有异物，以免堵住喷油嘴。

⑥ 每年检查判断系统中是否存在空气，如果有空气情况应及时排放。

⑦ 每两年更换一次润滑油，加油器具应洁净。

注意事项：

使用的润滑油应符合要求，使用前应在室温下静置 24h 以上，不同规格的润滑油不能混用。

2）压缩机维护内容

① 每季检查制冷剂液位是否正常，根据需要补充制冷剂。

② 每季检查压缩机、电机的固定情况，如有松动及时紧固。

③ 每年测量压缩机电机绝缘值是否符合要求，绕组绝缘值应 $\geqslant 100M\Omega$，如 $\leqslant 100M\Omega$ 应联系制冷机厂家做进一步检查。

④ 每年检查压缩机接线盒内接线柱固定情况。

⑤ 每年检查电线是否发热，接头是否松动。

⑥ 每年检查控制箱内电气是否存在接触、振动等现象，防止元器件和电缆磨损损坏。

⑦ 每年检查机组电磁阀和膨胀阀（孔板）工作是否正常。

注意事项：

充注制冷剂、焊接制冷管路时应做好防护措施，戴好防护手套和防护眼镜，配备必要的灭火设备。

3）冷凝器维护内容

每年对制冷机冷凝器进行一次必要的药物和物理清洗，如果出现冷凝温度和冷却水出水温度的温差大于 3.0℃时，应及时进行清洗冷凝器，防止因为冷凝器小温差过大造成制冷效率降低。

4）蒸发器维护内容

每季检查并根据冷冻水出水温度和蒸发温度差（蒸发器小温差）判断蒸发器的结垢情况，根据需要清洗蒸发器水管内的结垢。

注意事项：

① 维护制冷机组时务必用正确的工具操作，切忌使用蛮力、暴力损坏螺纹、防水垫圈等。

② 制冷机组停止运行 30 天时间的，应使用工具转动电机主轴 15 圈，使电机主轴的润滑油脂得以分布均匀，防止因润滑不当造成的机器主轴损伤。

③ 制冷机组卸载后，冷冻水泵和冷却水泵，要在制冷主机停止 15min 后方可关闭。

④ 制冷机组的检修必须由具备相应资质的专业技术人员担当，并遵照厂家技术说明书进行。

10.3.3　EOP 参考样例

数据中心 EOP 参考样例见表 10-5 所示。

表 10-5　冷水机组故障切换应急处置 EOP

主要步骤	详细操作步骤	成功标准	流程图
1. 事前检查	1）是否得到此操作的授权 2）检查蓄冷罐是否进入放冷模式 3）检查备用冷水机组现场环境和设备的状态及送电情况	1）已获得授权 2）确认蓄冷罐进入放冷模式，由二次侧向末端负载供冷 3）检查备用单元主机是否有告警，如有告警需手动消除，满足开机所需条件	
2. 开启阀门	在冷冻站电动阀门控制柜上，将冷冻水阀门、冷却水阀门、冷却塔补水阀的选择开关打到手动位置，并将开关旋钮旋至"开"的位置	现场确认阀门开启度为全开	
3. 开启冷塔	在变配电及空调配电室，将冷却塔的选择开关打到手动位置，并按下合闸按钮	根据环境温度调节冷却塔风扇频率（详细调用 SOP）	
4. 开启水泵	1）在变配电及空调配电室，将冷却泵的选择开关打到手动位置，并按下合闸按钮 2）在变配电及空调配电室，将冷冻一次泵的选择开关打到手动位置，并按下合闸按钮	确认合闸指示灯亮，水泵运转，调整变频器至合适频率（详细调用 SOP）	
5. 开启冷机	1）在冷冻站主机主控面板上按下"本地"按钮，起动机组 2）等待 60s，观察主机起动情况	1）主机主面板显示检测到蒸发器以及冷凝器侧有水流显示方可开机（详细调用 SOP） 2）查看供回水温度、供回水压力、蒸发压力、冷凝压力、负载率	
6. 事后检查	1）在动环系统上检查机房温湿度情况 2）检查末端负载运行情况 3）停止故障冷水机组运行	1）检查空调进出水温度（15～21℃）、进出水压差（0.4～0.55MPa） 2）冷通道温湿度：温度（18～25℃）、湿度（20%～60%）	

流程图：
开始 → 是否授权?（否→返回）→ 是 → 事前检查 → 开启阀门 → 开启冷却塔 → 开启水泵 → 开启冷机 → 是否正常?（否→返回）→ 是 → 退出故障冷机 → 事后检查 → 结束

10.3.4　SCP 参考样例

1）数据中心 SCP 参考样例见表 10-6。

表 10-6　某数据中心 1#高压系统开关状态 SCP

开关描述	房间/柜体编号	开关编号	稳定状态
1#电源进线	A117 高压配电房 A	A117－1AH01	NO（正常闭合）
计量	A117 高压配电房 A	A117－1AH02	NO（正常闭合）
发电机进线	A117 高压配电房 A	A117－1AH03	NC（正常断开）
电源电压互感器	A117 高压配电房 A	A117－1AH04	NO（正常闭合）
T1－1 变压器进线	A117 高压配电房 A	A117－1AH05	NO（正常闭合）
T2－1 变压器进线	A117 高压配电房 A	A117－1AH06	NO（正常闭合）
T3－1 变压器进线	A117 高压配电房 A	A117－1AH07	NO（正常闭合）
T4－1 变压器进线	A117 高压配电房 A	A117－1AH08	NO（正常闭合）
T5－1 变压器进线	A117 高压配电房 A	A117－1AH09	NO（正常闭合）
高压隔离开关	A117 高压配电房 A	A117－1AH10	NC（正常断开）
高压母联开关	A120 高压配电房 B	A120－2AH10	NC（正常断开）

2）冷水机组运行参数 SCP 见表 10-7。

表 10-7　某型号冷水机组运行参数 SCP

序号	设备部件	项目	控制范围	当前设定值	单位	异常处理方法
1	蒸发器	出水设定值	7～16	15	℃	
2		停机设定值	/	/	℃	
3		冷冻水进水温度	9～20	19	℃	
4		冷冻水出水温度	7～16	15	℃	
5		蒸发器冷媒饱和温度	7～16	14	℃	
6		蒸发器冷媒压力	210～404	383	kPag	
7		蒸发器趋近温度	0.1～3	0.1	℃	
8		电流限制百分比	40～98	/	%	
9	冷凝器	冷却水进水温度	20～32	30	℃	
10		冷却水出水温度	25～37	33	℃	
11		冷凝器冷媒饱和温度	25～42	34	℃	汇报上级获得授权执行变更
12		冷凝器冷媒压力	387～980	437	kPag	
13		冷凝器趋近温度	0.1～3	0.3	℃	
14	压缩机	起动次数	/	/	Starts	
15		运转时数	/	/	Hours	
16		油压差	118～388	/	kPag	
17		油箱温度	40～65	62	℃	
18		1GV 导流翼开度	0～100	/	%	
19		压缩机 A 组相电流 RLA%	30%～100%	/	%	
20		压缩机 B 组相电流 RLA%	30%～100%	/	%	
21		压缩机 C 组相电流 RLA%	30%～100%	/	%	

（续）

序号	设备部件	项目	控制范围	当前设定值	单位	异常处理方法
22		压缩机 A 相电流	实际	/	A	
23		压缩机 B 相电流	实际	/	A	
24		压缩机 C 相电流	实际	/	A	
25	压缩机	压缩机 AB 相电压值	380	/	V	汇报上级
26		压缩机 BC 相电压值	380	/	V	获得授权
27		压缩机 AC 相电压值	380	/	V	执行变更
28		压缩机 AC 相电压值线圈温度 W1	实际	/	℃	
29		压缩机 AC 相电压值线圈温度 W2	实际	/	℃	
30		压缩机 AC 相电压值线圈温度 W2	实际	/	℃	

10.4　操作手册的用法

10.4.1　SOP/MOP/EOP/SCP 之间的关系

MOP 和 EOP 之间有可能会调用同一个 SOP，如冷水机组维护 MOP 和冷水机组故障 EOP 同时调用了冷水机组切换 SOP，但 MOP 和 EOP 之间仍视为是独立的两个文档。

SOP 与 MOP 都有可能引起 SCP 变化，数据中心运维人员应根据变化及时更新 SCP。

10.4.2　典型数据中心 4P 文件清单参考

1）数据中心 SOP 文件清单见表10-8。

表 10-8　数据中心 SOP 文件清单

序号	文件名称	备注
1	高压进线柜起动操作流程 SOP	
2	高压进线柜停止操作流程 SOP	
3	高压母联开关柜起动操作流程 SOP	
4	柴油发电机组手动起动操作流程 SOP	
5	柴油发电机组控制柜侧手动起动操作流程 SOP	
6	假负载开启操作流程 SOP	
7	低压开关柜-断路器合闸标准操作流程 SOP	
8	低压开关柜-分闸标准操作流程 SOP	
9	低压母联开关柜起动标准操作流程 SOP	
10	低压母联开关柜停止标准操作流程 SOP	
11	高压直流开关机操作流程 SOP	
12	UPS 开机流程 SOP	
13	UPS 正常模式切换静态旁路 SOP	
14	250～800kV·A_UPS 切换至外部维修旁路及切换回正常模式 SOP	
15	250～800kV·A_UPS 切换至维修旁路及切换回正常模式 SOP	
16	直流电源模块操作 SOP	

（续）

序号	文件名称	备注
17	冷水主机手动起动 SOP	
18	冷水主机手动停止 SOP	
19	冷却塔手动起动 SOP	
20	冷却塔手动停止 SOP	
21	冷冻水泵手动起动 SOP	
22	冷冻水泵手动停止 SOP	
23	冷却水泵手动起动 SOP	
24	冷却水泵手动停止 SOP	
25	精密空调手动起动 SOP	
26	精密空调手动停止 SOP	
27	行间空调手动起动 SOP	
28	行间空调手动停止 SOP	
29	电动阀门手动起动 SOP	
30	电动阀门手动停止 SOP	
31	新风机手动起动 SOP	
32	新风机手动停止 SOP	
33	高压进线柜起动操作流程 SOP	
34	高压进线柜停止操作流程 SOP	
35	高压母联开关柜起动操作流程 SOP	
36	柴油发电机组手动起动操作流程 SOP	
37	柴油发电机组控制柜侧手动起动操作流程 SOP	
38	假负载开启流程 SOP	
39	低压开关柜-断路器合闸标准操作流程 SOP	
40	低压开关柜-分闸标准操作流程 SOP	
41	低压母联开关柜起动标准操作流程 SOP	
42	低压母联开关柜停止标准操作流程 SOP	
43	高压直流开关机操作流程 SOP	

2）数据中心 MOP 文件清单见表 10-9。

表 10-9　数据中心 MOP 文件清单

序号	MOP 名称	备注
1	柴油发电机组巡检维护规程 MOP	
2	低压配电柜巡检维护规程 MOP	
3	高压直流巡检维护 MOP	
4	−48V 开关电源巡检维护 MOP	
5	ATS 开关电源配电箱巡检维护 MOP	
6	蓄电池巡检维护 MOP	
7	冷水主机巡检维护 MOP	
8	冷却塔巡检维护 MOP	
9	水冷精密空调巡检维护 MOP	
10	风冷精密空调巡检维护 MOP	

（续）

序号	MOP 名称	备注
11	水泵巡检维护 MOP	
12	蓄冷罐巡检维护 MOP	
13	定压补水装置巡检维护 MOP	
14	恒湿机巡检维护 MOP	
15	自动加药装置巡检维护 MOP	

3）数据中心 EOP 文件清单见表 10-10。

表 10-10　数据中心 EOP 文件清单

序号	EOP 名称	备注
1	单路市电停电应急操作流程 EOP	
2	单路市电停电恢复送电应急操作流程 EOP	
3	双路市电停电应急操作流程 EOP	
4	双路市电停电恢复送电应急操作流程 EOP	
5	柴发机组起动失败应急流程（EOP）	
6	单台变压器故障应急操作流程（EOP）	
7	单台 HVDC 故障应急操作流程（EOP）	
8	单台 UPS 故障应急操作流程（EOP）	
9	单路市政供水中断 EOP	
10	双路市政供水中断 EOP	
11	单台冷机故障应急切换 EOP	
12	冷却（冻）水泵故障 EOP	
13	冷却塔故障 EOP	
14	阀门故障 EOP	
15	机房火警应急处置 EOP	
16	动环系统故障处置 EOP	

4）数据中心 SCP 文件清单见表 10-11。

表 10-11　数据中心 SCP 文件清单

序号	SCP 名称	备注
1	高压配电系统运行状态 SCP	
2	低压配电系统运行状态 SCP	
3	暖通系统阀门运行状态 SCP	
4	UPS 运行状态 SCP	
5	UPS 运行参数 SCP	
6	变压器运行参数 SCP	
7	HVDC 运行参数 SCP	
8	冷水机组运行参数 SCP	
9	精密空调运行参数 SCP	
10	柴油发电机运行参数 SCP	
11	机房环境运行参数 SCP	主要体现温湿度、压差、露点温度等

第11章

数据中心基础设施运维管理

第 11 章的内容为数据中心基础设施运维管理体系，是本书中关于运维理论体系建立的内容单元。相对于前面章节对设施设备的专业技术探讨，本章内容旨在为数据中心从业者阐明数据中心基础设施运维管理工作的基本架构，使我们对数据中心的运维管理工作建立初步的认识，形成良好的"管理思维"，从而更好地匹配和发掘专业技术工作的效能。

建立数据中心运维管理体系是实现运维管理目标的关键一环，其内容包括：组织管理、人员管理、设施管理、事件管理、故障管理、问题管理、变更管理、配置管理、安全管理、风险管理、应急管理、容量管理、能效管理、资产管理、供应商管理、文档管理。

11.1　组织管理

数据中心运行需要一个高效的组织，在合理的组织架构下，制定组织职能、规定组织流程是组织管理的关键要素。

11.1.1　组织架构

组织内部负责各项工作的部门应明确分工。各个不同的数据中心具有自身的特点，组织架构会有所不同，但基本都包含了以下几个主要职能及工作。典型数据中心运维管理组织架构如图 11-1 所示。

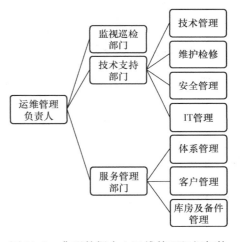

图 11-1　典型数据中心运维管理组织架构

11.1.2　组织职能

根据工作内容的不同，可将组织划分成不同的管理部门，对数据中心的设备设施、人员、服务等进行精细化管理，从而实现组织的完整职能。典型的管理职能划分见表 11-1。

表 11-1　典型的管理职能划分

职能单元	主要职能
运维管理负责人	数据中心领导，带领运维管理各部门保障数据中心长期稳定地运行
监视巡检部门	负责数据中心 7×24h 的一线运行值班，各运行系统的监视与巡检

(续)

职能单元	主要职能
技术支持部门	负责各个系统与设备设施的二线技术支持工作 负责设备设施的维护与检修 负责人员安全、物理安全、消防安全等安保工作的管理 负责数据中心运行管理中 IT 系统的维护 负责数据中心的优化升级与改造 体系的建立
服务管理部门	体系的管理 客户的对接与管理工作 库房、备件等管理工作 保洁工作管理 保安工作管理 其他必要的管理工作

组织职能规定了各个部门的主要工作内容，也规定了部门与部门之间的工作关系。编制组织职能之前，要对数据中心内的所有工作进行梳理和场景分析，将所有工作都归入相应的管理部门，不要有遗漏。

完成组织职能分工后，需要编制人员职责说明书和工作说明书，规定每一个人员的主要工作内容，对确定岗位编制提供支撑。

11.1.3　组织流程

组织管理的流程强调系统性及逻辑性，在数据中心的日常工作中，大部分的工作可以在各个管理部门内流转，由于部门分工的不同，有一些工作需要几个部门之间配合、流转，这时就要通过组织流程将工作进行分解，按照部门职能进行分发，合作完成。

建立完善的工作流程可提高工作效率，也可提升工作成果，按照每个数据中心管理规定，制定一套切实可行的组织流程是非常必要的。

11.2　人员管理

数据中心的运行离不开运维人员，监视巡检、维护维修、日常管理等工作都是由运维人员完成的，即使在自动化运维已经初露端倪并形成趋势的今日，运维人员也是非常重要的。数据中心的运维管理特性决定了人员构成的多专业、多领域等特点。

11.2.1　人员管理的定义

数据中心人员管理就是将众多的运维人员进行管理和分配，做到人尽其才，使数据中心能够安全高效运行。

11.2.2　人员管理的目标

1）确保运维人员按照专业匹配程度持证上岗。
2）保持运维人员具有高度责任心。

3）规范运维人员工作内容。

4）建立人员梯队及人才储备。

11.2.3 人员管理的范围

数据中心所涉及的人员众多，从管理层面基本可以分为三类，第一类是针对系统及设备设施的人员，包括运维人员及技术工程师等；第二类为针对安全、体系等的技术支持人员；第三类为必要的各级管理人员。

数据中心人员管理与人力资源管理虽有不同，但又相辅相成，互相配合。在人力资源管理框架下，数据中心人员管理有其特殊性。

11.2.4 人员来源

运维人员的专业性很强，人员来源可分为几类，一是通信行业；二是物业管理公司；三是设备服务商；四是相关专业毕业生。

11.2.5 人员培训

在数据中心的运维过程中，对员工的培训是非常重要的，通过培训，提高人员的业务能力、操作水平、服务意识和安全生产认知，从而更好地保障数据中心运行。培训也是最好的建立人员梯队和人才储备的方式之一。

培训方式可参考以下几种：

1. 岗前培训

岗前技术培训是对人员进行的导向性培训，运维人员在上岗前都必须参加岗前技术培训，了解主要工作内容，掌握实际操作技能，提高服务意识和安全生产认知等，其中安全培训工作建议单独组织专项培训，增强运维人员对安全生产的重视程度。

2. 技术培训

针对运维的专业特点，按照专业领域的划分，进行专项培训，可由内部工程师完成，也可由外部厂商完成。

3. 交叉培训

数据中心各个系统之间有着不可分割的联系，不同专业之间需要紧密的配合。在掌握自身专业知识后，还要进行交叉培训，除本专业外的其他专业至少需要掌握基本知识。

4. 高级培训

高级管理人员和工程师可进行有针对性的高级培训，可由外部培训机构完成，提升数据中心管理水平和技术能力，提升运维团队的整体实力。

11.2.6 体系支撑

据不完全统计，在数据中心运行中，大约70%的故障都是由人为操作错误导致的。从人员管理角度看，减少发生人为操作错误是非常重要的运行保障措施。

数据中心编制运维体系的主要作用之一是针对人员的管理，这点需要有清醒的认知，主要作用包括：

1. 规范运维行为

通过编制标准作业程序（Standard Operating Procedure，SOP）、维护作业程序（Maintenance Operating Procedure，MOP）、应急操作流程（Emergency Operating Procedure，EOP）等各种标准操作手册，清晰准确地告知运维人员正常操作、维修操作、应急操作等的标准流程及动作。

2. 过程标准化

按照规定的流程完成运维过程中各种问题的处理，减少过程偏差。

3. 记录和追溯

每一个运维工作的过程和结果都能被记录并可追溯，提升运维质量。

11.3　设施管理

数据中心运行是多系统的融合，包括电气、通风空调、智能化、消防、IT 等。有效管理好各系统的设备设施，使之处于良好的运行状态，减少故障的发生，充分发挥基础设施的作用是设施管理的主要目的。

11.3.1　设施管理的定义

设施管理是指在设施的全生命周期内，通过记录、巡检、监控、维护、维修、操作等手段对设施进行有序管理的过程。

11.3.2　设施管理的目的

1）各类基础设施都应通过统计后记录在案，建立完整的档案，并进行实时的更新。

2）在运行中，设施是作为资产来看待的，通过对基础设施的管理，优化设施运行，延长使用寿命，在全生命周期内节约设施投入及运行成本。

3）通过合理的设施组合，高效的设施运行，必要的检修等手段，始终将设施处于最好的状态，提高数据中心运行稳定性。

11.3.3　设施管理的范围

设施管理与公司经营管理层面的资产管理有不同之处，资产管理的范围较宽泛，设施管理则更强调对保障数据中心环境必须运行的设备及系统的管理。

11.3.4　设施管理的特点

1. 专业化

数据中心的设施系统较多，要求管理人员具有较高的专业技能。

2. 精细化

设施管理要求精细和精准，使用信息化技术进行科学管理。

3. 智能化

设施管理要求保持先进性，利用各种自动化、数字化等新型管理系统实现智能化管理。

11.3.5　设施管理的内容

1. 监视巡检

通过数据中心监控系统，对设施进行 $7 \times 24h$ 监视；

通过运维人员定期的现场查看，完成设施巡检工作。

2. 编制手册

编制设施管理的标准操作手册并严格按照手册执行各种动作。

3. 维护保养

为了使设施达到最好的运行状态，定期要对设施进行各种维护保养，按照各类设施的特性，制定维护保养计划并严格执行。

4. 设施维修

设施维修需按照规程编制合理可行的维修方案并严格执行。

11.4　事件管理

事件管理，顾名思义，就是对所发生的"事件"进行管理。数据中心基础设施的运行会产生大大小小各种类型的"事件"，如何认识和处理这些"事件"就是事件管理这一流程所要解决的问题。事实上，在数据中心基础设施运维管理体系中，事件管理是一个使用频率最高的管理流程。事件管理以快速解决表征现象为目的，而不在于查找事件的根本原因，因此，时效性是评价事件管理水平的重要标志。

11.4.1　事件管理的定义

1. 事件的定义

事件管理中的事件是指在数据中心基础设施的运行中一个无计划的已经引起或可能引起运行中断和运行质量下降的事态，包括系统整体运行失败、设备设施硬件或软件故障、运行资源缺失等任何影响基础设施系统正常使用和运行的故障以及影响业务流程或违背服务级别协议的情况等。所以这里的事件是一个广义的"事件"。

2. 事件管理的定义

事件管理的定义就是一组为数据中心基础设施运行业务或系统尽快恢复正常工作状态而设定的流程，其重点是如何达到快速响应、快速恢复，使事件对数据中心基础设施运行的影响最小化。

11.4.2　事件管理的目的

事件管理的目的是尽快处理出现的事件，消除事件影响，恢复数据中心基础设施系统的稳定性和可用性。具体表现在：

1）尽快恢复设备运行。

2）尽快恢复服务等级。

3）对事件控制和监控。

4）记录事件处理的相关信息。

11.4.3 事件管理的范围

事件管理的范围包括基础设施运行过程中产生的所有事件。事件的产生一般有两类：一类是由监控管理平台自动发现并产生的告警事件；另一类是由运维人员发现并报告的事件。

11.4.4 事件管理的流程

1. 事件管理的主要流程

事件管理流程应起始于事件的发现和响应，结束于事件的解决和关闭。具体包含下述主要内容：

1）发现和响应。

2）分类和定级。

3）调查和诊断。

4）解决和恢复。

5）关闭和改进。

2. 事件的级别

（1）事件的分级　事件级别是事件管理的一个关键要素，优先级决定处理事件的顺序及所需的资源。事件级别并无统一强制标准，一般可分为四个等级，事件优先级定义参考见表 11-2。

表 11-2　事件优先级定义参考

等级	等级定义
第一级	非关键服务受到影响 非关键基础设施受到影响 服务等级协议（Service Level Agreement，SLA）不受影响
第二级	关键服务受到影响，或者非关键服务受到严重影响 关键基础设施受到部分影响 SLA 发生轻微偏离
第三级	关键服务受到严重影响，或者非关键服务停止运行 关键基础设施受到严重影响 SLA 发生偏离 第二级超出规定处理时间
第四级	关键服务停止运行 关键基础设施大范围停止运行 第三级严重超出规定处理时间 SLA 发生严重偏离

（2）事件的升级　如果某一事件不能在规定的时间内由一线运维工程师解决，那么更多有经验的人员和有更高权限的人员将不得不参与进来，这就是升级，它可能发生在事件解

决过程的任何时间和任何支持级别。升级分为职能性升级和结构性升级。两者的区别如下：

职能性升级（又称为水平升级、技术升级）：职能性升级意味着需要具有更多时间、专业技能或访问权限（技术授权）的人员来参与事件的解决。这种升级可能会超越部门界限而且可能会包括外部支持者。

结构性升级（又称为垂直升级、管理升级）：结构性升级意味着当经授权的当前级别的机构不足以保证事件能及时、满意地得到解决时，需要更高级别的机构参与进来。

事件管理经理对事件管理流程负有全部责任，他的目标是要为满足一个事件的职能性升级的需要做好预备工作，以避免结构性升级的发生。事件升级过程如图 11-2 所示。

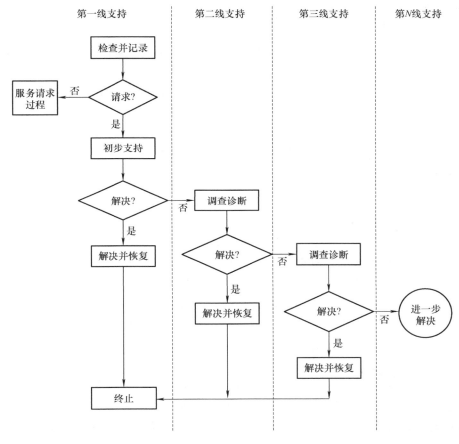

图 11-2　事件升级过程

3. 事件管理角色

（1）事件经理　事件经理统筹管理所有事件，根据发生事件的类型、区域、系统等不同属性调配事件负责人进行处理，监督及督促各管理角色人员完成本职工作，执行及优化事件管理流程，汇总及分析事件原因、处理过程、解决办法及处理结果等综合信息向领导进行汇报及内部传达，管理及更新事件知识库。

（2）事件报告人　事件报告人发现事件后第一时间通知或报告到事件处理部门，可以通过电话、信息等多种形式报告，但要准确描述事件状态、地点、位置等关键信息。事件报告人的报告时间即事件的发起时间，事件关闭时要通知事件报告人。

（3）事件负责人

1）组建事件处理小组。

2）协调和调度小组的工作。

3）协调和调度事件处理所需资源。

4）确认及反馈事件处理结果。

5）更新配置管理数据库（Configuration Management Data Base，CMDB）。

6）完成事件处理报告。

7）配合流程处理。

4. 与其他流程的关系

当一个事件发生时，可能会触发其他流程，此时就要与其他流程共同完成事件处理，例如：

1）与问题管理的关系，部分事件会升级为问题，此时要详细记录事件过程及处理过程。

2）与变更管理的关系，需要变更才能解决时，需要发起变更流程。

3）与配置管理流程的关系，事件的处理过程需要配置管理数据库提供相应信息，同时事件处理完成后会触发配置管理数据库的更新。

5. 管理策略

事件管理应遵循以下策略：

1）运维人员通过巡检、巡视、监控等发现事件，应第一时间上报。

2）所有事件都应遵循事件管理流程，不应有例外。

3）事件处理工作应优先于日常运维工作及计划性工作。

4）事件处理过程应被完整、详细地记录。

5）应定期输出事件管理报表。

6）应定期对事件进行回顾和评估。

11.4.5　事件管理的绩效

评估事件管理的绩效需要明确定义目标以及为实现这些目标所设定的可测量的指标，这些指标通常被称为绩效指标。绩效指标由事件经理定期（如每周）报告，以获得一些可据此判断事件发展趋势的历史数据。

事件管理流程的关键绩效指标举例如下：

1）平均解决时间。

2）按优先级计算的平均解决时间。

3）在 SLA 的目标之内解决的事件所占的百分比。

4）由一线支持解决（不将事件转交）的事件所占的百分比。

5）每个运维人员平均解决的事件数。

6）初步分类正确的事件数量（或所占比例）。

7）正确转交的事件数量（或所占比例）。

11.4.6 事件管理的改进

事件管理是要通过对所有事件生命周期的管理，尽快把由于事件所造成的非正常的状况恢复正常，从而把事件对数据中心基础设施运行的影响最小化。这不但是一个针对事件一次性处理的问题，同时也是一个循环优化的过程，事件管理本身也需要不断地改进：

1）减少进入事件管理流程的事件数量。

2）准确评定事件级别，提高事件的解决效率。

3）监控事件处理过程，适时进行事件升级管理。

4）避免事件无故升级为问题。

5）不断更新知识库。

11.5 故障管理

某些基础设施运行过程中可能发生的故障将直接影响数据中心的可用性，及时修复故障是保障数据中心稳定运行的前提条件。故障管理是数据中心基础设施运维管理体系中重要的组成部分，通过合理的管理流程及方法，能够有效地缩短故障修复时间、控制运行风险。

11.5.1 故障管理的定义

1. 故障的定义

故障是系统不能执行规定功能的状态，是指系统中部分设备或元器件功能失效而导致部分或整体功能失效的事件。故障一般具有五个基本特征：层次性、传播性、放射性、延时性及不确定性。

2. 故障管理的定义

故障管理是一组为数据中心基础设施运行业务或系统尽快恢复正常工作状态而设定的流程，其重点是如何达到快速响应、快速恢复、快速解决，使其对数据中心基础设施运行的影响最小化。

11.5.2 故障管理的目的

减少故障对系统运行带来的负面影响，保障服务等级要求的服务质量和可用性指标被满足。

11.5.3 故障管理的范围

故障管理的范围可以包括基础设施运行过程中产生的所有软件系统及硬件设备的故障。

11.5.4 故障管理的流程

故障属于事件的一种，在故障处理过程中应遵循事件管理流程，形成闭环管理。

1. 故障管理主要流程

1）发现故障。

2）确认故障。

3）任务分发。

4）故障处理。

5）故障消除。

6）修复确认。

2. 故障管理优先级

故障管理优先级参照事件管理优先级。

3. 故障分级处理时限

根据服务等级要求设定故障分级处理时限，该时限应包括：响应时间、解决时间、恢复时间。

4. 故障管理角色

（1）一线运维人员　故障发现、记录及上报；常见故障分析、故障判断；处置常见故障；协助二线技术人员及供应商解决故障。

（2）二线技术人员　负责接收一线运维人员派发/转派的工单；负责判定受理的故障性质；负责编制故障处理方案；负责故障处理。

（3）故障管理人员　负责整体故障管理工作，组织人员对发生的故障定期分析，生成故障分析总结报告；负责相关方的沟通协调工作。

5. 与其他流程的关系

故障是事件的一种类型，故障在处理过程中可能会触发其他流程，此时要与其他流程共同完成，例如：

1）与问题管理的关系，部分故障会升级为问题，此时要详细记录故障信息及处理过程。

2）与变更管理的关系，需要变更才能解决时，需要发起变更流程。

3）与配置管理的关系，故障的处理过程需要配置管理数据库提供相应信息，同时故障处理完成后会触发配置管理数据库的更新。

11.5.5　故障管理的绩效

评估故障管理的绩效需要明确定义目标以及为实现这些目标设定可测量的指标。

评估故障管理的关键绩效指标举例如下：

1）故障解决的数量及在服务等级约定的时间内解决的故障数量。

2）解决故障平均耗时。

3）一线运维人员解决的百分比。

4）重大故障的数量和百分比。

5）正确分配的数量和百分比。

11.6　问题管理

在数据中心基础设施运维过程中，对于故障及事件的处理原则是在最短时间内恢复故障或事件影响，从而将损失降到最低。而当故障及事件处理完成，需要对发生的原因进行根本性研究和解决的过程就会转而进入问题管理的层面，由此确定原因，制定解决方案，防止类似故障再次发生。

11.6.1　问题管理的定义

1. 问题的定义

引发事件或故障的，未能找到根本原因进行解决的，作为问题处理。

2. 问题管理的定义

问题管理是指找出基础设施运维过程中问题发生的原因，找到根本的解决办法并实施，防止类似状况反复发生的管理过程。

11.6.2　问题管理的目的

规范管理日常运维、项目规划设计和项目实施等工作中发现的问题，将由基础架构中的错误引起的事件和问题对业务的影响减少到最低程度。

11.6.3　问题管理的范围

数据中心基础设施、网络、IT系统等管理范畴内的所有与问题相关的管理活动。

11.6.4　问题管理的流程

1. 术语说明

（1）已知错误　当问题原因已被成功诊断，并已找到变通方案时，这个问题被称为已知错误；已知错误可能来自运维团队也可能来自供应商或施工方。

（2）已知错误数据库　已经找到根本原因且有文档记录和解决方案的故障或问题集，可以被搜索，从而有助于加快故障或问题的诊断和解决。

（3）问题控制　问题管理流程的第一项活动。负责找出问题并调查其根源，其目标是通过确定问题根源并采取应急措施来把问题转化为已知错误。

（4）应急措施　解决某个事件的替代方案，这种方案可以在限定的时间内产生一个可接受的结果。

（5）错误控制　错误控制是对已知错误进行处理和控制的流程。在问题控制将已知错误转交给错误控制之后，错误控制需要向变更管理提交变更请求，再由变更管理实施变更后最终消除已知错误。

2. 问题管理角色

（1）二线技术人员　识别问题、建立问题工单；分析运维数据，实施主动问题管理；对问题原因及影响范围的分析；供应商联络，协同供应商一起制定问题解决方案；执行问题解决方案；负责问题管理工作，建立已知错误数据库；负责问题控制、应急措施、错误控制的管理工作；编写问题管理报告。

（2）问题管理人员　负责对问题解决方案进行评审；对二线技术人员问题处理过程进行监督审查，协助解决问题；确定问题处置结果。

3. 问题管理主要流程

（1）建立工单　按照规则填写问题管理工单，各部分内容需真实、完整、无遗漏，包括：设备信息、问题原因、解决方案、风险评估、回退方案、成本预算等。

（2）方案评审　审批者对问题解决方案进行严格审批，应注意方案的合理性及可行性，对各种风险的评估及控制方法进行审批，对回退方案的可控性进行审批，审批实施人员的技术能力，审批成本预算。

（3）方案实施　根据问题管理工单的内容实施，保证实施内容与工单一致，严格控制实施过程中的风险，确保实施过程中的人员安全及设备安全。

（4）结果确认　二线技术人员根据解决方案的内容和管理流程对结果进行确认，达到预期结果将交由一线运维人员对结果进行持续观察，未达到预期结果则为失败，二线技术人员根据回退方案进行回退。

（5）结果发布　发布问题解决结果。

4. 与其他流程的关系

1）与事件管理的关系，事件管理是和问题管理关系最为密切的流程，事件管理所提供的事件记录将作为问题管理的主要信息来源，问题管理则为事件管理提供全面的支持。

2）与变更管理的关系，问题管理应根据问题调查的结果向变更管理发布变更请求，变更管理通过实施变更来消除问题。

3）与配置管理的关系，配置管理所提供的关于基础架构、软硬件配置、服务方面的信息是问题管理的重要信息来源。

11.6.5　问题管理的绩效

问题管理的关键绩效指标举例如下：

1）问题总数量。

2）问题彻底解决的数量。

3）问题弱化的数量。

11.7　变更管理

数据中心基础设施运维过程中会面临各种因素的变化，为了保证运维目标的实现需要对设备设施的软硬件进行相应的部分变更或全部变更，对这些发生和即将发生的变更进行规范的管理是运维管理工作的重要组成部分。

11.7.1　变更管理的定义

变更管理是以受控的方式去论证、审批、实施和评估所有对系统运行产生影响的增补、移除、更改等变更内容，使得变更风险及与变更相关的突发事件的影响降至最低，并且确保所有变更都可被追溯的管理过程。

11.7.2　变更管理的目的

规范数据中心基础设施、网络、软硬件及运维管理流程的变更活动，确保变更活动使用标准的方法和步骤，保障变更的实施对系统运行的影响减少到最低。

11.7.3　变更管理的范围

适用于数据中心基础设施、网络、IT 系统等管理范畴内的所有与变更相关的管理活动。

11.7.4　变更管理的流程

1. 变更类型

（1）标准变更　标准变更是可以遵循标准流程实施常见的低风险的变更，一般被预先识别并定义，也可以称为"预授权变更"，标准变更项需纳入标准变更管理表中，定期审核，如设备的周期性替换运行、设备维护过程中的起停机、被授权的温湿度范围调整等。

（2）紧急变更　紧急变更是一些需要更快速处理的变更。如果不进行变更，即将或正在严重影响系统运行、严重影响服务等级或其他重大影响。紧急变更需要经紧急变更评审团队评估批准。

（3）一般变更　一般变更是指标准变更及紧急变更以外的变更，需进行充分的必要性论证。

2. 变更管理角色

（1）变更负责人　确认变更请求；协调对应的变更审批小组对变更实行审批；监控及管理变更流程；变更结果确认。

（2）技术工程师　建立变更申请表；编制变更方案；实施变更；变更成功后，对相应的资产及配置项进行更新，若变更失败则执行回退方案。

（3）变更评审团队　变更评审团队负责对变更方案评估并最终授权变更实施；根据变更的影响范围、紧急程度，变更评审团队的人员设定不同，实际提交申请时，根据变更策略来执行；变更审核内容包括：实施方案、成本预算、回退方案、风险评估、影响范围评估及变更结果的评估验证。

（4）供应商　提供变更的技术支持。

3. 变更流程

（1）变更申请　变更负责人确认变更需求；技术工程师负责填写变更申请表，各部分内容需真实、完整。变更申请表还需附加完善的变更方案，内容包括：设备信息、变更原因、实施方案、风险评估、回退方案、成本预算等。

（2）变更审批　变更评审团队成员对变更申请表中的各项内容进行严格审批，审批时应注意变更方案的合理性，风险控制方法的可行性，回退方案的有效性，实施人员技术能力的匹配性。

（3）变更实施　技术工程师根据变更申请表的内容实施变更，严格控制变更过程中带来的风险，确保变更实施过程中的人员安全及设备安全。

（4）变更结果　变更负责人根据变更申请表中的内容和变更管理流程对变更结果进行确认，达到变更预期结果后，交由一线运维人员对变更结果进行持续观察；未达到变更预期结果视为变更失败，技术工程师根据回退方案进行变更回退。

（5）变更结果观察　一线运维人员根据规定时间进行持续观察，确认观察结果。

（6）变更结果发布　按照规定向既定范围的人员和组织发布变更结果。

（7）资产配置更新　依据资产和配置管理要求，对配置信息进行更新。

11.7.5　变更管理的绩效

变更管理的关键绩效指标举例如下：

1）变更成功率（成功的变更数量÷批准的变更请求数量）。

2）成功回退的变更数量。

3）高效（质量、成本、时间）变更的数量及占比。

4）不同类型变更的平均实施时间。

5）失败变更的减少量。

11.8　配置管理

数据中心的配置管理是对设备设施运行过程中需要参照或关注的参数等配置项以及配置项之间的关系进行规范地约束和调整的过程。它是事件管理、变更管理、问题管理等工作的重要依据，其有效性、准确性、及时性将直接影响运维工作的成效。

11.8.1　配置管理的定义

配置管理是对数据中心基础设施软件版本、硬件信息及其全生命周期进行控制、规范的措施，是对数据中心各种设施及信息配置工作的总体管理。

11.8.2　配置管理的目的

规范数据中心基础设施软硬件及文档的配置管理活动，确保配置管理活动使用标准的方法和步骤，以提供准确的配置信息帮助数据中心运维人员做出正确的决策，最大限度减少不正确的配置信息引发的服务质量问题。

11.8.3　配置管理的范围

数据中心配置管理范畴内的所有设施、系统、软件、文档等相关配置的管理。

11.8.4　配置管理的流程

1. 配置基线

配置基线可作为配置项未来活动和变更后配置审计的基础，通常包括一组相互关联的配置项的结构、内容及具体配置。

2. 配置管理角色

（1）配置管理员　负责制定配置管理计划以及日常配置管理工作。

（2）配置评审团队　负责评审配置管理计划、配置状况报告和配置审计报告。

3. 配置管理主要流程

（1）配置管理规划及构建　配置管理员编制配置管理规程、构建流程图，主要内容是规划配置管理模型，识别和标识配置项；记录配置项信息及配置项之间的关系；定义配置项标准及其存储和管理方式；定义配置管理权限，编写配置检查和审计计划，编写配置管理计划。

配置审核团队评审配置管理计划，主要内容是根据配置管理计划构建资产和配置管理库。

（2）配置项记录　配置管理员将配置项信息录入到配置项管理库中。

（3）配置项变更　数据中心基础设施配置、系统配置发生变更时，技术工程师可以通过查询配置管理数据库，获取配置项信息，以便制定变更方案并实施。变更结束后，配置管理员变更配置管理数据库中的配置项信息。经配置评审团队评审后，配置管理员发布配置更新通知。

（4）配置报告　配置管理员定期编写配置状况报告，其中主要包括权限状况，配置项信息状况，基线变更状况。

（5）配置审计　配置审计一般包含两部分，完整性审计和合规性审计。审计人员实施完配置审计后编写配置审计报告。

11.8.5　配置管理的绩效

配置管理的关键绩效指标举例如下：

1）配置项录入正确率。

2）配置项超时变更的数量。

3）配置变更发布的及时性。

11.9　安全管理

数据中心是较特殊的运营场所，对安全工作要紧抓不放，要本着"安全第一、预防为主"的方针，加强安全监督管理，降低因疏忽或不规范操作带来的风险和影响。

11.9.1　安全管理的定义

安全管理是在数据中心运行过程中，为了减少人员伤害、设备故障、系统瘫痪等情况的发生，而采取的一系列手段、措施的管理工作，并使运行工作在可控范围内。

11.9.2　安全管理的目的

安全管理的目的是防止安全事故的发生，通过计划、组织、督促、检查等手段，进行有效的安全管理活动。做好安全管理是数据中心稳定运行的基石，有助于全面推进各方面工作的进步，同时促进经济效益的提高。

11.9.3　安全管理的范围

数据中心的安全管理是多层面、多维度的，既包括物理层面的安全，如人员安全、设备安全、消防安全等，也包括信息层面的安全。

1. 人员安全

数据中心安全管理中，人员安全是首位的，也是以人为本的主要体现。

2. 系统及设备安全

数据中心内设备种类较多，根据设备不同的特性制定相应的安全管理手册。

3. 物理安全

数据中心内部运行的数据都是重要或敏感的信息，安全管控非常重要，需要对人员、设备的进出和使用等涉及物理层面的安全进行管理。

4. 消防安全

由专业人员依照消防法规要求对数据中心的消防安全进行全面管理。

5. 信息安全

数据中心是运行和存储数据的载体，基础设施运行的信息安全工作不但是要保障基础设施系统本身的配置信息和运行信息处于安全状态，同时也是为数据处理系统建立和维持技术上和管理上的安全保护，目的都是使得各类硬件、软件、数据不因偶然和恶意的原因而遭到破坏、篡改和泄漏。

11.9.4 安全管理的主要内容

任何安全事故的发生不外乎几个方面的原因，包括人员的不安全行为，设备的不安全状态，环境的不安全条件和安全管理的缺陷。从体系上或制度上规范人员的行为，规定设备的操作，这些是安全管理体系中主要展现的内容。

1. 增强安全意识

在运维工作中，一定要让运维人员具有安全第一、预防为主的意识，并始终保持。

2. 增加安全知识

通过培训等手段，增加员工的安全知识，清楚了解每一个主要设备的安全要点，知道每一种行为过程的安全知识，发生安全事故时的处理办法。

3. 专职管理团队

安全管理应由具有专业知识的人员进行统一管理，承担安全管理责任，定期开展安全隐患排查，监督安全管理执行。

4. 安全管理体系

建立完善的安全组织机构及管理体系，主要包括：

1）完善的安全组织机构管理手册。

2）各主要设备的安全操作手册。

3）安全设施巡检手册。

4）周界、视频、门禁等主要安全系统的手册。

5）安全事故处置手册。

6）公共安全处置手册。

7）信息安全管理手册。

5. 处置

数据中心安全管理体系文件中应包含安全事故的相关处置办法，主要包括：

1）安全事故发生的组织、决策、评估。

2）安全事故的处理办法。

3）安全事故的对外发布。

4）安全事故的恢复手段。

11.10 风险管理

数据中心运行中会面临很多的风险，绝大多数风险是可以预知的，为了避免风险的发生，需要对风险进行科学的管理，统一认识、协同合作，将运行风险降到最低。

11.10.1 风险管理的定义

数据中心的风险管理是通过合理、有效的管理手段，降低风险发生的可能性，并将可能发生的风险所造成的影响降到最低，使数据中心能够快速地恢复运行，恢复所提供的服务水平。

11.10.2 风险管理的目的

对可预知的风险进行梳理，对不可预知的风险通过构建场景进行预判，通过科学方法创造风险管理手段，对风险进行控制，减少风险发生时的损失。

11.10.3 风险管理的范围

风险管理涉及人员、设备、操作、安全、制度、合规等多个方面，考虑到公司运营等因素还涉及财务、人力资源、职业健康等领域。

11.10.4 风险管理的主要内容

1. 风险意识管理

风险管理是数据中心运行中非常重要的组成部分，是一个以最小投入来减少损失的工作。在日常管理中，通过培训、演练等手段，应让全部运维人员具备风险知识，提高风险防范意识，将风险管理融入日常工作。

2. 风险评估

1）在运行工作中，时刻都面临着风险，运行工作开始之初，就应对数据中心进行一次完整的风险评估工作，根据最佳实践经验，系统与设备特点，周边环境情况等各个方面的研究，评估风险可能出现的地方，并出台有效的管理措施。

2）风险评估工作属于常态化工作，定期进行内部风险评估工作，考虑到某些监管需求，必要时可请第三方机构进行更加全面、彻底的风险评估工作。

3）当发生风险事件，并处理完成后，应有针对性地进行一次风险评估工作。

4）风险评估也是前期风险识别的重要组成部分。

3. 风险预防

绝大部分风险是可以预估的，可以通过风险评估、隐患排查等手段，有效地预防风险的发生，应将风险预防工作安排在日常工作中，及时地发现风险隐患，出台相应的预防措施，及时更新管理手册。

4. 体系建立与维护

风险管理是要有体系支撑的，主要包括：

1）风险评估手册。

2）风险处置手册。

3）各主要设备发生风险时的应急操作手册。

4）应急演练手册。

需要注意的是，风险发生的场景、风险的来源等理论上是可以穷举的，运维人员在编制手册时应将风险分类，定期梳理，将不同类别风险设置不同的处置措施。

5. 风险来源识别

主要包括：

1）人为因素。

2）设备因素。

3）内部风险，如管理缺陷、管理制度缺失或不完善等。

4）外部风险，如人员入侵、恐怖袭击、战争或附近的危险源等。

5）自然灾害，如洪水、地震等。

6）重大传染疾病或重大公共安全事件。

6. 风险等级管理

风险本身也有等级划分，可通过成熟的管理体系、自身运行特点、可借鉴的经验等划分出风险等级。定义出各个等级的风险指标，作为数据中心风险管理事件的决策指导依据。

7. 风险处置演练

演练可以验证风险处置措施的及时性、可靠性、合理性等，同时也可锻炼运维人员的处置动作，做到遇险不乱。演练可分为桌面演练和实际演练两种。

11.10.5 风险处置

风险处置是根据风险评估结果制定并实施的风险计划，以期达到降低风险发生的可能性及在风险发生时减少风险带来的危害结果。一般遵循几个主要的原则。

根据风险发生的频次、危害程度、事件场景等评价原则，将风险按照高低、先后等顺序进行分级管理，制定风险列表，进一步制定风险计划，进而选择控制措施，常见的处置有四种，即回避风险、减少风险、转移风险和接受风险。风险处置要合规，即要求符合国家的法律法规、相关政策，现行国家标准以及可参考的国际标准，上级管理单位规章制度，自身安全需求等。

1）回避风险，对已知的风险或一些可能带来较大危害的风险无法直接处理，但有可替代执行方案的活动，采取回避措施，主动放弃或拒绝实施。

2）减少风险，通过选择控制措施来降低风险级别，使风险能够在评估时达到可接受的级别，如从高风险降低到低风险或者可以接受的风险。

3）转移风险，依据风险评价将风险转移到其他可承担风险的另一方，但需要与相关方共同承担风险。转移风险后可能产生新的风险，因此必要时需要引入新的额外的风险处置措施。

4）接受风险，是指在进行较全面的预判和评估后，充分了解风险发生的可能性以及带来的危害，通过必要的处置措施处理，认为可以接受的风险。在风险处置中接受风险应较为谨慎。

11.11　应急管理

应急管理，是对数据中心运维过程中所发生的紧急的非常态运行状况的措施部署与管理。数据中心基础设施的运行可能会遇到紧急状况的发生，而紧急状况是数据中心基础设施高可靠性和业务连续性的最大挑战，辨识和处理紧急状况是衡量运维能力的重要指标。运维团队要时刻准备好面对紧急状况的发生，实际中，由于紧急状况难以提前判断，所以对于应急工作的管理，更多体现在各类应急场景的应急预案准备和演练的机制及措施上。

11.11.1　应急管理的定义

1. 应急的定义

应急是对超出一般运行状态的工况立即采取必要的应对措施，以降低突发状况给系统可用性和连续性带来的威胁和影响。

2. 应急管理的定义

应急管理是根据数据中心实际运行情况为紧急和突发的非正常运行工况而设定的一系列流程、制度、预案等应对措施的管理工作。

11.11.2　应急管理的目的

应急管理的目的是能够及时和正确地处理突发紧急状况，达到预期处理效果，降低或消除影响，恢复数据中心基础设施系统的可用性。具体表现在：

1）使运维人员有采取应急措施的依据，且能正确高效处理应急状况。

2）对应急状况控制和监控，降低损失，保障运行现场的人员安全和设施安全。

3）尽快恢复系统运行和尽可能恢复服务等级。

11.11.3　应急管理的范围

应急管理的范围包括基础设施运维过程中产生的所有应急状况。应急状况一般分为两类：一类是常规的紧急事件，不可预估，需设置一般性应急处理流程；另一类是可预估应急状况，需要制定完善的应急预案，定期实施应急演练。

11.11.4　应急管理的流程

1. 主要流程

应急管理的流程应当是针对数据中心实际运行情况，从风险分析开始到正确处理应急事件的全过程，主要包括：

1）风险分析。

2）场景梳理。

3）体系建立。

4）应急演练。

5）优化配置。

6）循环改进。

2. 应急响应

突发或紧急事件发生时，应按照分级负责、快速反应的原则响应，数据中心应急预案及响应等级划分可参照国家应急预案标准，结合数据中心的属性和等级制定。应急预案应按照风险发生的可能性以及发生后果的严重性制定，并应确保对应应急场景下的可接受的服务目标的实现，应急预案不仅包括 EOP，还应包括以下内容：

1）应急预案的使用原则和适用场景。

2）应急人员的组织架构及职责。

3）警报等级的划分及启动应急响应的策略。

4）应急状况下的通报制度。

5）应急状况下的关键可用资源。

6）应急状况所造成直接后果的详细说明。

7）在预定的时间里继续或恢复数据中心运行的具体措施。

8）应急结束后的退出过程及善后工作。

9）应急处理信息的存档。

3. 与其他流程的关系

应急状况发生时，可能会触发其他流程，此时就要与其他流程共同完成应急处理。例如，事件管理流程、问题管理流程、变更管理流程等。

4. 管理策略

应急管理应遵循以下策略：

1）应急处理有章可循，有法可依。

2）遵守国家相关法律法规，遵守数据中心所在地区的行政法律法规。

3）在保障运维人员生命安全的前提下，最大限度保障生产，降低损失和减小影响。

4）应急处理要做到统一领导，分级指挥，充分利用已备资源，突出保障重点。

5）应急处理的信息发布应当及时、准确、客观、全面。

6）对应急处理工作进行复盘和总结。

11.11.5　应急管理的改进

应急管理的成效和成败要通过应急演练和应急实战来检验，数据中心应按计划的时间间隔或者当运营环境出现较大变化时演练和测试其应急预案和恢复程序，并应形成正式的演练总结报告，内容包括输出结果、合理建议和实施改进的措施，这也是一个循环优化的过程，主要内容包括：

1）准确制定应急预案。

2）提高应急演练质量。

3）复盘应急事件处理过程，总结应急处理经验教训。

4）持续完善和改进应急管理案例库。

11.12　容量管理

容量管理是精细化运维的重要途径，是保障数据中心各系统在设计容量范围内运行的有效管理手段。容量管理需要对每个系统下的每个设备的容量进行监控，从而实现系统运行的安全性、经济性等目标，避免系统因载荷的偏离或不均而造成运行风险、成本失控、服务降级等方面的影响和损失。

11.12.1　容量管理的定义

数据中心的容量管理是指在成本和业务需求的双重约束下，通过配置合理的服务能力使数据中心的资源发挥最大效能的管理过程。

11.12.2　容量管理的目的

规范数据中心容量（能力）管理，确保数据中心人员能力、设备设施性能、资源容量等能够满足业务需求。

11.12.3　容量管理的范围

容量管理的范围一般为数据中心基础设施的资源容量管理、业务容量管理、服务容量管理。资源容量管理是业务容量管理和服务容量管理的支撑基础，其主要管理对象包括：场地容量（空间、承重等）、制冷容量、机柜资源容量（空间、电源及网络接口等）、电力资源容量、设备资源容量（存储、负载等）、网络资源容量、人员能力资源等。

11.12.4　容量管理的流程

1. 术语说明

（1）资源容量管理　资源容量管理是对基础设施中的所有组件进行监控、评价、记录、分析和报告，以及在必要时采取适当的行动对现有的资源进行调整，以确保其支持的服务能够满足业务需求。

（2）业务容量管理　业务容量管理，是根据业务计划和发展计划，预测、规划未来业务对 IT 或基础设施服务的需求，并使其在制定容量计划时得到充分考虑。

（3）服务容量管理　服务容量管理，是对服务等级协议中确定的服务项目进行分解、评价、分派、交付以及在必要时采取适当的行动以确保服务品质能满足业务需求。

2. 容量管理角色

（1）运维管理负责人　负责按服务协议满足容量要求，对业务、服务、资源的容量进行管理工作；解决发现容量问题，推动实现容量优化，确保实现容量管理目标。

（2）容量管理员　负责收集和整理容量管理的基础数据，进行容量管理数据分析，及时报告容量问题。

（3）技术工程师　负责按照容量监控指标进行监控、记录、核对，发现异常及时上报并处理；协助容量管理员完成数据采集及报告编写。

3. 容量管理主要流程

（1）制定容量管理指标　根据数据中心基础设施设计规格书及客户服务协议制定容量指标，指标应涉及：电气系统、通风空调系统、消防系统、智能化系统、机柜空间、网络资源、人员能力等。

（2）编写容量管理计划　运维管理负责人编写数据中心容量管理计划，计划内容包含容量管理范围、指标、报警阈值、报警等级等。

（3）容量数据采集及监测　关键设备指标保持不间断监测，设置预警及报警阈值，当出现异常时及时响应并上报。

（4）数据分析　定期对导出的数据进行分析对比，结合实际业务的变化情况找出存在的问题，给出建议或解决方案。

11.12.5　容量管理的绩效

容量管理的关键绩效指标举例如下：
1）容量管理过程中失效数据的数量。
2）容量阈值超限的数量。
3）容量报警未及时响应的数量。

11.13　能效管理

能效管理，是现代数据中心运维管理工作中开始备受关注的一项重要工作，对于能效的管理实际上从数据中心的可研立项和设计阶段就开始了，其原因是数据中心是能源消耗大户，包括对电力资源、水资源、油气资源以及一些可再生资源等的消耗都是越来越引起社会各界关注的。当前国家节能有关部门以及行业组织对于数据中心能效管理的要求也越来越高，如各地对电能利用效率（Power Usage Effectiveness，PUE）数值的严格把控以及国标中对于数据机房温度控制标准的修订，都体现了能效管理的重要性，而数据中心基础设施的能效管理又首当其冲，其对于整个数据中心的能效管理指标有着至关重要的影响，所以数据中心基础设施运维从业人员应给予足够的重视和学习研究，可以说对于能效管理的深耕细作是数据中心行业发展进入高质量发展阶段的重要体现之一。

11.13.1　能效管理的定义

1. 能效的定义

能效是能源利用效率的简称，指的是数据中心消耗的能源或资源能够转化为直接用于数据中心 IT 生产能力的效率。

2. 能效管理的定义

能效管理是通过对基础设施各系统使用测试、监控、智能分析以及物理空间优化、资产配置优化、新型技术应用等措施最终达到能源高效利用的一系列管理过程。一般主要内容是对数据中心运行常态下的电能利用效率、水利用效率等能效指标的管理。

11.13.2　能效管理的目的

能效管理的目的是在数据中心基础设施各系统安全可靠运行的前提下，持续提升能源利用效率，降低能源消耗和节省运行成本。具体为：

1）能够盘点测算和全面掌握数据中心能源消耗的情况。

2）能够为合理调整能源使用和高效配置提供可参考的数据分析依据。

3）能够为优化能效管理机制、改善能效管理技术提供可持续技术支持。

11.13.3　能效管理的范围

数据中心能效管理的范围包括基础设施运行过程中的能效管理和 IT 系统运行过程中的能效管理，其中基础设施运行过程中的能效管理主要包括对于水、电、油、气等能源利用效率的管理。

基础设施各系统的能效管理需要协调和配合 IT 运行部门的联合管理。

11.13.4　能效管理的内容

1. 能效管理的主要对象

（1）电气系统基础设施　包括数据中心内的所有供配电设施，如变电站、高压配电、变配电设备设施，柴油发电机、不间断电源、IT 设备供配电设备设施以及照明和公共办公的用电设施等。

（2）通风空调系统基础设施　包括数据中心内所有制冷设施，如冷水机组、冷却塔、板式换热器、蓄冷罐、送回水管路、机房空调、泵组阀门、加湿系统等。

（3）照明安防及消防系统基础设施　包括数据中心内的照明系统、安防系统、消防系统、闭路电视系统、可视化监控系统等系统的设备设施。

（4）IT 及通信基础设施　包括数据中心的服务器和计算机系统、网络和通信系统、数据存储系统、辅助电子设备等各类 IT 设备设施。

2. 能效管理的主要参考指标

数据中心的主要能耗目前仍是电力资源和水资源，因此对于电力资源和水资源的能效管理尤为重要。

（1）PUE　PUE 是目前数据中心较为普遍采用的一种可量化的评价数据中心基础设施系统电能能效的指标，它是数据中心总耗电量（kW·h）与 IT 设备总耗电量（kW·h）的比值，其含义是计算和评价在数据中心全部耗电的总量里有多少是转化为 IT 设备的真正用电量的。根据 PUE 的定义可以看出 PUE 的数值理论上是大于 1 的，且越小越好。

（2）WUE　WUE（Water Usage Effectiveness，WUE）是表示数据中心水利用效率的参数，其数值为数据中心内所有用水设备消耗的总用水量（L）与所有 IT 负载总耗电量（kW·h）的比值。

需要指出的是在测试、计算、分析、披露 PUE 和 WUE 等相关指标时有必要明确出相应的测量周期和测量频率以及相关数据中心的安全等级、IT 设备使用负荷率及其所处的地理气候环境等信息。单独发布和对比未考虑测量方法及测量环境的指标数值是不充分的。

3. 与其他流程的关系

1）与设施管理的关系，能效管理的技术和办法具体要融入日常对设施的管理中。

2）与配置管理的关系，能效管理为配置的优化和变更提供节能分析报告。

4. 管理策略

能效管理应遵循以下策略：

1）选用科学合理的管理技术。

2）以测试测量为基础，正确采集分析数据并结合相关规范进行修订。

3）参考指标的计算应遵从事实。

4）定期出具能效分析报告。

11.13.5 能效管理的措施

在能效管理制度的指导下，需根据数据中心的不同运行工况来制定和选取合理有效的管理措施。

能效管理的常见措施举例如下：

1）能效管理宜在数据中心全生命周期的各个阶段合理规划和实施，相关节能措施应达到国家相关标准要求。

2）使用国家有关部门推荐的供配电、制冷/冷却、系统集成、IT及辅助设施的高效技术和设备。

3）通过对机房内的气流组织进行合理规划和管理提升制冷能效，如利用计算流体力学（Computational Fluid Dynamics，CFD）仿真技术科学规划和管理机房内气流组织。

4）建立数据中心能效管理制度，设定考核绩效指标，通过合理的日常管理措施提升数据中心运行能效，如合理设定和控制数据机房的温湿度、暂停闲置设备等措施。

5）配合IT管理人员制定IT能效管理的方案，如合并计算、存储整合、关停空载服务器、服务器虚拟化、资产重新配置等。

11.13.6 能效管理的改进

能效管理不但要注重新型节能技术的应用，同时也应该从现场流程管理的角度做好能效管理体系的搭建，并不断完善和优化，从而建立起一套完善的能效管理制度，通过节能监测、能源审计、能效对标、内部审核、能耗计量测试、节能改造与考核等措施，不断提升能效管理水平，达成能效管理预期目标。

11.14 资产管理

资产管理，广义上讲，是对数据中心全部软硬件设施甚至是知识资产的全生命周期所做的全流程的管理，是一项和配置管理关联度较高的管理工作，在本书中，资产管理指的是数据中心基础设施的资产管理。在数据中心行业迅猛发展的今天，其资产的海量性、多样性、复杂性、时效性等新的发展特点都呈现出对标准化、规范化、系统性、全面性、可用性等更高管理要求的迫切需求，对于基础设施运维工作的管理也将从对基础设施所涉及的一切资产进行管理开始。

11.14.1 资产管理的定义

1. 资产的定义

数据中心的资产是指数据中心拥有的全部软硬件设施资产，也包括数据资产和知识资产。

2. 资产管理的定义

基础设施的资产管理是对数据中心拥有的全部基础设施软硬件，包括设备及其配套设施、辅助设施、备品备件、耗材器械、工具仪表等实施全生命周期的监控、跟踪、配置、处理等全流程的管理。

11.14.2　资产管理的目的

资产管理的目的是清晰盘点数据中心拥有的大量基础设施资产，为基础设施运维的配置管理、变更管理及自动化管理工作提供基础。具体表现在：

1）准确掌握数据中心基础设施各系统的全部运维对象的信息。

2）提供可靠的统计分析甚至是可视化的决策辅助。

3）优化管理手段，为智能化管理提供基础信息，提高资产管理绩效。

11.14.3　资产管理的范围

资产管理的范围涵盖数据中心的全部基础设施。通常，资产管理可分为财务视角和运维视角两个方向，当从财务视角进行管理时，一般是对采购价格超过一定限额的资产进行跟踪监控管理的财务核算过程，需要对资产的采购价格、折旧计提、所属应用、所属组织单元、部署位置、转固定资产、维修成本、调拨租赁、闲置报废等能够完整表征该资产状况的信息进行台账管理。而对于基础设施运维人员来说，更多的是从运维角度来实现资产管理，需要对资产的生产信息、进场信息、安装信息、运行信息、维护信息、变更信息等形成台账管理。

11.14.4　资产管理的流程

1. 资产管理的过程

基础设施运维中的资产管理流程对应的是资产的全生命周期过程，主要包括：

1）资产的采购；2）资产的进场；3）资产的安装；4）资产的投产；5）资产的变更；6）资产的维修；7）资产的折旧；8）资产的报废。

2. 资产管理的流程

1）需求分析；2）制度建立；3）数据采集；4）库源建立；5）系统搭建；6）优化改进。

3. 与其他流程的关系

资产管理与配置管理和变更管理的关系尤其紧密，资产管理为配置管理和变更管理提供基础数据和信息，配置管理和变更管理反过来又修订资产管理。

4. 资产管理策略

资产管理宜设置资产管理员，尤其是大型数据中心，应设置专职资产管理员岗位，负责数据中心资产的领用、入库、退库、转移、处置、盘点等工作的管理，确保资产安全、可用。同时，资产管理应遵循以下策略：

1）规范性：依照管理制度，制定规范的体系结构、管理流程以及管理信息配置。

2）及时性：对资产的跟踪管理必须实时、有效记录资产的变化状态。

3）准确性：资产管理的台账要和实际资产信息准确对应。

4）先进性：利用先进的资产管理技术手段，提升资产管理效率。

5. 资产管理的基本方法

数据中心基础设施资产管理的关键是要建立资产管理制度和资产数据库。

通过建立和执行资产管理制度来保全资产，防止资产被未经许可的使用、损失、破坏或丢失，防止信息和数据资产的泄漏。同时资产管理制度也是资产维护和更新的指导依据。另外需要建立完整的资产数据库，数据库应包括所有基础设施设备的清单，并应记录设施设备的关键基础信息。通常，关键基础信息包含但不限于如下信息：

1）资产标识：每个资产的唯一编号。

2）制造商：设备资产的制造厂家。

3）型号：设备的产品型号。

4）规格：设备的规格或者标称值。

5）配置：设备的功能配置。

6）位置：所在位置信息。

7）采购人（负责人）：资产采购和维护的负责人。

8）序列号：设备设施的制造序列号。

9）安装日期：资产投入生产的日期。

10）保修期限：保修到期的日期。

11）更换预期：规划的资产更换日期。

12）维护记录：月/季度/年的维护巡检记录等。

11.14.5　资产管理的绩效

资产管理的绩效可以主要从资产管理的准确性和及时性进行考核评价，即考核周期内，资产管理的台账信息和实际资产信息的账实相符比例。

11.14.6　资产管理的改进

资产管理的最终成败标准是资产的台账无论是从运维管理角度还是财务管理角度是否达到了账实相符。如果不能取得一致和准确，就需要查出问题和提出解决方法，是需要改进资产管理的技术手段还是加强管理流程上的严谨把控，这是一个不断改进和循环优化的过程。除了制度和基础数据库之外，资产管理的技术发展也是需要我们关注和积极应用的。资产管理的手段，从最初的纸质记录单据账簿到电子化表格管理，到设备全生命周期管理软件，再到自动化资产识别和管理技术的融合，都体现了资产管理技术的不断优化和革新。基础设施运维人员要及时关注和积极开发使用新型管理技术，提升资产管理的效率。

11.15　供应商管理

供应商管理，顾名思义，是对数据中心基础设施各类服务提供商的管理。数据中心的快速发展，使得数据中心基础设施的细分领域越来越多，一个数据中心的建成投产是众多供应商集体服务的结果。对供应商的管理应做到有序、合规、可用，形成良好的合作关系。

11.15.1　供应商管理的定义

1. 供应商的定义

数据中心基础设施供应商是指在数据中心基础设施的运行中提供一项或多项设备或材料供应、软件开发与应用支持、各类技术服务的企事业单位或组织。供需双方一般以合同或协议的方式建立和履行供需服务关系。

2. 供应商管理的定义

供应商管理就是为实现供需双方约定的服务目标，针对各类供应商做出的包括评估、选择、签约、考核、奖惩、验收、淘汰等一系列的管理工作。供应商管理在数据中心全生命周期内都存在，在不同的阶段有不同类型的供应商，对于不同类型的供应商可以结合实际情况有不同的管理方法和机制，对于基础设施运维工作中的供应商管理更多的是对基础设施服务的供应商或者是已经完成选择的供应商做相应的管理，达成管理绩效。

11.15.2　供应商管理的目的

供应商管理的目的是掌握供应商资源，优化供应商配置，得到质高价优的供应商服务，实现采购目标，具体表现在：

1) 评估和选择出最合适的专业供应商。

2) 盘点供应商资源，优化供应链，降低或调优采购成本。

3) 确保服务等级协议（Service-Level Agreement，SLA）或支持合同（Underpinning Contract，UC）要约达成。支持合同是指公司或单位与外部服务供应商之间签订的有关服务实施的正式合同。

11.15.3　供应商管理的范围

基础设施供应商管理的范围一般可以包括两类：一类是前期施工或设计阶段已经存在的供应商，此类供应商的延续性服务要进一步保持管理；另一类是由于基础设施运维需要而产生的新一阶段的供应商，此类供应商一般需要重新选择和建立合作关系。

11.15.4　供应商管理的流程

1. 供应商管理的主要流程

供应商的服务品质对数据中心基础设施的运维有重要影响。一般对于供应商的管理应主要包含以下内容：

（1）供应商的评估　通常情况下应考虑潜在服务商在相关专业领域的产品或服务质量、应用范围、成功案例、客户群体、专业资质、最佳实践、服务体系及满足数据中心服务要求的其他方面的能力。

（2）供应商的选择　根据采购需求和供应商的评估得出对潜在供应商的最低资格要求，一般可以通过公开或邀请招标、商务询价、竞争性谈判、定向谈判等方式，完成对供应商的选择工作。实施过程中，要按照国家相关法律规定和企业或者单位采购部门的相关管理办法及要求执行。

（3）采购合同签订　采购合同的签订是供应商管理中非常重要的一个环节，一般情况下，合同在招标过程中会拟好，中标单位只需要按照此合同模板与需求单位补充细节签订合同。签订合同依照双方的合同签订流程协商完成。除了合同，如果供应商在服务过程中可能接触到数据中心运行的重要信息，双方还应签订保密协议以保护重要信息的安全。数据中心采购管理部门负责与供应商进行商务谈判并签订采购合同。合同的签订应重点关注付款条件、付款方式、到货时间、服务时限、服务提供、服务 SLA、违约处理等重要条款，确保企业利益。

（4）供应商的考核　供需双方依照签订的合同履行责任和义务，供应商应该按计划进度完成合同要求的服务内容，需求方可以对供应商的服务实施考核评价，一般对供应商的考核体现在按照既定的考核周期和供应商提供的 SLA 考核其提供的相关设备产品及服务的质量是否满足实际要求，是否符合合同约定。考核评价的结果可以作为该供应商请付款以及是否继续履行合同或续签合同的依据，也可以作为督促供应商持续改进的依据。

（5）供应商资源盘点　数据中心基础设施运维中面对的供应商往往不止一个，这就需要管理人员对供应商实施登记造册或使用供应商管理系统来定期盘点和管理供应商的各项信息，尤其对其各项服务的履约情况要详细记录，避免服务出现遗漏或偏差。

对于相同类型供应商数量较多的情况，可以通过设定级别等方法进行管理。

（6）供应商信息保密　这里的保密是指供应商管理过程中对于供需双方在商务谈判、采购细节和双方重要信息上的保密。一般对于供应商的商务价格和重要采购信息，要对除了采购人员和审批人员之外的人员保密。

2. 供应商管理角色

供应商管理主要由两个部门完成，运维部门负责完成履约督导及考核评价工作，采购部门负责供应商选择和合同签订及请付款等工作。其余管理工作由各相关部门共同协调完成。

3. 与其他流程的关系

1）与事件管理的关系，部分事件会直接调取供应商资源。

2）与变更管理的关系，涉及设备技术变更的需要调取供应商资源。

4. 管理策略

供应商管理应遵循以下策略：

1）建立良好的合作关系，体现供需双方价值，实现双赢。

2）优化供应链，降低或调优采购成本。

3）奖惩考核，确保 SLA 水平和 UC 履约结果。

4）供应商资源盘点清晰，没有专业缺项，确保技术支持齐全。

11.15.5　供应商管理的绩效

评估供应商管理的绩效一般通过双方签署的 SLA 达标率、UC 条款履约率及解决方案调优次数等多种方式实现。

11.15.6　供应商管理的改进

供应商管理考察的是供应商的整体服务能力和满足服务要求的程度，这个过程需要供需双方不断地加深对服务标的的共同认识，建立默契的合作关系。基于基础设施的运维工作特点，供应商的服务往往不是一次性的服务，而是持续进行，持续完善的。

1）在符合国家相关法规的要求下持续优化采购流程，尽量简化采购管理的流程，提高效率，降低采购交易的总成本。

2）对主要关键设备、服务（如UPS、蓄电池更换等项目），宜运用集中采购方式，充分利用采购数量的杠杆作用，降低采购产品的总成本。

3）对重要物资或特殊资源（如柴油、燃气、计量检测部门等），应与供应商建立战略合作关系，确保供应的质量和持续性。

4）鼓励运维管理人员参与设计和施工阶段的工作，优化采购，贴近实际应用。

11.16 文档管理

文档管理是对数据中心日常运维工作中产生的文档进行分门别类管理的过程。数据中心的运行每时每刻都在产生大量的文档，这些文档的所属专业及业务单元、重要程度、保存方式等都有所不同，有效的文档管理可以为运维工作带来便捷可靠的数据、记录等支撑，从而提升数据中心的管理有效性和成果输出率。

11.16.1 文档管理的定义

1. 文档的定义

文档是指在基础设施运维工作中产生的所有文档，包括记录、报表、报告、图样、手册、说明书、制度、合同、协议、课件、数据等，一般可分为纸质文档和电子文档两大类。

2. 文档管理的定义

文档管理是为数据中心基础设施运维工作中产生的所有有效文档建立管理体系，使之有序、可查、可用、可保存的管理工作。

11.16.2 文档管理的目的

文档管理是为了规范数据中心文档资料的管理工作，建立和健全文档资料的管理制度和体系，完整地保存和科学地管理各类文档资料，充分发挥其在数据中心基础设施运维工作中的作用。

11.16.3 文档管理的范围

文档管理的范围既包括数据中心基础设施运维过程中产生的所有文档，也包括在设计和施工阶段产生的与运维相关的文档。

11.16.4 文档管理的流程

1. 文档管理的主要流程

（1）文档管理的总体思路

1）对文档进行分类和索引。

2）对文档的变更过程进行管理。

3）对文档的版本进行标识与管理。

4）对各类文档的模板进行规范。

5）对文档进行归档、组卷处理。

（2）文档管理的办法

1）建立完善的命名、归档、存储、查阅、变更、提交、权限设置等管理规则和流程。

2）推荐使用电子化方法管理文档，纸质文档应及时电子化。

2. 文档管理角色

数据中心文档管理工作建议设置专岗人员，尤其是大型数据中心的文档管理工作。具体可负责如下工作内容：

1）参与建立数据中心文档管理制度。

2）协助运维人员做好文档资料的整理归档工作。

3）做好文档管理的安全保密工作。

4）负责文档的保管、借阅、发放。

5）定期盘点文档，对不符合要求的存档及时调整。

6）对文档资料的变更做好变更记录、归档记录等。

3. 与其他流程的关系

文档管理和其他各个流程管理的关系都较为紧密，各流程管理产生的有效文档都应按要求归档保存。

4. 管理策略

1）及时性；2）完整性；3）准确性；4）一致性；5）周期性；6）可用性；7）保密性；8）时效性。

11.16.5　文档管理的绩效

文档管理的绩效重点在于以下几个方面：

1）文档是否完整。

2）文档是否准确。

3）文档是否可被快速检索。

4）文档是否设置相关权限。

11.16.6　文档管理的改进

文档管理是数据中心日常运维管理工作中的一项重要工作，贯穿整个数据中心运维周期，在数据中心运行过程中起到规范管理、沟通信息、记录备份等作用，为各项管理工作提供了依据。

文档管理需要不断优化，管理者应多利用先进的采集、整理、查阅、保管等技术，不断完善和提高文档管理的机制和效率。

第12章

数据中心常用工具及仪表

为确保数据中心安全、稳定、高效地运行，数据中心运维人员除不断提升自身专业知识、操作技能，还需掌握一些常用工具和仪器、仪表的使用技能。下面本书对数据中心常用的工具和仪器、仪表进行一些简要介绍。

12.1 安全用具

数据中心维护工作大部分涉及特种作业，特种作业人员需取得相应特种作业资格证书并在有效期内，同时需要正确使用安全用具，遵守相应的操作规程。数据中心一般需要配备以下安全用具，见表12-1。

表12-1 数据中心常用安全用具

序号	名称	规格型号	应用场景	注意事项
1	安全帽	用后箍自行调节	日常作业	帽衬与帽壳应有间隙，系好下颌带
2	工作服	根据体型定制	日常作业	应为纯棉长袖且有袖口收口设计
3	绝缘手套	6kV/12kV	电气作业，根据电压等级选择	使用前需进行气密性检查
4	绝缘鞋	5kV	电气作业，1kV以下辅助绝缘工具	因橡胶不同，不可用防雨胶靴代替
5	绝缘靴	20kV/6kV	电气作业，防止跨步电压	因橡胶不同，不可用防雨胶靴代替
6	绝缘台	0.8m×0.8m×高	设于高、低压配电柜前	高度根据操作高度确定
7	绝缘垫/毯	特种橡胶	铺设于高、低压配电柜前后	厚度根据电压等级确定
8	绝缘杆/棒	绝缘材料	分合高压隔离开关等	使用时干燥、干净，绝缘表皮良好
9	绝缘夹钳		35kV以下设备装拆熔断器等	使用时干燥、干净，绝缘表皮良好
10	携带型接地线	截面≥25mm²	配电检修	先接接地端、后接导体端，专用线夹固定，严禁缠绕
11	防冻手套		检修制冷系统压缩机、使用二氧化碳灭火器	切忌液态制冷剂、二氧化碳接触皮肤，特别是手和眼睛，以免被冻伤

(续)

序号	名称	规格型号	应用场景	注意事项
12	护目镜		电气作业、检修制冷系统压缩机、切割作业、除尘作业等	防止：电气拉弧灼伤，电池酸液灼伤，制冷剂引起的冻伤，切削碎屑、尘土等飞溅入眼
13	防护手套		一般作业	
14	安全带	锦纶、维纶、涤纶	登高作业	高挂低用，行走时需防止钩挂
15	安全绳	锦纶、维纶、涤纶	登高作业、临边作业	两端均需牢靠，余量适当，随走随放
16	标示牌	绝缘材料	检修作业或空间警示	按规定使用，正确标示
17	绝缘栏	绝缘材料	检修作业或空间警示	防护意外触碰与过分接近带电体
18	警示带	绝缘材料	检修作业或空间警示	防止非相关人员进入危险区域
19	耳塞		冷站、柴油发电机机房等噪声较大区域	
20	耳罩		冷站、柴油发电机机房等噪声较大区域	
21	梯子	直梯或人字梯	登高作业	架设牢靠，一人作业，一人扶梯与监护
22	急救包	外伤处理等药品、药具	外伤应急处理	正确使用止血带、三角巾、创可贴等

12.2 常用工具

数据中心的维护工作一般需要使用电工工具、钳工工具、管工工具等，见表12-2。

表12-2 数据中心常用工具

序号	名称	应用场景	序号	名称	应用场景
1	螺钉旋具	紧固或拆卸螺钉	13	活动扳手	松紧螺母、螺栓
2	钢丝钳	弯、绞、钳夹导线，紧或松螺母	14	呆扳手	松紧螺母、螺栓
3	尖嘴钳	剪细小导线、小空间钳夹导线	15	套筒扳手	松紧螺母、螺栓
4	断线钳	剪断较粗导线、剥离绝缘皮	16	梅花扳手	松紧螺母、螺栓
5	电工刀	剖剥导线绝缘皮	17	管钳	管道安装、阀门等安装
6	剥线钳	剥离小导线绝缘皮	18	手动套丝扳手	管道套丝
7	紧线器	收紧室外导线	19	铜管焊接工具	铜管焊接、补漏
8	压接钳	铜鼻子、套管等与导线压接	20	扩管器	铜管维修
9	电烙铁	焊接电子元器件	21	真空泵	管道抽真空
10	涮锡锅	导线接头、端头涮锡	22	卤素检漏仪	制冷剂检漏
11	可调式锯弓	分割各种材料	23	游标卡尺	管道壁厚测量、精细测量
12	冲击电钻及钻头	松紧螺钉、攻螺丝、打孔	24	卷尺	管材、导线等测量

（续）

序号	名称	应用场景	序号	名称	应用场景
25	锤子	锤击作业	41	管路探伤仪	空调主管路缺陷检查
26	电葫芦	重设备部件检修起吊	42	液位管	观察水箱、油箱、蓄水池等液位高度
27	黄油枪	轴承等黄油注入	43	TDS 检测仪	检测水质中可溶性固体含量
28	油壶	润滑油滴注	44	pH 试纸	检测水质的酸碱度
29	工业用吸尘器	干湿两用，遗撒吸扫	45	风压测试仪	管道、静压箱等风压测量
30	皮老虎	积灰吹扫	46	气体检测仪	SO_2、NO、NO_2、H_2S 等酸性气体检测
31	高压清洗机	冷塔、室外机、过滤网清洗	47	弱电工程宝	视频就地检测与网线测试等
32	移动式拖线盘	移动电动设备供电	48	标签机	标签打印
33	量杯	柴油或水样取样	49	消磁机	报废硬盘消磁
34	强光手电筒	夜间或暗室照明	50	网线压线钳	水晶头压接
35	地板吸	静电地板开启	51	硬盘粉碎机	报废硬盘粉碎
36	对讲机（含耳机）	应急处理及日常维护沟通	52	负载仪	蓄电池离线放电
37	通炮刷	冷凝器管道内壁清洗	53	开关柜检修小车	高、低压配电柜开关检修
38	噪声计	柴油发电机、冷机噪声测量	54	电容表	测量电容和电感
39	皮带张力计	风扇皮带张力测量	55	工具箱	工具存储
40	电子式转速仪	水泵、风机轴承等转速测量	56	平板小车	材料、工具运输

12.3 常用计量仪表

数据中心运维过程中，为确认设备运行状态，需进行实时监测、计量、记录与分析，数据中心会使用以下计量仪表：

1. 电压表

电压表是用来计量交、直流电路中电压的仪表，由永磁体和线圈组成，如图 12-1 所示。

2. 电流表

电流表是用来计量交、直流电路中电流的仪表，由永磁体和线圈组成，如图 12-2 所示。

图 12-1 电压表

图 12-2 电流表

3. 电度表

电度表是用来计量电能/电度的仪表，一般配合电压互感器和电流互感器使用。早期使用的是感应式电度表，如图 12-3 所示，目前国内基本已更换为电子式电度表，如图 12-4 所示。

图 12-3　感应式电度表　　　　图 12-4　电子式电度表

4. 三相多功能电力智能仪表

三相多功能电力智能仪表是一种用来实时监测电压、电流、频率、用电量及其他电能参数的一款智能仪表，如图 12-5 所示。此款智能仪表需要配合电压互感器、电流互感器使用，内置软件系统，可对数据进行记录导出，并且可以通过网络接入监控平台。

5. 水表

水表是用来计量水流量的仪表，可以进行流量统计，如图 12-6 所示。

图 12-5　三相多功能电力智能仪表　　　　图 12-6　水表

12.4　常用检修仪表

在数据中心的运维过程中需要对电气系统和通风空调系统的设施、设备进行定期检查、检修、测试，以及故障判断与定位，所以会用到很多专业性仪器和仪表，掌握好这些仪器、仪表的正确使用方法就显得非常重要，下面对一些常用的仪器仪表做一些简单的介绍。

12.4.1　电气系统常用检修仪表

1. 验电器

验电器是电工维护作业前检验设备和导线、母线等是否带电的工具，分为高压与低压两种。

1）低压验电器俗称验电笔，主要由绝缘外壳、导电笔尖、电阻、氖管、弹簧、旋钮组成，如图 12-7 所示。低压验电器可以帮助运维人员区分相线与零线（氖管发光的是相线，不发光的是零线）、设备或电缆是否具有电压（电压≥60V 时，氖管发光）。

在使用过程中需注意以下事项：

① 需检查验电笔外观有无损坏、受潮或者进水，笔内电阻是否丢失。

图 12-7　验电笔

② 验电前需在带电电源处测试氖管是否正常发光。

③ 验电过程中，需使用正确握法，如图 12-8 所示，即需裸手接触验电笔尾部金属旋钮或挂钩，确保所测物体、验电笔、人体、大地形成通路，此时物体带电氖管发光。如无通路，即使所测物体带电氖管也无法发光，极易造成误判。

④ 由于验电笔中电阻原因，验电笔通过电流较小，氖管发光微弱，在明亮光线下不易观察，可遮光确认，防止误判。

2）高压验电器主要有发光型高压验电器和声光型高压验电器两种，现在声光型高压验电器使用比较广泛，其主要由握柄、护环、绝缘伸缩操作杆、电子集成电路板、电池、ABS 塑料外壳、金属探针组成，如图 12-9 所示。

图 12-8　验电笔使用方法

图 12-9　高压验电器使用方法

使用时需根据电压等级将绝缘杆拉伸至相应的长度，戴上相应等级的绝缘手套，手握握柄，且不得超出护环，一人操作一人从旁监护，人员与测试物体按电压等级保持足够的安全距离，使用金属探针逐渐靠近待测物体，直至触及物体导电部位，如若验电器无声光报警，则可判定该物体不带电，如在靠近过程中突然发光或发声，则可确认该物体带电，验电结束。在使用过程中需注意以下事项：

① 验电器选择应按所测设备或线路的电压等级选取。

② 验电前需要确认验电器外观完好、有自检功能的验电器应先按自检按钮自检，确认报警功能正常，然后在带电设备上测试，确认验电器正常，方可使用。

③ 验电时需逐相验电，不可漏验，也需防止临近带电物体影响，同时防止发生相间或对地短路事故。

2. 钳形电流表

钳形电流表是用来测量通过导线或导体电流的一种测量工具，如图 12-10 所示，由电流互感器和电流表组合而成，一般是用来临时测量工作中的电气链路电流，以判断设备运行状态是否正常，从而避免切断正常电源，影响工作中的设备或设施。

钳形电流表使用时用手握紧其上的扳手，钳形铁心就会打开，此时将被测量的导线夹入钳形圈内并松开扳手使钳形铁心闭合，即可测量流过该导线的电流。钳形电流表使用时须注意以下事项：

1）测量前应先评估目标电流的大小，选择合适的量程，如果无法评估，则先选用最大的量程，然后根据测量情况降低量程以提高测量精度。

2）测量过程中尽量将导线置于钳形铁心形成的圈中心以降低误差。

3）禁止测量裸露的导线或导体，以免造成触电事故。

图 12-10　钳形电流表

4）在线缆压接点附近进行测量时，尽量避免触碰导线防止导线压接处松动或脱落，也可采取临时固定导线的相关措施。

5）不能同时测量异相或电流方向不一致的导线，建议每次测量仅测量单根导线或导体。

3. 万用表

万用表又称多用表、复用表，是用来测量电压、电流和电阻的一种测量工具，如图 12-11 所示。从显示方式可区分为指针万用表和数字万用表，目前一般使用三位半或四位半数字万用表，其准确度在 ±0.5% 和 ±0.03% 之间，满足大多数测量需要。万用表一般由表头、测量电路和转换开关三个主要部件组成，功能十分强大、操作简单，在电气维护、检修作业中使用得非常频繁。

万用表在使用时先将万用表转换开关调至对应的测量目标物理量（如电压、电流、电阻）所在的档位并选择合适量程，再将表笔的插接端插入万用表上对应的插孔，然后将

图 12-11　数字万用表

表笔金属部分按压在被测量导体、导线两端的裸露处，保证接触良好，即可完成测量。万用表使用时要注意以下事项：

1）测量前一定要正确选择档位和量程，并且在测量时禁止调整转换开关，以免造成万用表损坏。

2）不要在设备带电时测量其内阻。

4. 兆欧表

兆欧表是用来检测电气设备、电气线路对地及相间绝缘电阻的仪表，通过检测以验证这些设备和线路绝缘满足要求、运行正常，避免发生安全事故。目前常用的有数字兆欧表和绝缘电阻表，数字兆欧表如图 12-12 所示，由大规模集成电路组成；而绝缘电阻表如图 12-13 所示，主要由一个手摇发电机和表头组成；另外，两者都有配备三个接线柱，都具备输出功率大、短路电流大、输出电压等级多三个重要特点。兆欧表一般会在数据中心电气系统验收、校验、检修等工作中使用。

图12-12　数字兆欧表　　　　　　　图12-13　绝缘电阻表

　　兆欧表使用之前先要进行一次开路和短路测试以保证仪器完好、功能正常。然后将三个接线柱L、E、G分别接至被测设备对地绝缘的导体部分、被测设备的外壳或大地、被测物的屏蔽层或外壳，一般只使用L和E端，如图12-14所示。线路接好后将数字兆欧表的测试档从"OFF"调至合适的电压档位，按下测试按钮并旋转至"LOCK"档位，读出屏中数据即可；绝缘电阻表需要按顺时针方向由慢而快地转动摇把并保持匀速转动，1min后可读数，读数完成后方可停止转动摇把，即可完成测量。

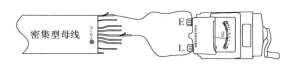

图12-14　绝缘电阻表接线示意图

兆欧表使用时应注意以下几点：

1）兆欧表测量的设备必须断电并且没有感应电。

2）兆欧表工作时，人与被测设备必须保持安全距离并且不允许接触。

3）测量结束时，应对被测设备进行放电处理，尤其是大电容设备。

4）兆欧表的软线要绝缘良好，测量时保持距离，尽量不要交叉、缠绕。

5. 相序表

　　相序表是用来测量三相电源的相序是否正确的工具，如图12-15所示。早期的相序表是由三相交流绕组和轻转子组成的一个小型三相交流电动机，依据转子旋转方向来确定相序；目前的相序表使用阻容移相电路，用不同的信号指示灯来显示不同的相序。使用相序表进行相序检测在数据中心电气系统验收检测过程中尤为重要。

　　相序表使用时将其三个接线柱按照标识分别接入到被测电源的A、B、C三相，然后根据其显示情况即可检测出相序是否正常（不同品牌的设备显示不同，可参照说明书）。使用时需注意以下事项：

　　1）相序表接线柱接入电源一般使用接触、线夹或压接的方式，测量过程中都是带电进行，所以在接入电源时注意保证其接触良好。

　　2）相序表使用时操作人员须做好自身的安全防护并规范操作，以避免触电情况发生。

6. 内阻仪

蓄电池是数据中心不间断电源系统的重要组成部分，是配电系统最后的保障，所以定期对蓄电池的性能参数进行抽检或全检是非常必要的。

内阻仪是用来测量蓄电池两端电压和内阻的测量仪器，又称电池内阻测试仪，如图 12-16 所示。其主要通过内部交流放电电路来精确检测蓄电池的电压和内阻。电导仪也可以用来测量蓄电池的电压和电导率，从而得出内阻值。

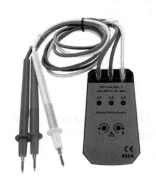

图 12-15　相序表

图 12-16　内阻仪

内阻仪在使用时先开机，选择电阻"Ω"键并调整量程，然后借助随机配件进行校准，再将其接线柱上表笔的金属探头分别压在蓄电池的两端（正/负极柱）即可读出被测蓄电池内阻数值，还可以使用"HOLD"键保存数据记录。使用时应注意以下事项：

1）若是伸缩式的表笔探头需要保证其接触极柱时按压到位，但也不可用力过猛。

2）内阻仪测试蓄电池内阻不宜频率过高，一般每季度 1～2 次即可。

7. 接地电阻测试仪

接地电阻测试仪是用来检测电阻的仪器。一般由大规模集成电路组成，使用 DC/AC 变换、交流放大和检波等技术来检测接地电阻。目前使用较多的为两种，一种是数字接地电阻测试仪，另一种是钳形接地电阻测试仪。数字接地电阻测试仪有四个接线柱，分别是 P 柱电位极、C 柱电流极、E 柱接地极和 ACV 柱电压极，特点是测量精准，操作复杂，限制因素多，如图 12-17 所示；钳形接地电阻测试仪无须使用辅助探针，使用方便、快捷，如图 12-18 所示。

图 12-17　数字接地电阻测试仪

图 12-18　钳形接地电阻测试仪

数字接地电阻测试仪根据不同的场景接线方式较多，这里仅介绍两种接线方式，一种是二线接线法：在辅助探针不方便使用的情况下使用，并且有已知接地良好的接地点，此时将P柱和C柱使用专用导线接至已知接地点，将E柱接至被测接地点即可，如图12-19所示；另一种是三线接线法：借助两个辅助探针插入地下，并且使辅助探针和被测点、接地处三者之间间距不低于20m（不同仪表厂商略有差异），然后将P柱和C柱使用专用导线分别接至辅助探针上，E柱接至被测接地点即可，如图12-20所示。完成接线后，选择合适的电阻档位，然后按下测试按钮并旋转至"LOCK"档位，读出屏显数值即可。

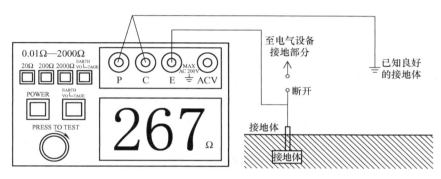

图12-19 二线接线法

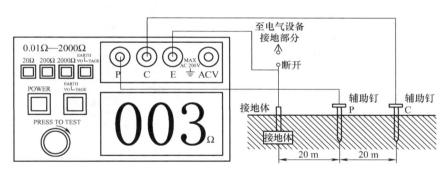

图12-20 三线接线法

使用时应注意以下几点：

1）测量接地电阻时建议反复多次测量取平均值。

2）必须使用仪表自带专用铜线测量，尽量不要使用其他线缆代替，尤其禁止使用裸露线缆。

3）测量之前保证被测点与电源电路完全隔离，以确保读数准确和人身安全。

4）测量时端子间会产生交流电压，请勿接触端子裸露部分。

钳形接地电阻测试仪使用时，仅需将被测接地线缆夹入钳形探头中间，即可完成接地电阻测量。

8. 电能质量分析仪

电能质量分析仪是对电网运行质量进行检测和分析的专用仪器，如图12-21所示，其能对电网中的电压、电流、频率、谐波及其他电能质量参数进行长时间监测、数据采集和数据分析。电能质量分析仪主要由测量变换模块、模/数转换模块、数据处理模块、数据管理模块和外围模块五个部分组成。电能质量分析仪在数据中心日常运维中用的频次不是太多，如果遇到供电系统较为复杂的情况或故障，使用此分析仪就能很快找出问题原因。

电能质量分析仪使用时需要将电流互感器、电压互感器按照要求安装到被测量电源的线路上，然后就可以通过分析仪来检查电能质量相关的各种参数。使用时应注意以下几点：

1）在进行互感器安装时宜在断电情况下进行，不具备断电条件时需要做好安全防护工作。

2）分析仪工作时是在带电的情况下，操作人员需要做好防护措施。

9. 柴油检测试剂（试水膏）

试水膏是用来检测水分的一种显色试剂，遇水变紫红色后颜色分明、分界线清晰，适用于一般溶液中的含水量测量。柴油是数据中心十分重要的备用燃料，为了保护柴油发电机，需要定期检查因管道、罐体渗漏或其他原因导致的日用油箱和储油罐中柴油的水含量。因柴油不溶于水，油水分层明显，可以使用试水膏很好地检测容器底部的水含量。使用时建议从日用油箱底部放油和从储油罐底部抽油的方式取样检测，以免直接使用试水膏导致油液污染；取样后宜静置 5 ~ 10min 再进行检测，如图 12-22 所示。

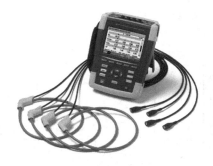

图 12-21　电能质量分析仪

图 12-22　试水膏试验

10. 红外热成像仪

红外热成像仪是一种利用红外热成像技术，使用红外辐射探测将物体表面的温度分布通过信号处理、光电转换等手段以可视图像呈现出来的设备，主要由光机组件、调焦/变倍组件、内校正组件、成像电路组件和红外探测器组成，如图 12-23 所示。在数据中心主要用于探测电气装置接触不良、过载等原因造成的过热故障和设备散热情况分布的检查，为非接触式检测手段。

图 12-23　红外热成像仪

红外热成像仪使用时，先打开镜头盖板按电源键开机，然后对准被测量物体即可测量被测物体的表面温度分布情况，还可以按下主扳机按钮保存当前成像数据。使用时应注意以下几点：

1）根据不同的被测物可适当调整红外热成像仪的发射率。

2）测量时拍摄角度不宜与被测物表面垂直方向超过 45°。

3）使用后及时盖好镜头盖板，保护镜头。

12.4.2　通风空调系统常用检修仪表

1. 温湿度计

常用的温湿度计主要有两种：一种为指针式温湿度计，如图12-24所示，一种为电子温湿度计，如图12-25所示。

图12-24　指针式温湿度计

图12-25　电子温湿度计

1）指针式温湿度计主要由温度表和湿度表两部分组成。温度表由感温钢片根据其热胀冷缩的特性进行伸缩变化，连接指针在温度表盘上指示温度；湿度表由特定纤维感知湿度的变化，由于湿度不同纤维微孔弹性壁变形造成纤维长度变化，连接指针在湿度表盘上指示湿度。

指针式温湿度计经济实惠，一般可以悬挂或摆放在测试区域，进行温湿度的就地显示，为巡检人员提供直观的温湿度数据支持。但因其工作原理限制需使内部钢片和纤维与所测环境达到同温同湿才能正确指示环境温湿度，需在测量地点静置较长时间，约30min。其测量精度：温度为±1℃，湿度为±5%RH，且无远传与记录功能，应用场景不广泛。

2）电子温湿度计主要由热电阻温度传感器和电容式湿度传感器进行温湿度的测定，并通过变送器将温湿度电信号进行处理后由液晶显示屏进行数字显示，如图12-25所示。热电阻温度传感器一般有金属热电阻和半导体热电阻两类，其电阻值随温度的变化而变化，检测阻值的变化来达到测量温度的目的。电容式湿度传感器一般在金属铝表面制造一层氧化铝，在氧化铝表面镀一层化学稳定性较好的金属膜从而构成电容器。检测氧化铝吸附水汽后电抗的变化达到测量湿度的目的。其可以作为手持工具，进行局部温湿度的测量，使用时需将传感器尽量接近测量点，静置3~5min，再读取数据。一些产品还具备数据记录、导出、单位切换、屏幕锁定等功能，便于狭小空间数据的采集和长时间监测。

2. 红外线测温仪

红外线测温仪由光学视场、光电探测器、微处理器（主要功能为信号放大及信号处理）、显示屏等部分组成，其一般外形如图12-26所示。其工作原理为：物体处在绝对零度以上时，因其内部粒子运动，会以不同波长的电磁波向周围辐射能量。辐射能量的大小及其波长由自身温度决定。红外线测温仪通过对物体辐射能量的收集、测量，经微处理器内部的算法和目标发射率校正后显示为被测物体的表面温度。为了确保辐射能量收集的准确性，一般建议被测物体大于光学视场面积50%以上，同时考虑测量环境，如测量路径粉尘、烟雾的阻挡，对辐射能量的衰减；背景辐射能量是否进入光学视场，对测量的干扰等，需根据干扰因素与设备性能指标及时修正。市场上有些测温仪带有激光瞄准器，此激光瞄准器只作为对被测物体瞄准使用，不提供反射、对比等作用。

3. 压力表

现在常用的就地压力表主要为单圈弹簧管压力表，其管子截面为椭圆形或扁圆形，管子的开口端进行固定并接收压力，另一端进行封闭作为自由端。当弹簧管内接收压力，弹簧管产生向外挺直的扩张形变，从而带动指针偏转进行压力指示。压力表安装时取压口应与所测流体流速方向垂直，管道内壁平整并在足够长的直管段位置；取压口与压力表应加装隔离阀以备检修；在泵附近的压力表应加装环形圈，进行减振和稳压；市场上一些抗振压力表在外壳内填充阻尼液，一般为硅油或甘油，来对抗工作环境的振动和减少介质的压力脉动对测量结果的影响。安装实例如图 12-27 所示。

图 12-26　红外线测温仪

图 12-27　压力表

4. 风速计

风速计根据工作原理不同分为叶轮式风速计、热线式风速计、压差式风速计。

1）叶轮式风速计，如图 12-28 所示，一般在叶轮轴杆内置磁体，在其附近设置霍尔传感器感知磁极变化，电磁信号转化频率与风速成正比，从而达到测量风速的目的。使用过程中一定要注意叶轮探头与流速方向垂直，确保测量准确性。其在 5～40m/s 的风速范围内使用效果较好。

2）热线式风速计，如图 12-29 所示，其基本原理是在流体中放置一根金属丝，通入恒定电流加热金属丝（俗称"热线"），流体掠过金属丝带走其热量，使金属丝温度下降。热线散失的热量与流体的速度存在关联，通过微处理器计算出其流速。热线式风速计反应灵敏，使用方便，可以同时测量风速与温度，但是其金属丝探头是在变温变阻状态下工作，探头容易老化、性能不稳定，需根据厂家说明定期校验。其在 0～5m/s 的风速范围进行精确测量使用较多。

3）压差式风速计，如图 12-30 所示，一般使用毕托管作为传感器与压差测量仪结合测量流体压力与差压，从而得到流速。毕托管是一个弯成 90° 的同心管，主要由感测头、管身、全压及静压引出管组成。感测头成圆形、椭圆形或者锥形，全压孔位于感测头端部，与内管相通；在外管表面靠近感测头附近有一圈小孔，为静压孔。使用时需注意，感测头需与流体来向相对，不能有夹角。由于静压孔较小，容易堵塞，毕托管只可测量洁净空气，使用前需检查，使用后需使用保护套进行保护。其在 40～100m/s 的风速范围测量效果最佳。

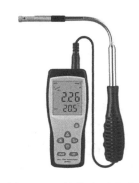

图 12-28　叶轮式风速计　　　图 12-29　热线式风速计　　　图 12-30　压差式风速计

流体在管道中流动时，同一截面的流速各不相同，需计算平均流速作为数据分析的依据。对于圆形管道和矩形管道需用不同的方式选择合适的测点。

5. 风量仪

风量的测量可以根据风速仪的测量结果和管道截面积进行计算得出，但是在对于大批量的地板风量调节和分析时，存在着计算繁琐、费时、费力的问题。此时若采用带有风量罩的风量仪进行测量，可以使测量更快速、准确，同时有数据记录和导出功能便于数据统计与分析。风量仪一般采用毕托管原理，使用孔板式风洞装置对风压进行多点、多次自动检测，根据选择的风口数据，由测量仪计算出平均风量进行记录。风量仪如图 12-31 所示。

6. 水流量计

在空调水系统中，在进行监测水泵流量、调整水力平衡、按需分配水流量等工作时需要使用水流量计进行流量测量，现在应用较广泛的流量计有电磁流量计与超声波流量计两种。

1）电磁流量计是根据法拉第电磁感应定理制成的测量导电流体流量的仪表，主要由电极、外壳、测量导管、衬里和转换器等部分组成，如图 12-32 所示。

2）超声波流量计由超声波换能器、电子线路、流量显示和累积系统等组成，如图 12-33 所示。常用的测量方法为传播速度差法、多普勒法等。传播速度差法基本原理是测量超声波脉冲顺水流和逆水流时速度之差来反映流体的流速，从而测出流量；多普勒法的基本原理则是应用声波中的多普勒效应测得顺水流和逆水流的频差来反映流体的流速从而得出流量。超声波流量计可以进行非接触式测量和无阻挠测量，并且无压力损失，广泛应用在空调系统流量分析、故障排查中。

图 12-31　风量仪　　　　　图 12-32　电磁流量计　　　　图 12-33　超声波流量计

流量计安装应在直管段上，安装点的上游直管段必须 >10D（注：D = 直径）、下游 > 5D，同时上游距水泵应≥30D，还要远离水泵、大功率电台、变频器，即在无强磁场和振动干扰处安装。

7. 尘埃粒子计数器

空气中的悬浮颗粒聚集后容易造成电子设备短路，为保证运行安全，数据中心机房在运维过程中需对环境中的尘埃粒子进行监测。可在静态或动态条件下测试，每立方米空气中粒径大于或等于 0.5μm 的悬浮粒子应小于 17600000 粒。

尘埃粒子计数器主要是利用尘埃粒子对光的散射原理，并使用光电转换器对光脉冲信号进行放大使光信号转换为电信号，通过甄别光脉冲的强度和次数从而达到测量单位空气中尘埃粒子的大小和数量的目的，如图 12-34 所示。

12.4.3　智能化系统常用检修仪表

1. 寻线仪

寻线仪，一般由信号振荡发声器、寻线器及相应的适配线组成，如图 12-35 所示。其工作原理为：将网线或通信线使用 RJ45 或 RJ11 接口接入信号振荡发声器（发射器）上，可以使线缆回路周围产生环绕的声音信号场，在使用接收器接近该线缆时会发出声音，距离越近声音越清晰越响亮（噪声越小），从而找出对应的线缆。

图 12-34　尘埃粒子计数器　　　　　图 12-35　寻线仪

使用时应注意以下几点：

1）被测线缆在检测时不宜插在设备上，以免造成设备端口损坏。

2）使用前请确保线缆之间无连接，否则会影响测试结果。

3）寻线完成后最好再使用测线功能检测一遍，确保寻线结果正确。

2. 光功率计

光功率计（Optical Power Meter）是用来测量绝对光功率或通过一段光纤的光功率相对损耗的仪器，如图 12-36 所示，可广泛应用于单模/多模光纤领域的施工、维修、检测，既可用于光功率的直接测量，也可用于光链路损耗的相对测量，还可用于光信号监测等。

光功率计可以工作在两种模式下，一种为光源模式，另一种为光功率模式（接收模式）；在测量一段已经熔接好的光纤链路时，需要在链

图 12-36　光功率计

路一端通过跳纤接入光功率计的"OUT"接口，使用"LD"键切换为光源模式，再使用"λ"键切换波长（常用1310nm和1550nm），也可以使用其他光源设备代替此处光源模式下的光功率计（如光纤收发器）；然后在光纤链路的另一端也通过跳纤接入光功率计的"IN"接口，使用"LD"键切换为光功率模式，再按下"dB"键切换单位，查看测量结果。光纤链路是否允许衰耗还需要结合实际情况确定，一般允许的衰耗为15～30dB，配套光模块的衰减范围也是重要考量因素。光功率计使用时应注意以下事项：

1）禁止用眼睛直视光功率计的激光数据口，这样会造成视觉烧伤。

2）光功率计的接口瓷头要定期使用酒精棉清洁，可根据实际使用情况增加清洁频率。

3）跳纤接口瓷头接入光功率计"OUT"或"IN"口时要与光功率计的接口瓷头保持垂直吻合，不宜有偏差（尤其是FC/ST类接口），否则测试结果会出现较大误差。

3. 光时域反射仪

光时域反射仪（Optical Time-Domain Reflectometer，OTDR），如图12-37所示，是利用光线在光纤中传输时瑞利散射和菲涅尔反射所产生的背向散射而制成的光电一体化精密仪表，它被广泛应用于光缆线路的维护、施工之中，可进行光纤长度、光纤的传输衰减、接头衰减和故障定位等的测量。

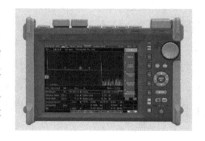

图12-37 光时域反射仪

光时域反射仪精细化使用非常复杂，这里仅进行简单介绍。在测量一段光纤链路时，可将目标光纤的配线架通过附加光纤（一般长300～2000m，此光纤用于处理前段盲区）接入光时域反射仪（OTDR），然后在光时域反射仪（OTDR）上设置测量参数波长、脉宽、测量范围、平均时间和光纤参数，最后按"TEST"或"开始"键进行测量，如得到曲线（如图12-38所示）后进行分析即可得出光纤质量情况。

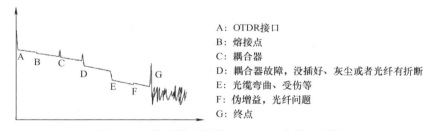

A：OTDR接口
B：熔接点
C：耦合器
D：耦合器故障，没插好、灰尘或者光纤有折断
E：光缆弯曲、受伤等
F：伪增益，光纤问题
G：终点

图12-38 光时域反射仪（OTDR）曲线示意图

参数选择：

（1）波长选择（λ） 因不同的波长对应不同的光纤特性（包括衰减、微弯等），测试波长一般遵循与系统传输通信波长相对应的原则，即系统开放1550nm波长，则测试波长为1550nm。

（2）脉宽（Pulse Width） 脉宽越长，动态测量范围越大，测量距离越长，但在光时域反射仪（OTDR）曲线波形中产生的盲区越大；短脉冲注入光能量低、分辨率高，可减小盲区。脉宽周期通常以纳秒（ns）来表示。

（3）测量范围（Range） 测量范围是指光时域反射仪（OTDR）获取数据取样的最大

距离，此参数的选择决定了取样分辨率的大小。最佳测量范围为待测光纤长度的 1.5~2 倍距离之间。

（4）平均时间　由于后向散射光信号极其微弱，一般采用统计平均的方法来提高信噪比，平均时间越长，信噪比越高。例如，3min 的获取值将比 1min 的获取值提高 0.8dB 的动态。但超过 10min 的获取值时间对信噪比的改善并不大，一般平均时间不超过 3min。

（5）光纤参数　光纤参数的设置包括折射率 n 和后向散射系数 η 的设置。折射率参数与距离测量有关，后向散射系数则影响反射与回波损耗的测量结果。这两个参数通常由光纤生产厂家给出。

光时域反射仪（OTDR）使用时应注意以下几个方面：

（1）光纤质量的简单判别　正常情况下，光时域反射仪（OTDR）测试的光纤曲线主体（单盘或几盘光缆）斜率基本一致，若某一段斜率较大，则表明此段衰减较大；若曲线主体为不规则形状，斜率起伏较大，弯曲或呈弧状，则表明光纤质量严重劣化，不符合行业要求。

（2）波长的选择和单双向测试　1550nm 与 1310nm 波长测试结果对比：1550nm 波长测试时，光纤对弯曲更敏感、单位长度衰减更小；1310nm 波长测试时，熔接点或连接器测量出的损耗更高。在实际的光缆维护工作中一般对两种波长都进行测试、比较。对于正增益现象和超过距离线路均须进行双向测试、分析、计算，才能获得良好的测试结论。

（3）接头清洁　光纤活接头接入光时域反射仪（OTDR）前，必须认真清洗，包括光时域反射仪（OTDR）的输出接头和被测活接头，否则插入损耗太大、测量不可靠、曲线多噪声甚至使测量不能进行，还有可能损坏光时域反射仪（OTDR），切记避免用酒精以外的其他清洁剂清洗。

（4）折射率与散射系数的矫正　就光纤长度测量而言，折射系数每 0.01 的偏差会引起 7m/km 之多的误差，对于较长的光纤段，应采用光缆制造商提供的折射率值。

（5）鬼影的识别与处理　在光时域反射仪（OTDR）曲线上的尖峰有时是由于离入射端较近且强的反射引起的回音，这种尖峰被称为鬼影。识别鬼影：曲线上鬼影处未引起明显损耗；沿曲线，鬼影与始端的距离是强反射事件与始端距离的倍数，呈对称状。消除鬼影方式为：选择短脉冲宽度、在强反射前端（如 OTDR 输出端）中增加衰减。若引起鬼影的事件位于光纤终端，可采用"打小弯"的方式来衰减反射回始端的光。

（6）正增益现象处理　在光时域反射仪（OTDR）曲线上可能会产生正增益现象。正增益是由于在熔接点之后的光纤比熔接点之前的光纤产生更多的后向散光而形成的。事实上，光纤在这一熔接点上是有熔接损耗的。常出现在不同模场直径或不同后向散射系数的光纤熔接过程中，因此需要在两个方向测量并对结果取平均值作为该熔接点损耗。在实际的光缆维护中，也可采用≤0.08dB 即为合格的简单原则进行评定。

（7）附加光纤的使用　附加光纤是一段长 300~2000m 的光纤，用于连接光时域反射仪（OTDR）与待测光纤，其主要作用为前端盲区处理和终端连接器插入测量。光纤实际测量中，在光时域反射仪（OTDR）与待测光纤间增加一段过渡光纤，使前端盲区落在过渡光纤内，从而使待测光纤始端落在光时域反射仪（OTDR）曲线的线性稳定区。一般来说，光时域反射仪（OTDR）与待测光纤间的连接器引起的盲区最大。光纤系统始端连接器插入损耗可通过光时域反射仪（OTDR）加此段过渡光纤来测量。如需测量首、尾两端连接器的插入损耗，可在每端都加一段过渡光纤。

以上就是对数据中心的常用工具与仪器、仪表的介绍，在使用过程中一定要注意：工具自身是否在有效的检验周期内且合格，工具的测量数值是否在有效量程内，是否符合精度要求，使用方法是否正确，作业环境是否安全。同时由于各厂家产品特点各异，本书不能一一列举，所以大家仍需认真阅读厂家说明书，按说明书要求正确使用，才能保证测量数值的准确，为数据中心运维提供精准数据，为排除异常情况提供正确的方向。

12.5　数智工具

数智工具，即数字智能工具，在目前行业内未对其有一个比较确切和充分的定义，在本书中，将其定义为一种计算机技术在工业领域中的应用，它根据工业应用的需求，通过收集工业生产中的数据信息，再设计一些规则和算法，以编程的手段实现人与设备、设施交互的工具。它可以更直观地将设备、设施或整个工业生产系统的工作和运行情况展示在人的面前，人获得相关信息，通过调整生产策略和运行模式，从而使设备、设施、生产系统能够更安全、稳定、高效地运行，同时延长设备、设施、生产系统的生命周期。数智工具是计算机应用技术的飞速发展和工业自动化、智能化发展相结合的一项重要成果。

数智工具主要有硬件和软件两个重要组成部分，硬件包括业务服务器、存储服务器、嵌入式服务器、网关、客户端PC，生产系统中应用的设备、设施智能接口及其控制器，用于生产系统监测的仪器、仪表（如温湿度传感器、电子压力计、电流互感器、电力多功能仪表）等；软件包括数据采集、数据存储、数据分析、数据展示、数据推送等相关程序模块。本书中不对这些组成部件进行详细阐述，读者仅作为了解即可。

12.5.1　数智工具的背景

最早期的数智工具应用于工业生产中，通过测量仪器、仪表以及继电器等基础仪器和仪表将工业生产系统中的基本运行参数进行监控，只能做到最基础的数据收集，并且各数据之间无法形成逻辑上的关联，所以还需要人为地进行记录和分析，效率极低。随着近些年测量技术和计算机技术的发展，数智工具的更新迭代也非常迅速。

12.5.2　数智工具的更新迭代

数字和智能是相对的，随着科技的发展也在迅速地更新迭代，本书结合数智工具在数据中心中的应用将其划分为三代，即基本数智工具、综合数智工具和高级数智工具。

12.5.2.1　基本数智工具

基本数智工具是指能够对数据中心各系统设备、设施运行数据进行实时采集、监控、显示、记录和报警输出的一款工具。相对于早期的数智工具，它可以在系统上对监控的数据进行直观显示，同时展示了数据间的逻辑关联性，如图12-39所示；另外还可以对数据进行记录和初步的分析，如通过历史数据直接在系统中导出曲线图，如图12-40所示，可让使用人员对系统运行趋势进行分析；可设置阈值告警，根据使用人员的需求及时向外部通告运行异常情况；可根据需求对相关数据进行统计，并进行一些简单的关联计算并输出，如实时PUE统计。

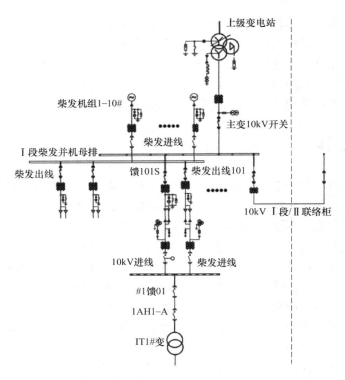

图 12-39　配电系统上下级关系图

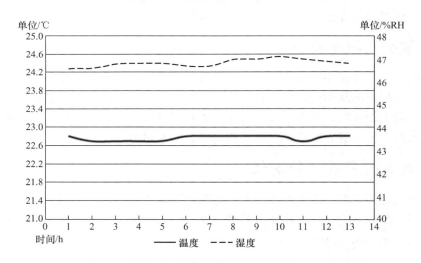

图 12-40　某机房温湿度曲线图

数据采集是基本数智工具的重要内容，数据精度和数据同步性是其两个重要指征。数据精度取决于采集器精度与数据传输的抗干扰能力；数据同步性取决于采集周期和传输质量；一般认为采集周期越小，其数据同步性越好。但实际应用中往往会发现：在进行大批量的数据采集和处理时，采集周期越小，数据量越大，传输过程中有效数据丢包率越高，进而导致同步性延迟等后果，此时可以通过采集周期适度调整、数据采集协议升级、软件系统框架设计优化、数据算法优化等措施进行改进，根据实际情况选取最佳解决方案。

目前存量数据中心的动力环境监控系统、BMS（Building Management System）、BAS系统（Building Automation System）等相关监控系统即为基本数智工具的主要应用成果。

12.5.2.2　综合数智工具

相较于基础数智工具，综合数智工具与数据中心各类业务的匹配更加深入，它聚合了数据中心多个专业的子监控系统并使其产生关联，同时加入了设施系统之外的一些业务模块，如智能报表、自动工单、资产管理和一些其他业务。功能上来说，综合数智工具优化和完善了基础数智工具的功能，同时增加了部分相对简单的数据分析算法，通过分析采集的数据来评估整体系统运行的健康程度，还加入了相对简单一些的自动化逻辑配置，如电气系统中的单路电力中断，自动完成高压母联投用或者柴油发电机自起带载；暖通系统中的单台冷机故障，备用冷机自动投用等。

综合数智工具将更多的数据中心业务纳入系统中，自动化程度更高，可以减轻运维人员的工作压力，也降低了运维成本，使得数据中心运维工作更加安全、稳定、科学、高效。数据中心集成管理（Data Center Integrated Management，DCIM）系统即是综合数智工具的一项具体实例。

综合数智工具一般会有以下功能模块：

1）运行数据可视化功能：在平台上显示出设施系统拓扑图，可通过颜色管理来显示设备和系统的路由和运行状态，再关联以相关数据，直观地将整个系统的运行情况展示出来。

2）告警通告功能：可按照级别、专业、实时状态将系统内设备告警以声光和文字的形式呈现出来，同时可推送相应EOP指导运维人员排除故障。部分系统还具有告警收敛功能，在数据中心出现区域性或系统性的故障时，一般系统会将所有故障进行通告，这会造成运维人员短时无法判断具体故障原因，告警收敛功能能根据预设逻辑找出故障根本原因或判断故障处理优先级来筛选出重要的、需关注的告警信息推送给运维人员，使其能够快速知晓事件整体情况。此外，还可周期性地对告警信息进行分类管理，使运维人员对各项设备、设施性能和运行工况有更加细致的了解，从而支持运维人员关注和解决异常情况。

3）容量管理功能：可对数据中心各系统关键性容量信息进行统计，如机柜使用率、UPS使用率、变压器使用率、冷机使用率、精密空调使用率等，这样可以让运维人员掌握系统整体资源运行情况，在某个设施使用率较高时，提醒运维人员对其重点关注。

4）能耗管理功能：可实时计算数据中心PUE、WUE，还可对数据中心动力和IT能耗进行分类、分级别统计并进行分析，协助运维人员合理利用和分配能耗资源。

5）智能报表功能：可以在平台上对一类或多类数据进行快速查询和汇总，如机柜历史功耗、机房温湿度、告警数据等，并以图表的形式输出。部分系统增加了多种数据分析算法，运维人员可选择算法和对象生成分析报告，达到自动生成运维、资源和能耗相关的周报、月报和年报等报告文件的目的，减少了运维人员大量的文档编制类工作。

6）自动工单功能：平台可根据运维计划、故障管理、变更管理、资源管理等相关计划或文件要求，自动向运维人员下发工单，如按照每日巡检要求定时向当班运维人员下发巡检工单并记录结果从而生成巡检记录；按照年度维护计划自动发送维护工单根据维护结果形成维护记录；故障发生后向当班运维人员下发故障处理工单，根据处理进度形成故障报告。

7）资产管理功能：可对数据中心基础设施、IT设备及高价值仪器仪表和备品备件进行统计，详细记录其投运时间、运行总时长、维护信息、维保信息等。

8）系统运行评估功能：可根据数据中心各系统内设备及其维护工作重要性、故障影响大小预设加权分数，同时预设低、中、高风险分值，结合智能算法进行综合分析，给出评价结果，推送出优先处理建议。综合数字化评估会更加全面地调用容量使用率、告警处理速度、工作计划完成度、巡检与运维达标率、设备运行状态值及故障影响大小等信息，综合分析各模块得分，可以给出系统健康度实时评价分数、分析结果与处理意见。

除以上功能模块，综合数智工具还可以增加安防联动模块、电子巡检模块、远程支撑模块、站点联动模块等。总体来说，综合数智工具提高了数据中心自动化的程度，让智能计算参与其中，使被动运维变为主动运维。目前新建数据中心和极少数的存量数据中心已经在使用此类数智工具，大部分存量数据中心的数智工具智能化水平处于基础数智工具和综合数智工具之间。

12.5.2.3 高级数智工具

随着"互联网＋""人工智能"的发展，中国互联网行业进入高速发展阶段，2020年国家宣布将数据中心纳入"新基建"范畴，掀起一波新建数据中心的热潮。现阶段国内数据中心技术和规范越发成熟，但由于行业人才稀缺和国家对能耗的管控越加严格，使数据中心对智能化运维的需求越来越高，进而推动数智工具向具有人工智能的高级数智工具发展。

高级数智工具目前属于探索和初步应用阶段，本书仅从其系统平台框架的构建、人工智能（Artificial Intelligence，AI）初步应用和系统仿真模拟三个方面做简单介绍。

1）系统平台框架的构建：在高级数智工具系统建设时，首先要完成系统标准化处理，对于运维侧来说是将应用业务和管理业务进行标准化处理，对于AI、大数据来说就是数据标定的环节，经过标准化处理的数据才能进一步体现数据的价值。目前只有极少数的系统才具备此类功能，具体实现方式有两种，一是根据数据中心业务需求建立标准的系统平台框架模型，并按此部署和实施；二是建立标准处理软件工具，在系统部署和实施时，由运维人员和开发人员共同根据业务需求利用此标准工具完成系统平台框架建设。此两种方式都可以为后续系统规则编辑和AI识别打好良好的基础，并且可以对数据进行批量化处理，即使出现问题也可以进行批量修正。人工智能算法框架构建流程图如图12-41所示。其实施难点在于此系统建立涉及专业众多，如数学专业、计算机专业、自动化专业、电力专业、制冷专业、物理专业、化学专业等，同时还需要经验丰富的运维人员和建模人员共同完成，且系统建设周期较长并需要持续改进。

2）人工智能控制（AI控制），是使用计算机来模拟人的某些思维过程和智能行为（如学习、推理、思考、规划等）实现智能控制的技术。

本书以数据中心制冷系统中AI控制应用进行说明，其根据制冷系统中的冷机、冷却塔、板换、水泵、管道、其他辅助设施的性能参数和外部的环境参数建立数学模型，通过标准算法在末端制冷需求和外部环境参数变化或遇到故障时输出控制指导策略，直接或间接改变系统运行模式，让制冷系统达到安全、高效运行的目的。如IT负载增加，温度升高，进而引起制冷需求增加，此时可以通过冷机加载和增加精密空调台数、增加精密空调风机转速、降低冷冻水温度或者增加冷冻水泵流量等多种途径进行解决，AI控制系统根据自身"学习"的逻辑和设备性能，"推理"出多种解决途径，经过"思考"选取改变一个变量或多个变量微调累积的方式给出运行策略，此策略为增加能耗最低的策略或最安全的策略，此策略实施后系统还要根据数据采集反馈结果进行验证，不断调优。

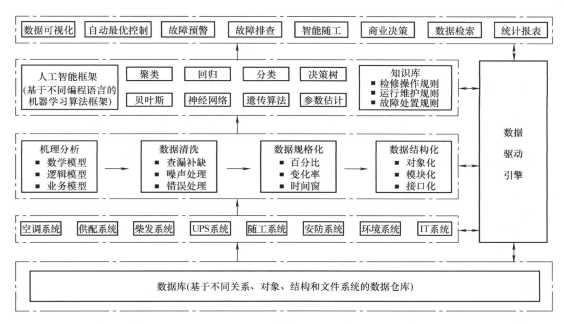

图 12-41 人工智能算法框架构建流程图

3）系统仿真模拟，在高级数智工具系统建立完成后以数字孪生为基础，由系统内已有全部基础设施、设备的性能参数、空间物理参数搭建与实物相符的仿真模型，可以对电气、暖通等系统进行逻辑和性能的仿真模拟测试。可以实现的应用有：推演系统运行状态，得出最优运行模式；实现人机交互，用于培训教学；新数据中心建设时或新逻辑启用前，提前模拟指导设计和规划等。如使用制冷 AI 系统模拟后选择更优的运行模式、使用气流组织模拟软件（如 Computational Fluid Dynamics，CFD）指导空间气流设计（如图 12-42 所示）、使用电力电气分析及电能管理的综合分析软件（如 ETAP）进行保护定值模拟验证。

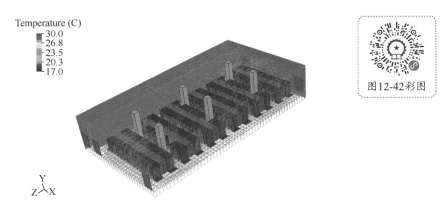

图 12-42 CFD 模拟气流组织图

高级数智工具依托其智能化、自动化为数据中心实现故障自动隔离、运行模式自动选取和调整提供了最佳选择，大大降低了运维人员的操作、计算和决策压力，为无人值守数据中心打下了良好的基础。

参 考 文 献

[1] 全国信息技术标准化技术委员会. 数据中心　资源利用　第 1 部分：术语：GB/T 32910.1—2017 [S]. 北京：中国标准出版社，2017.

[2] 全国信息技术标准化技术委员会. 数据中心　资源利用　第 2 部分：关键性能指标设置要求：GB/T 32910.2—2017 [S]. 北京：中国标准出版社，2017.

[3] 全国信息技术标准化技术委员会. 数据中心　资源利用　第 3 部分：电能能效要求和测量方法：GB/T 32910.3—2016 [S]. 北京：中国标准出版社，2016.

[4] 全国信息技术标准化技术委员会. 计算机场地通用规范：GB/T 2887—2011 [S]. 北京：中国标准出版社，2011.

[5] 中国通信标准化协会. 通信局（站）电源系统总技术要求：YD/T 1051—2018 [S]. 北京：人民邮电出版社，2018.

[6] 中讯邮电咨询设计院有限公司. 通信电源设备安装工程设计规范：GB 51194—2016 [S]. 北京：中国计划出版社，2016.

[7] 余斌. 绿色数据中心基础设施建设及应用指南 [M]. 北京：人民邮电出版社，2020.

[8] 全国安全防范报警系统标准化技术委员会. 视频安防监控系统工程设计规范：GB 50395—2007 [S]. 北京：中国计划出版社，2007.

[9] 全国安全防范报警系统标准化技术委员会. 入侵报警系统工程设计规范：GB 50394—2007 [S]. 北京：中国计划出版社，2007.

[10] 中国电子工程设计院. 数据中心设计规范：GB 50174—2017 [S]. 北京：中国计划出版社，2017.

[11] 张振文. 电工手册 [M]. 北京：化学工业出版社，2017.

[12] 张子慧. 热工测量与自动控制 [M]. 北京：中国建筑工业出版社，1996.

[13] 阮芬，马树升，白清俊，等. 超声波流量计的测流原理及其应用研究 [J]. 山东农业大学学报（自然科学版），2006，37（1）：99-104.